新能源车用燃料电池应用技术

质子交换膜燃料电池催化剂浆料制备与应用

李冰　明平文　郭玉清　编著

U0201495

化学工业出版社

·北京·

内容简介

《质子交换膜燃料电池催化剂浆料制备与应用》主要围绕质子交换膜燃料电池催化剂浆料展开阐述,包括催化剂浆料的制备分散过程,重点介绍催化剂颗粒的分散机理和催化剂浆料的分散技术;催化剂浆料的内部组分间的相互作用,重点介绍催化剂浆料中溶剂、离聚物和颗粒间的相互作用,以及这些相互作用对浆料的影响;催化剂浆料的稳定性,重点介绍催化剂浆料的稳定性机理以及浆料新物质的产生和影响;催化剂浆料的建模方法;催化剂浆料的成膜过程以及应用,重点介绍卷对卷过程中催化剂浆料的结构演变以及制备成催化层、膜电极和电堆后的实际应用性能。

《质子交换膜燃料电池催化剂浆料制备与应用》可供开展燃料电池研究的高校相关专业师生作为教材,也可供相关科研院所研究人员和企业研发人员参考。

图书在版编目(CIP)数据

质子交换膜燃料电池催化剂浆料制备与应用/李冰,明平文,郭玉清编著.—北京:化学工业出版社,2022.11(2024.10 重印)

(新能源车用燃料电池应用技术)

ISBN 978-7-122-42056-5

Ⅰ.①质… Ⅱ.①李…②明…③郭… Ⅲ.①质子交换膜燃料电池-研究 Ⅳ.①TM911.4

中国版本图书馆 CIP 数据核字(2022)第 155014 号

责任编辑:丁建华　　　　　　　装帧设计:关　飞
责任校对:田睿涵

出版发行:化学工业出版社
　　　　　(北京市东城区青年湖南街 13 号　邮政编码 100011)
印　　装:北京盛通数码印刷有限公司
710mm×1000mm　1/16　印张 18　字数 363 千字
2024 年 10 月北京第 1 版第 2 次印刷

购书咨询:010-64518888　　　　售后服务:010-64518899
网　　址:http://www.cip.com.cn
凡购买本书,如有缺损质量问题,本社销售中心负责调换。

定　　价:138.00 元　　　　　　版权所有　违者必究

21世纪以来，工业化和城市化进程快速发展，导致全球能源需求日益增长，环境问题加剧，世界各国日益依赖低碳和可再生能源。可再生能源的大规模发展和氢燃料电池、风电/光伏电解水制氢等高效电化学技术的逐步突破，为全球范围内的大规模减碳提供了一种最具希望的战略途径。而质子交换膜燃料电池（proton exchange membrane fuel cell，PEMFC），又被称为聚合物电解质燃料电池，作为氢能利用中的核心技术之一，成为人们关注的热点，在解决全球能源和气候问题上发挥着重要的作用，能够极大地提高能源利用效率，并且减少温室气体排放。

全球主要国家高度重视质子交换膜燃料电池的发展，美国、日本、德国、韩国等发达国家已经将燃料电池上升到国家能源战略高度，作为国家能源体系的重要组成部分，不断加大对燃料电池技术研发的扶持推动力度。质子交换膜燃料电池在中国同样具有重要地位，新时代中国燃料电池产业要负担引领产业转型升级和生态文明建设的双重使命。与发达国家相比，中国在燃料电池自主技术研发、装备制造等方面仍有一定差距，但产业化态势全球领先。膜电极是燃料电池的"芯片"，催化层作为膜电极重要组成部分之一，由于结构设计不合理，一直面临着阴极氧还原反应动力学过程缓慢以及质量传输过电位过高的问题，成为"卡脖子"环节。催化剂浆料作为传统催化层构筑的起点，对催化层内的反应活性、传质（气、水）、传荷（质子、电子）以及传热等都有着非常重要的影响。目前大规模、可持续的生产催化层或膜电极的需求越来越大，然而，以往的研究关注最多的就是新材料的开发或者聚焦于催化层或者膜电极，对浆料的研究往往不够深入。

目前市场上关于燃料电池催化剂浆料的图书专著几乎没有。本书主要围绕质子交换膜燃料电池催化剂浆料展开阐述，可以填补目前市场上的空白。本书分为7章，第1章介绍质子交换膜燃料电池催化剂浆料的组成、特点和发展趋势，第2章介绍催化剂浆料的分散，第3章阐述催化剂浆料内部组分间的相互作用，第4章介绍催化剂浆料的稳定性，第5章阐述催化剂浆料的建模方法，第6章介绍催化剂浆料的成膜技术及单电池性能研究，第7章介绍基于自制催化剂浆料的质子交换膜燃料电池电堆应用实例。

本书以催化剂浆料相关内容的基本理论为主，同时兼顾企业产品开发实际生产过程。本书以燃料电池催化剂浆料为主题，目标明确，内容通俗易懂，适合不同群体需求。本书适用的主要专业和相关专业包括能源、动力工程与工程热物理、材料工程、车辆工程等。本书可供开展燃料电池研究的高校和科研院所的相关专业师生、研究人员作为教材，也可供相关企业研发人员参考。

本书由李冰、明平文和郭玉清担任主编，楚天阔、刘鹏程、杨道增、陈海涛、康嘉伦、刘洋、张鹏飞、谢煜城等参与了编写工作。

本书得到了河南豫氢动力有限公司的大力支持。在编写过程中，还参阅了一些燃料电池相关教材、论文及专利，在此一并致谢。

质子交换膜燃料电池催化剂浆料研究工作任重道远，希望本书抛砖引玉，为业界同人提供借鉴。由于水平所限，书中疏漏及不足之处恳请各位读者批评指正。

编者

2023 年 8 月

目录

第1章 / 001
质子交换膜燃料电池催化剂浆料的组成、特点和发展趋势

第2章 / 030
催化剂浆料的分散

第3章 / 060
催化剂浆料内部组分间的相互作用

第**4**章 / 090
催化剂浆料的稳定性

第**5**章 / 136
催化剂浆料的建模方法

第6章 / 180
催化剂浆料的成膜技术及单电池性能研究

第7章 / 238
基于自制催化剂浆料的质子交换膜燃料电池电堆应用实例

第1章

质子交换膜燃料电池催化剂浆料的组成、特点和发展趋势

1.1 概述

1.1.1 燃料电池的研究现状

21世纪快速发展的工业化和城市化进程加速了能源消耗并且导致全球变暖。大气中的 CO_2 含量自工业革命以来增加了 30%，其中约 17% 来自汽车内燃机燃烧的化石燃料[1]。化石燃料包括石油和煤炭等作为满足全球能源需求的主要资源，目前占世界能源需求的 70% 以上[1]。到 2040 年，全球能源需求预计将比目前的水平增加 90%[2]。然而石油和煤炭是不可再生能源，随着这些传统能源储量的日益减少，开发和使用新能源关系到整个人类未来的生存和发展。全球变暖主要是由大气中过量的二氧化碳引起的。二氧化碳能够吸收红外辐射，从而在大气中捕获和保持热量使地球变暖。当煤、石油和天然气等化石燃料燃烧时，二氧化碳会累积并使大气负荷过重。另外这些传统能源的燃烧会排放出 CO_2、SO_2、CO 等导致严重的环境污染。面对日益增长的能源需求和紧迫的环境问题，世界各国日益依赖低碳和可再生能源。

随着改革开放以来经济社会的高速发展，我国经济总量已跃居世界前列，与之相应的能源消耗总量也持续大幅增长，目前我国已成为能源生产和消费大国。2000年以来，我国能源消费总量年均增长近 2 亿吨标准煤，到 2020 年已达 49.8 亿吨标准煤，其中煤炭占比 56.8%，石油占比 18.9%，天然气占比 8.4%，一次电力及

其他非化石能源占比 15.9%[3]。由于大量使用化石能源，我国已经是全球温室气体排放量最大的国家，2020 年的 CO_2 排放量占世界排放总量的 31.7%。在"两个一百年"奋斗目标的历史交汇点，针对碳达峰和碳中和的发展新要求，着力调整能源结构、提高能效、加强低碳能源和可再生能源的消费比例，既是履行我国大国担当的重要举措，也是保障我国能源安全和带动全产业链高质量发展的先进道路。

近十几年来，随着可再生能源的大规模发展和氢燃料电池、风电/光伏电解水制氢等高效电化学技术的逐步突破，氢气已被当作是能源消费侧清洁的高能燃料[4]。氢能既可由化石资源/核能集中制取，有利于碳捕集与利用，也可由再生能源分布式获得、实现就地消纳；氢气还被当作是能源输配网的互联物质，借气、液等不同密度形态联通管道网和运输网，借高效氢-电互动联通管道网与电力网，实现跨季节储备与跨地域输配。作为可再生能源载体的氢能，已展露出源头低碳、输配无碳和消费零碳的能源远景。为全球范围内的大规模减碳提供了一种最具希望的战略途径。作为一种环境友好、转化率高的优秀能源，氢能在新能源开发中具有很大前景。质子交换膜燃料电池（proton exchange membrane fuel cell，PEMFC），又被称为聚合物电解质燃料电池，作为氢能利用中的核心技术之一，成为人们关注的热点，在解决全球能源和气候问题上发挥着重要的作用，能够极大地提高能源利用效率，并且减少温室气体排放。

1.1.2 燃料电池的发展简史和分类

1839 年，英国科学家 William Robert Grove 发明了燃料电池[5]，此后，科研工作者对燃料电池的探索从未停止过脚步。然而由于受制于当时的技术条件和认识，燃料电池技术起始阶段发展缓慢。经过 120 年后，直到 1959 年，英国剑桥大学博士 Francis Thomas Bacon 才制造出了真正意义上能够工作的碱性燃料电池[6]。1960 年，燃料电池开始作为辅助电源应用于航天领域。自此，燃料电池的发展和研究得到了极大的促进，逐渐成为研究的热点和焦点。国际上，日韩欧美经过多年的技术发展和更新迭代，相关燃料电池技术的可行性已经在移动端和固定发电端得到了充分论证。例如，燃料电池在交通运输行业应用广泛，包括飞机、轮船、火车、公共汽车、汽车、摩托车、卡车和叉车等。燃料电池还可以应用于自动售货机、真空吸尘器和交通信号灯。另外，用于移动电话、笔记本电脑和便携式电子设备的燃料电池的市场正在增长。住宅、医院、警察局和银行等建筑中也开始使用燃料电池发电系统。水处理厂和垃圾场也开始使用燃料电池，将产生的甲烷气体转化为电能。近几年来陆续发布的战略发展规划表明，日韩欧美仍然重点布局燃料电池技术。我国从 20 世纪 60 年代开始着手研究燃料电池技术，经过多年的积累，在燃料电池领域形成了一大批具有自主知识产权的新技术、新材料和新工艺，燃料电池产业链已初具雏形，但目前而言燃料电池关键材料和部件仍需进一步开发和优化，且消费侧的需求仍显不足，无法有效地带动整个燃料电池产业的发展以实现全社会的能源结构向低碳、无碳化转型。

燃料电池按照电解质分类，可以分为：质子交换膜燃料电池、磷酸燃料电池、碱性燃料电池和熔融碳酸盐燃料电池等[6]。质子交换膜燃料电池的电解质一般为全氟磺酸（perfluorinated sulfonic acid，PFSA）膜，通过水合离子导电，工作温度相对较低，一般为60~180℃，可以用于交通运输动力源、便携和固定电源等。磷酸燃料电池的电解质是纯磷酸，工作温度比质子交换膜燃料电池要高，为150~200℃，可以用于热电联产电厂。碱性燃料电池的电解质是KOH，工作温度在65~200℃，在航天领域应用较为广泛。熔融碳酸盐燃料电池的电解质由碳酸锂和碳酸钾的混合物组成，运行温度相对较高，在热电联供领域应用较为常见。由于磷酸、碱性化合物和碳酸锂与碳酸钾的混合物作为电解质具有很强的腐蚀性，这大大限制了它们的商业可行性和竞争力。而质子交换膜燃料电池以氢气或富氢原料为燃料，具有能量转化效率高、环境友好、可靠性高等优点，被认为是21世纪最洁净和高效的发电技术之一，是燃料电池的研究重点之一。

1.1.3 质子交换膜燃料电池的工作原理

PEMFC是将燃料的化学能直接转化为电能的电化学装置，在新能源交通领域体系中有巨大的发展潜力和广阔的发展空间。在PEMFC中，阳极燃料中的氢（纯氢或富氢气体混合物）被氧化成质子作为电荷载体：

$$H_2 \longrightarrow 2H^+ + 2e^-$$

生产的质子到达阴极后与氧反应，形成水并放出热量：

$$O_2 + 4H^+ + 4e^- \longrightarrow 2H_2O$$

总反应为：

$$2H_2 + O_2 \longrightarrow 2H_2O$$

图1-1是PEMFC的膜电极结构和工作原理示意。氧气和燃料气体（如氢气等）通过双极板上的气体通道分别进入电池的阴极和阳极，然后经过气体扩散层到达阴极和阳极催化层，催化层是发生电化学反应的区域，在阳极催化层，氢气在Pt的催化作用下产生电子和水合质子，电子通过外电路经由负载到达阴极，而水合质子则通过质子交换膜到达阴极催化层，在Pt的催化作用下水合质子、电子以及氧气反应生成水[7]。

膜电极组件（membrane electrode assembly，MEA）是质子交换膜燃料电池的核心，它由气体扩散层（gas diffusion layer，GDL）、微孔层（micro pore layer，

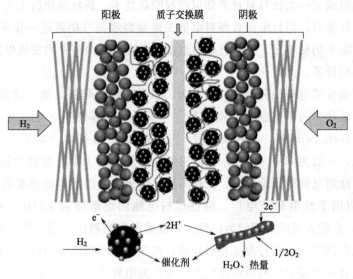

图 1-1 质子交换膜燃料电池的膜电极结构和工作原理

MPL)、质子交换膜（proton exchange membrane，PEM）和催化层（catalyst layer，CL）组成[1]。气体扩散层位于流场板与催化层之间，使流道传递过来的反应物向催化层的方向运输，还有助于水蒸气达到质子交换膜并增强其离子导电性[1]。气体扩散层在质子交换膜燃料电池水管理中起着关键作用。气体扩散层一般都经过疏水处理，最常见的是添加聚四氟乙烯涂层，这样不仅增加了气体扩散层的孔隙，同时还能使孔隙不被水堵塞，避免电极发生水淹的同时还能保证气体输送到催化层[1]。微孔层通常被夹在气体扩散层和催化层之间，通常由炭黑和聚四氟乙烯的混合物组成，旨在最大限度地提高气体传输和电导率，同时排除催化层中产生的水[8]。微孔层一般是被涂在气体扩散层上。质子交换膜起着将质子从阳极输运到阴极，隔离电子并且分离反应物的作用[9]。因此，理想的质子交换膜必须是良好的质子导体和电子绝缘体，并且具有很强的力学性能、热稳定性好、能够很好地阻隔反应物等特点。一般来说最常用的膜是全氟磺酸膜，如 Nafion、Aciplex、Flemion、Gore-Select、Dow、Hyflon 和 Aquivion 等[9]。其中，由 Du Pont 公司生产的商业化 Nafion 膜是一种无规则共聚物，由端基为磺酸基团的全氟醚侧链沿半结晶聚合物主链（全氟乙烯）随机分布而成[9]。由于 Nafion 的主链和官能团的亲水性部分不同，该聚合物呈现出疏水结构域和亲水结构域（簇）相分离的结构。当 Nafion 暴露在水合条件下，亲水基团（磺酸）结合生成连续的路径，提供适当的离子导电性。由于 Nafion 在氧化或还原环境中具有优良的稳定性，生产成本相对低廉且易于制备，因此是最受欢迎的质子交换薄膜材料之一。通常，催化层和气体扩散层以及微孔层一样都是多孔介质，只是组成和结构不同，因而功能和性质也不同。催化层是膜电极最关键的组成部分，氧还原反应（oxygen reductive reaction，ORR）发生在阴极催化层内，而氢在阳极催化层上发生电化学反应产生质子和电子，质子通过质子交换膜迁移，电子通过外部循环从阳极传输到阴极，在那里它们与氧结合，在阴极产生水[10]。

1.1.4　质子交换膜燃料电池的催化层

燃料电池在交通运输中的应用在最近几年里增长最快，目前，质子交换膜燃料电池已经在丰田 Mirai、现代途胜、本田 Clarity 等车型上实现了商业化[2]。然而，市场渗透率有限，主要原因是质子燃料电池成本相对较高，且性能和耐久性欠佳。这极大地限制了质子交换膜燃料电池汽车的大规模商业化。在一定程度上，质子交换膜燃料电池的成本、性能和耐久性都和催化层密切相关[11]。催化层是一种耦合的复杂结构，是由 3～10nm 的 Pt 颗粒负载在 30～50nm 的碳载体上以及其外表面包覆的一层离子聚合物（简称离聚物）组成的多孔介质。Pt 催化剂成本过高，阴极动力学损失和传质损失导致的电池性能的总损失增加和碳载体对 Pt 的腐蚀以及 Pt 的聚集和溶解是影响催化层寿命的主要因素[11]。此外，铂催化剂的电化学性能和有效利用还受催化层复杂的纳米结构和微观结构的控制[12,13]。催化层是反应的场所，也是 PEMFC 的关键组成，催化层的结构和形态在很大程度上影响着燃料电池的成本、性能和耐久性。一个最佳结构和性能的催化层一般需要同时满足[14]：①连续有效的质子传导通路；②催化层和外电路之间连续的电子传导通路；③连续的孔隙网络用于反应物和产物的输送以及水和热的去除。催化层内的传输现象在有限的空间中耦合的情形异常复杂，因此在未来降低燃料电池成本、提高功率密度、延长电池寿命等要求下，开发高性能长寿命的催化层将扮演关键的角色。因此，设计和开发最佳性能和结构的催化层对质子交换膜燃料电池至关重要。

1.1.5　质子交换膜燃料电池的催化剂浆料

传统的催化层一般是通过不同的催化剂浆料的溶液处理工艺，如喷涂、狭缝涂布、喷涂或刷涂等将浆料涂布到衬底（如膜、碳扩散层或转印基底）上[15]。因此催化剂浆料是催化层的前驱体，作为传统催化层构筑的起点，对催化层内的反应活性、传质（气、水）、传荷（质子、电子）以及传热等都有着非常重要的影响。催化剂浆料是由分散在溶剂中的催化剂（一般为铂基活性金属/碳载体）和全氟磺酸离子聚合物（一般为 Nafion）组成。由于所有活性材料都分散在催化剂浆料中，因此催化剂浆料的材料、制备和应用决定了催化层的各组分的分布、团聚体的尺寸、催化剂/载体与离子聚合物之间的界面、孔隙结构、性能以及耐久性等。理想的情况是建立催化剂浆料参数，比如浆料材料组分、固含量、I/C（离聚物/碳）比、分散方式、涂布技术、涂布参数等以及催化层微观结构和性能之间的定量的联系，然而，目前通过宏观改变催化剂浆料组分来调整催化层结构的方式，忽略了催化剂浆料的重要性，不能深入理解浆料形成和处理过程中涉及的多尺度物化机理，因而无法准确建立催化剂浆料组分、处理工艺和催化层结构与性能的构效关系。因此，针对PEMFC的高性能催化层微观结构设计与制备需要，亟需从深层次研究催化剂浆料体系的结构、性能和加工关系之间的关系，这对于设计、优化浆料配方和加工过程，从而设计最佳结构和性能的催化层至关重要。

催化剂浆料体系的复杂性对理解其结构、性能和加工关系提出了挑战。催化剂浆料的微观结构受其内部催化剂/载体-离子聚合物-溶剂之间的相互作用力的控制，而这些相互作用又影响着电极系统的性能、耐久性和催化剂利用率等，然而目前对于浆料的配方是基于经验的，对浆料内部各组分间相互作用的研究还不是很充分。首先浆料组分的开发和创新对于浆料的优化至关重要。在催化剂浆料中，最常见的就是催化剂纳米颗粒负载在载体上，总体来说可以分为两类Pt基催化剂和非Pt基催化剂，载体也呈现出多样化，目前使用最多的就是炭黑和其他碳基催化剂。分散介质对催化剂和离子聚合物在催化剂浆料和催化层中的微观结构和形态都起着至关重要的作用，另外对于不同的浆料沉积方式也需要选择不同的分散介质，正确选择分散介质以达到所需的黏度和表面张力是沉积技术的关键。离子聚合物在催化层中不仅起到黏合剂的作用，同时为质子传导提供通路，目前最常用的离子聚合物就是全氟磺酸聚合物。溶剂与颗粒之间、溶剂与离子聚合物之间、离子聚合物和颗粒之间，催化剂浆料中这些组分间存在相互作用，理解这些微纳米尺度下的相互作用有助于进一步了解和优化浆料和催化层。催化剂浆料的分散就是将悬浊液中催化剂/载体和离子聚合物的团聚体分散成所需要的尺寸，因为在催化剂浆料中Pt/C纳米颗粒形成非均相聚集，此外，有证据表明，离子聚合物也在溶液中聚集，因此选择合适的分散方法非常重要。目前催化剂浆料的分散方法主要有搅拌、球磨和超声等，尽管这些分散方法分别都有优点，但连续分散工艺比间歇分散工艺更适用于膜电极的大批量生产。浆料中团聚体的聚集情况和粒径分布会影响浆料稳定性，离子聚合物可以作为一种稳定剂，主要通过电荷斥力和空间位阻作用。此外，增加浆料的储存时间对更大的商业制造过程很重要，因此浆料的稳定性不能忽视。目前越来越多的先进技术表征正在加速在微观和宏观尺度上对浆料微观结构和形态的认识和理解，但仍需要更准确的可视化技术对浆料直接进行观察。关于催化层的模型非常多，而近几年对催化剂浆料模型的研究也开始重视起来。尽管目前对浆料沉积的方法有大量的研究，但如何大规模、持续和低成本地生产膜电极仍然是一个问题。

1.2 质子交换膜燃料电池催化剂浆料的组成

1.2.1 载体

1.2.1.1 载体材料要求和炭黑

在燃料电池发展的早期，膜电极使用的催化剂通常是铂黑颗粒。铂黑比表面积因其制备工艺的不同而有很大的不同。在碱性环境中，以甲醛为还原剂制备铂黑比表面积比较高，为 $25\sim30m^2/g$，平均粒径约为 10nm。由于没有载体，Pt 纳米粒子会发生团聚，电化学活性区比较低，从而极大地限制了催化效率，导致燃料电池性能比较低。20 世纪 70 年代左右，质子交换膜燃料电池的商业应用开始发展，这在一定程度上促进了 Pt/C 高分散催化剂的开发和研究。当碳材料被用作燃料电池电极上的铂纳米颗粒的载体时，Pt 纳米粒子可以沉积在高比表面积的碳载体上，表现出极高的电化学活性面积（ECSA），并将 Pt 的负载量从 $5.0mg/cm^2$ 降低到 $1.0mg/cm^{2[16]}$。

一般来说，催化剂载体材料需要满足以下要求[17]：①比表面积高，有利于 Pt 纳米粒子的沉积，使催化剂比表面积最大化；②导电性良好；③在 150℃空气条件下燃烧反应性低；④在燃料电池工作条件下（高氧浓度、低 pH、高含水量、高电极电位）具有良好的电化学稳定性；⑤催化剂中 Pt 比较容易回收；⑥与 Pt 纳米粒子有很强的相互作用。由于 Pt 催化剂具有较大的过电位，另外没有载体会导致 Pt 纳米颗粒聚集，因此需要载体来负载 Pt 才能获得好的催化性能。载体材料对催化剂性能的影响也相当显著。高比表面积和富孔结构的载体不仅为 Pt 的均匀分散提供了桥梁，而且促进了质子的传递，此外，载体中的部分组分还可以与 Pt 发挥协同催化作用，有利于提高催化剂的整体催化性能。因此，载体材料对质子交换膜燃料电池的性能和耐久性起着至关重要的作用。碳载体具有良好的导电性、大的比表面积和在酸性或碱性条件下相对良好的耐腐蚀性，因此可广泛应用于质子交换膜燃料电池的催化剂载体。此外，除了碳的电子性质、结构和表面化学性质外，Pt 纳米颗粒和碳载体之间的化学相互作用对 Pt/C 催化剂的催化性能有重要的意义。另外通过提高碳纳米材料载体的性能来提高贵金属的利用率，可以在一定程度上进一步降低催化剂成本。因此，碳材料，尤其是炭黑，是最近几十年来最常用的 Pt 基催化剂载体。

20 世纪 90 年代以来，炭黑材料因其较大的比表面积、优异的电导率、多孔的结构和较低的成本，被广泛用作质子交换膜燃料电池中 Pt 和 Pt 合金催化剂的载体。炭黑是通过石油加工过程中的天然气或芳香残留物等碳氢化合物的热解制得的[18]。最常见的生产工艺是炉黑工艺，炭黑易于形成链状团聚体。原料的芳香度越高，聚合度越高。如图 1-2 所示，炭黑初级颗粒（粒径约为 20nm）是由带有微孔（<2nm）的微晶准球形颗粒组装而成[14,19,20]。炭黑初级颗粒倾向于聚集，形成团聚颗粒（约为 200nm），颗粒之间有 2～20nm 的中孔。团聚体间存在大孔隙（>20nm）。在典型的 N_2 吸附实验中炭黑的孔径为双峰分布。这两类孔径分别为原生孔隙（<20nm）和次生孔隙（>20nm）。Vulcan XC-72 和 Ketjen Black 是两种常用的质子交换膜燃料电池炭黑类载体。作为最常见的商业催化剂载体的 Vulcan XC-72 具有较小的比表面积（约为 $220m^2/g$），因为它的微孔的比例比较低。Vulcan XC-72 具有丰富的缺陷位点和有机官能团，其允许 Pt 纳米颗粒更均匀分布并且提高 Pt 的性能[21]。此外，由于 Vulcan XC-72 具有少量微孔，所以位于 Vulcan XC-72 颗粒表面上的催化剂颗粒直接暴露于离子聚合物中。相比之下，Ketjen Black 具有较大的比表面积（约为 $890m^2/g$），其中微孔（<2nm）对应的比表面积约为 $480m^2/g$[21]。Ketjen Black 的这种结构可以使一部分 Pt 颗粒位于碳团聚体内部，从而使催化剂颗粒和离子聚合物能够分散得更均匀。此外，由于 Pt 的均匀分散以及 Pt 和离子聚合物之间的相互作用，所以 Ketjen Black 上负载的 Pt 具有较高的电化学活性面积和较高的氧还原反应（ORR）活性。

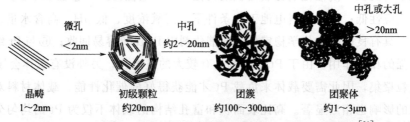

图 1-2　具有微孔、中孔和大孔的炭黑初级颗粒、团簇、团聚体[20]

炭黑的性能主要取决于相应的微观形貌、有机官能团和粒径分布等。因此炭黑在用作催化剂载体前需要进行活化，用来增加金属分散及其催化活性。活性炭材料的活化方法有化学活化和热处理两种[22]。化学活化，也称为氧化处理，可以使用各种氧化剂对炭黑进行处理，如硝酸、过氧化氢或臭氧等。碳表面的化学活化会导致炭黑表面碱性位点的丧失以及表面酸性位点的形成。碳载体材料上氧基数量的增加不仅提高了催化剂纳米颗粒的分散性，而且提高了燃料电池的性能。热处理可以去除碳表面的杂质。热处理过程中通常去除的杂质有金属杂质、无定形碳、多壳层碳纳米胶囊和含氧官能团等。这些杂质去除有助于增加催化剂的电化学活性面积[17]。通常是在惰性气氛（800～1100℃）或空气/蒸汽（400～500℃）下对炭黑进行热处理[22]。

1.2.1.2 新型碳载体材料

炭黑材料作为使用最广泛的催化剂载体之一，尽管有很多的优点，但它仍然存在一些问题[23,24]：①存在有机硫杂质；②一部分催化剂纳米颗粒位于炭黑深微孔或凹处，使其无法与反应物接触，从而降低催化活性。孔径和孔径分布也影响离子聚合物 Nafion 与催化剂纳米粒子的相互作用。由于 Nafion 胶束的尺寸（>40nm）大于炭黑中的孔隙，任何直径小于胶束尺寸的孔隙中的金属纳米粒子都无法和 Nafion 接触，因此对电化学活性没有贡献。此外，炭黑在热力学上是不稳定的并且容易发生电化学腐蚀，并且因为 Pt 的存在而加速，最终导致 Pt 从炭黑上脱离并降低催化剂的活性和稳定性。因此为了解决这些问题并实现催化剂性能的不断提高，越来越多的研究人员已经开始探索其他材料作为 Pt 催化剂的载体，如导电氧化物、碳化物、氮化物、导电聚合物和介孔硅等，然而碳材料在质子交换膜燃料电池催化剂载体上的地位仍然不可取代。为了实现膜电极上阴极的低 Pt 负载量，先进的碳基载体材料是开发高性能 Pt 催化剂所必需的。为了实现这一具有挑战性的目标，尺寸在 2～3nm 左右的 Pt 或 PtM 纳米粒子需要均匀分散在最佳的碳基载体中，并具有较强的金属-碳相互作用，以增强其稳定性[16]。高性能、低铂族金属催化剂对先进的碳载体同时提高催化剂的活性和稳定性提出了很高的要求。

由于比表面积比较高，无定形碳材料（例如活性炭）在近几十年来一直是质子交换膜燃料电池中 Pt 催化剂的载体。然而，无定形碳的化学稳定性比较差，特别是在氧化的燃料电池工作条件下[25]。碳的结构变化对确定其氧化动力学至关重要，如层间间距、晶面内和垂直于准晶层的晶粒尺寸、孔隙体积、比表面积和表面化学性质。高石墨化有利于碳载体的稳定性[26,27]。此外，高石墨化可通过 π 键增加烧结阻力，从而阻止催化剂制备阶段的 Pt 颗粒生长[27]。因此，石墨碳材料是具有巨大潜力的燃料电池催化剂载体。碳纳米管作为石墨化碳载体家族的一员，通常是由六边形排列的单片碳原子卷起来形成的管状结构，有开孔的也有闭口的，根据石墨烯片的层数，碳纳米管有单壁碳纳米管和多壁碳纳米管两种[28]。碳纳米管具有化学稳定性和热稳定性比较高、ORR 催化性能可掺杂调控以及综合力学性能优异等特点。与 Vulcan XC-72 上的 Pt 相比，碳纳米管负载的 Pt 催化剂能够抑制电化学活性面积的损失[29,30]。但是，由于物理结构独特，未经处理的碳纳米管负载的 Pt 催化剂电化学活性面积较小，会限制催化性能[31]。此外，没有官能化的碳纳米管具有光滑的表面和化学惰性，导致结合或锚定 Pt 纳米颗粒困难，这导致金属纳米颗粒的分散性比较差，容易聚集，特别是高负载催化剂[22]。通过调整碳纳米管的纳米结构，例如用含氧基团对碳纳米管进行适当的官能化，与 Vulcan XC-72 相比，碳纳米管负载的铂催化剂对燃料电池反应的催化活性增强[16]。由于增强了金属-载体的相互作用，官能化碳纳米管中的结构缺陷有助于改善催化活性。然而，碳纳米管中产生的结构缺陷可能又会造成碳载体氧化。因此，同时实现碳纳米管负载铂催化剂的良好催化活性和稳定性仍然是一个挑战，碳纳米管作为催化剂的载体，在质子交换膜燃料电池领域的实际应用仍有一段路要走。

由于碳与杂原子的电负性差异，杂原子掺杂可以调节碳原子之间的电荷再分配，从而大大提高碳载体材料的比表面积和电子导电性[32-34]。碳催化剂载体的活性可以通过掺杂氮、硫、硼等杂原子得到大幅提高，同时耐久性增强。Pt 向碳载体的电子转移是杂原子掺杂后 Pt/C 相互作用增强的根本原因[35]。通常，缺电子 Pt 纳米粒子可以通过促进从 Pt 原子到 O_2 的电荷转移来促进 O_2 离解，同时减少 OH 物种的吸附，这样会减少活性位点的堵塞，从而提高催化活性。此外，这些官能团可以改变金属催化剂纳米颗粒分散过程中的成核和动力学生长，使催化剂纳米粒子分布更均匀，粒径更小。由于氮原子的原子半径与碳原子的最为接近，且氮的电负性值（3.04）比碳（2.55）大[36]，因此在各种杂原子中氮原子是碳材料掺杂中使用最广泛的杂原子。氮掺杂的碳负载的 Pt 或 PtM 催化剂表现出更强的 ORR 活性和耐久性，并促进 Pt 纳米粒子的分散。由于未经处理的碳纳米管与 Pt 纳米粒子之间的相互作用较弱，氮掺杂可以调节碳纳米管的物理和化学性质，因此掺杂后的碳纳米管作为 Pt/C 催化剂的载体往往表现出更高的活性和稳定性。将氮掺杂到碳纳米管中有两种方法，分别为原位掺杂和后处理掺杂[17]。原位掺杂法是合成氮掺杂碳纳米管最常用的方法，就是将含氮前驱体直接热解或将含氮化合物进行化学气相沉积。后处理掺杂法则通过含氮前驱体（如氮气、氨气等）对合成的碳材料进行后处理。氮掺杂石墨烯也是质子交换膜燃料电池中常用的一种掺杂氮原子的碳载体材料。氮掺杂后，不仅可以使化学反应位点增多，还可以使催化剂颗粒分散更均匀[16]。

碳还可以和其他材料结合，如金属氧化物和碳化物等，形成杂化纳米复合材料，这些材料可用于增强其稳定性和提高固有活性。一些金属氧化物比碳更稳定，可以保护碳材料不受腐蚀。其中，二氧化钛（TiO_2）由于其高稳定性和亲水性，是极具潜力的质子交换膜燃料电池中 Pt 纳米粒子的载体[37]。然而，TiO_2 导电性较差限制了其在燃料电池中的应用。使用碳与 TiO_2 相结合的纳米复合材料可以克服这些导电限制。除二氧化钛外，其他几种具有较高耐腐蚀性的金属氧化物也被认为是与碳复合的候选材料。例如，氮掺杂钽氧化物（N-Ta_2O_5）通过层状结构连接将 Pt 纳米粒子固定在碳载体上从而成为更稳定的电催化剂，这种独特的结构在增强载体-金属相互作用以及防止 Pt 纳米粒子脱离、迁移和聚集方面起着重要作用[38]。过渡金属碳化物，特别是碳化钨（WC），具有类 Pt 催化性能，这使过渡金属碳化物本身可以作为催化剂或作为催化剂载体[16]，例如，使用改性聚合物辅助沉积法合成碳化钨用作燃料电池催化剂，如图 1-3 所示[39]。过渡金属碳化物的化学灵活性使其能够在合成或后处理过程中改变化学成分和催化性能。尽管目前报道了大量关于纳米复合材料载体在质子交换膜燃料电池中应用的研究，但目前最先进的燃料电池仍依赖于纯碳载体，这就需要进一步研究燃料电池环境下的复合载体行为，同时发展针对复合载体的膜电极的集成技术。

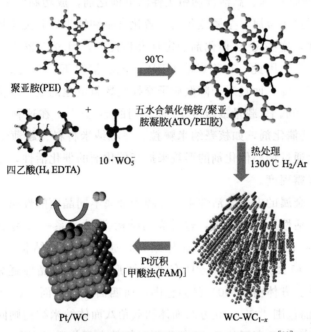

图 1-3　改性聚合物辅助沉积法合成 Pt/WC 的示意[39]

1.2.2　催化剂

1.2.2.1　Pt 催化剂

质子交换膜燃料电池的商业化应用面临着成本过高、耐久性较低和配套设施不足等方面的问题，而作为燃料电池的重要组成部分，催化剂的成本和性能一直是制约其商业化应用的一个重要因素。质子交换膜燃料电池主要涉及的两个半反应中，阳极氧化反应表现出一个快速的动力学过程，而阴极氧还原反应则比较复杂，包括多步电子的得失和耦合质子的转移，是一个缓慢的动力学过程[40]。因此，氧还原反应是限制步骤，需要消耗比氢氧化反应更多的催化剂材料。为此，开发具有成本效益的高性能电催化剂来改善 ORR 动力学对于降低质子交换膜燃料电池的成本至关重要。

Pt 以其优异的活性和稳定性成为目前被广泛应用于 PEMFC 的催化剂，特别是作为阴极催化剂。燃料电池中催化剂的催化性能与其吸附能力和化学键的特性密切相关。然而 Pt 催化剂仍存在一些缺点。例如，Pt 的稀有性和用量提高了燃料电池的成本[41]；在酸性介质中，ORR 缓慢，阴极过电位过高[42]；燃料中存在微量杂质，如 CO，会吸附在 Pt 表面，阻碍活性位点，造成 Pt 催化剂中毒[43]；酸性介质会腐蚀碳载体，使负载的 Pt 发生溶解、团聚、烧结，降低催化剂的耐久性等[44]。为了实现低成本、高活性和耐久性的电催化剂，成功制备了各种无 Pt 催化剂，如非贵金属过渡金属、金属氮化物、硫化合物和纳米碳基无金属电催化剂，与铂电催化剂相比，这些无 Pt 催化剂稳定性和性能差，且成本较高，仍不能满足电动汽车的性能要求。因此，在不影响 ORR 性能的情况下，开发低 Pt 负载的催化剂是当前的迫切需要，而且对于降低质子交换膜燃料电池的成本至关重要。这一目标实现的方式是降低 Pt 载量或改变 Pt 催化剂的形态[45]。在这种情况下，制备了不同类型的 Pt 基催化剂，如核壳纳米颗粒、空心纳米材料、超薄纳米薄片催化剂等。此外，可以通过调整催化剂的形貌来提高催化剂的催化活性，比如有选择性控制各种晶面的暴露程度。

通常来说，金属的电化学活性主要依赖于金属不同晶面的性质，每个晶面都有其独特的电化学活性。几十年来，这种表面结构-活性关系一直用于开发活性铂基催化剂。Pt 具有面心立方（fcc）晶体结构，通常在体相结构的单晶表面上有（111）（100）和（110）晶面[45]。具有多面体形状的纳米晶体通常由（111）和（100）晶面围成。方体由（100）晶面包围，而四面体、八面体、十面体和二十面体被（111）晶面包围[46,47]。立方八面体和截角八面体纳米结构则同时具有（100）和（111）晶面[48,49]。商用的 Pt/C 催化剂一般是由低指数的（100）、（111）等晶面围成。一般来说，ORR 活性在弱吸附的电解质中顺序为 Pt(100)≪Pt(111)≈Pt(110)，而在强吸附的电解质中，ORR 活性为 Pt(111)＜Pt(110)＜Pt(100)[50]。与低指数晶面相比，高指数晶面拥有较高密度的台阶原子及扭结位原子，这些原子易于与反应物分子相互作用，促使反应物分子化学键断裂，因此其催化活性普遍高于低指数晶面[51]。以这一发现为基础，高指数晶面作为表面的铂基催化剂研究成果相继涌现。尽管具有高指数晶面的 Pt 基催化剂在 ORR 上催化性能表现良好，但也存在一些缺点。高指数纳米晶体往往倾向于大尺寸生长，从而降低反应的质量活性。此外，在燃料电池的工作条件下，高指数晶面、不饱和原子台阶和扭结可能不稳定。高指数晶面由于高溶解速率容易失活，导致催化活性降低，从而阻碍其实际应用。

1.2.2.2 Pt 基合金催化剂

将 Pt 与其他过渡金属形成二元或多元合金，不仅能通过过渡金属与铂的协同和锚定作用来减少铂的迁移团聚，提高催化剂的催化活性和耐久性等性能，同时还是有效降低 Pt 载量的一种有效途径[52,53]。在我们最近的一项研究工作中，采用石墨化碳（graphitized carbon，GC）制备了 PtNi/GC 八面体纳米晶催化剂，所制备的催化剂具有结晶良好的八面体形貌和石墨层结构以及高耐腐蚀性，催化剂的质量活性和比活性分别是商用 Pt/C 的 5 倍和 7 倍（见表 1-1）[54]。合金化可以通过配体效应和应变效应来改变金属的电子属性，从而提高催化性能。配体效应是由不同表面金属原子的原子邻近性引入的，涉及金属原子之间的电子转移，使 Pt 的电子性质发生变化，从而进一步改变了与反应中间体的相互作用[45]。应变效应一般由于表面和近表面原子之间的尺寸不匹配而导致，通常包括表面原子的压缩或扩展排列，这反过来又在表层产生压缩或拉伸应变。压缩应变使 d 带中心下移，造成了反应中间体的弱吸附，从而提高催化效率，而拉伸应变使 d 带变窄，并使 d 带中心移近费米能级，从而导致中间体的强烈吸附[45]。配体效应和应变效应是密切相关的，通常其中一种效应支配另一种效应。

表 1-1　不同热处理温度下 PtNi/GC 系列及 PtNi/BP2000、PtNi/XC-72
和 Pt/C（JM）八面体催化剂的 ECSA 和 ORR 活性比较[54]

催化剂	电化学活性面积（ECSA）/(m^2/g_{Pt})	质量活性/(mA/mg_{Pt})	比活性/$(\mu A/cm^2_{Pt})$
PtNi/GC-1600oct	40.8	466.0	1142.2
PtNi/GC-1900oct	38.7	451.0	1165.4
PtNi/GC-2200oct	35.6	439.0	1233.1
PtNi/BP2000oct	49.1	505.0	1028.5
PtNi/XC-72oct	48.7	521.0	1069.8
Pt/C(JM)	53.2	86.4	162.4

铂基合金催化剂 ORR 活性优异，然而非铂金属溶解到酸性溶液中或从合金表面浸出会导致铂基合金的不稳定，从而导致催化剂和电池性能衰减[55-57]。因此除了铂和金属直接简单结合的铂合金催化剂外，形貌可控的铂合金催化剂包括核壳结构铂合金催化剂、空心纳米催化剂、纳米片或线催化剂、单原子催化剂等以其高 ORR 催化活性而成为近几年质子交换膜燃料电池催化剂的研究重点。核壳结构的 Pt 基催化剂（图 1-4[58]）是在非铂金属核周围沉积薄的铂基壳来提高铂原子的利用率，从而在核原子上形成可调控的壳层。除了核壳的组成、形貌和载体材料与氧还原催化活性有密切关系外，核壳结构的 Pt 基催化剂合成路径[58] 也是重要影响因素。空心纳米结构也可以极大地减少 Pt 的载量，从而提高催化剂活性。例如，近些年来空心结构的 Pt_3Ni 是研究热点之一。Pt_3Ni 纳米框架的高比活性是纳米框架上两个单层厚 Pt-skin 表面的形成以及 Pt_3Ni 纳米框架的开放结构导致的，该结构允许分子进入内部和外部表面原子，从而允许反应物进入[45]。此外，其他的形

貌可控的纳米催化剂在最近几十年也得到了广泛的关注，如超薄金属纳米片、纳米线、纳米管和纳米棒等。这些催化剂由于具有独特的各向异性结构、低缺陷密度和较少的铂团聚等特点，因而能够提升 Pt 的利用率。

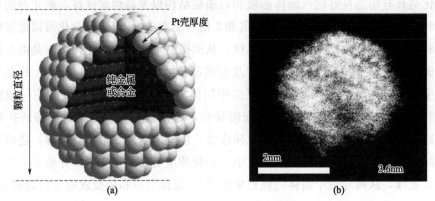

图 1-4　（a）核壳纳米颗粒的三维截面图；（b）使用原子分辨率
HAADF-STEM 技术可视化真实的催化活性核壳纳米颗粒[58]

1.2.2.3　催化剂纳米颗粒尺寸效应

催化剂纳米颗粒的尺寸对催化反应有非常重要的作用。越小的纳米颗粒具有越高的表面体积，并且具有更多的低配位位点，如边、角、顶点等。在纳米尺度上，Pt 或 Pt 合金颗粒不仅均匀地分布在导电载体上，还提供了更多的几何表面积，从而可能有助于降低 Pt 基金属的负载[45]。总的来说，Pt 或 Pt 合金在电解液中的电化学活性面积与总几何表面积成正比增加。然而，存在一个临界粒径，低于这个粒径，催化活性会由于活性反应位点的可用性降低而降低。此外，金属-绝缘体转变和库仑阻塞效应也会降低催化剂的电化学活性。Pt 基金属纳米颗粒的尺寸并不是越小越好，因为尺寸小到某一个极限值，纳米颗粒并不再显示金属的性质，而是表现为分子簇。催化剂具有比活性（催化剂每单位实际表面积的活性）随其粒径的增大而增大的尺寸效应，且在 2～4nm 范围内达到最大的质量活性（催化剂每单位质量的活性）[59]。然而，随着催化剂的老化，尺寸效应开始不再适用，因为由不可逆表面氧化物的形成引发的铂溶解会导致溶解/沉积和颗粒尺寸分布变宽。

1.2.2.4　催化剂的制备和表征方法

催化剂的颗粒大小、分散程度和形态特性直接影响催化剂的电化学活性，因此，催化剂的大小、形状和组成必须通过特定的制备条件加以严格控制。典型的燃料电池催化剂制备技术包括浸渍法、保护剂法、模板法、固相还原法、微乳液法、有机溶胶法、微波法等[43]。保护剂法通常使用表面活性剂或其他有机分子作为保护剂。采用这种方法可以使催化剂纳米晶体更具有分散性。因此保护剂法常用于制备分散度高的形貌可控的催化剂。保护剂与金属表面相互作用，改变自由能并降低特定晶面的生长速率，这会影响纳米晶体的形态，并最终形成具有（111）晶面的纳米晶体。无表面活性剂有机溶胶法是将传统的有机溶胶法应用于 Pt 基催化剂的制备。在这种方法中，金属溶胶是通过还原多金属盐或酸而制备的，无须在有机介质中使用任何保护剂。然后经洗涤和干燥得到 Pt 或 Pt 合金催化剂。例如有机溶胶法制备 Pt 基八面体纳米晶体时，一般采用较高的加热速率和较低的反应温度，而由于 N,N-二甲基甲酰胺（DMF）具有较高的沸点和温和的还原性，可作为溶剂和还原剂。DMF 还与（111）面相互作用，促进八面体纳米晶体的形成。微波法特别适用于合成尺寸分布窄的比典型纳米晶体更小的纳米晶体。顾名思义，这种方法使用均匀的微波加热来加快化学反应速率，缩短合成纳米晶体所需的时间。微波能在水介质中瞬间成核，且反应时间短，阻止了纳米晶体的进一步生长。此外，微波加热产生均匀的温度和反应物浓度，促进加快反应速率。固相还原法具有可控的还原过程、易于添加添加剂、溶剂价格低廉、纳米晶体分散性好以及颗粒大小和组成可控等优点。

　　质子交换膜燃料电池催化剂的表征主要包括表面结构、组成和电化学性能等。为了确定催化剂的结构和组成，可以使用多种表征工具，比如透射电子显微镜（transmission electron microscope，TEM，图 1-5）（简称透射电镜）、扫描电子显微镜（scanning electron microscope，SEM）（简称扫描电镜）、高角环状暗场扫描透射电子显微镜（high-angle annular dark field scanning transmission electron microscope，HAADF-STEM）、电子能量损失谱（electron energy loss spectroscopy，EELS）、X 射线衍射（X-ray diffraction，XRD）、能量色散 X 射线能谱（energy dispersive X-ray spectroscopy，EDX）、X 射线光电子能谱（X-photoelectron spectroscopy，XPS）、紫外-可见光谱（UV-visible spectroscopy，UV-Vis）。在实际应用中，通常将上述一种或多种表征技术结合在一起进行综合分析，从而准确得

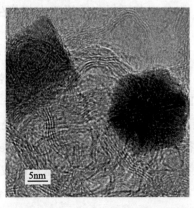

5nm

图 1-5　石墨化碳负载的 PtNi 八面体催化剂的高分辨率透射电子显微镜图像[54]

到燃料电池催化剂的结构和组成。表征催化剂的电化学性能主要包括电化学活性、耐久性和对电氧化的毒性耐受性的测试。典型的电化学技术有循环伏安法（cyclic voltammetry，CV）和线性扫描伏安法（linear sweep voltammetry，LSV）。

1.2.3　离子聚合物

1.2.3.1　离子聚合物的要求和性质

在质子交换膜燃料电池催化层的催化剂颗粒上会覆盖厚度为 4～10nm 的离子聚合物薄膜，从而形成质子导电性。由于这层薄膜中的离子聚合物结构和体相膜中的不同，因此离子聚合物薄膜中的质子电导率比体相膜中的要低一个数量级以上[60]。离子聚合物对催化剂颗粒的覆盖直接影响催化剂的利用率，而催化剂纳米颗粒上离子聚合物层的厚度决定了催化剂的传质性能。电化学反应发生在催化剂层中的催化剂纳米颗粒和离子聚合物的界面上。离子聚合物含量低可能会导致电阻过大，这可归因于离子聚合物与铂粒子之间的接触不足。相反，离子聚合物含量越高，离子聚合物在催化剂上覆盖范围越广；然而，离子聚合物薄层过厚会增加氧传输阻力。因此，必须调控催化层上离子聚合物的分布和形态。催化层上离子聚合物的分布是不均匀的，既有离子聚合物在 Pt/C 颗粒团聚体上形成超薄膜，也有离子聚合物团聚区，因此 Pt 可能与超薄离子膜结合，也可能与离子聚合物团聚体接触，或者完全与团聚体没有接触。催化层中的离子聚合物与离子聚合物膜作用不完全相同，不仅能起到黏合剂的作用，还能起到质子、气体和水传递的作用，除此之外还决定了催化剂的利用率，因此催化层中的离子聚合物必须满足以下几点[19,21]：①优异的质子传导性有和离子选择性；②优异的气体/水渗透性；③优良的力学性能，保证催化层的完整性；④与质子交换膜具有较好的物理相容性；⑤对电化学氧化还原反应和自由基的化学腐蚀具有高稳定性；⑥原料来源广泛和价格低廉，制备工艺可行，适用于大规模生产，以适应 PEMFC 商业化的要求。

目前催化层中的离子聚合物一般都是全氟磺酸离子聚合物，全氟磺酸离子聚合物是离子导电聚合物的一种。PFSA 由聚四氟乙烯骨架和带有磺酸基团端基的全氟乙烯基侧链组成。由于 PFSA 的主链和官能团的亲水部分不同，该聚合物呈现由疏水域和连接的亲水域（簇）组成的相分离结构，其形态受分散介质的影响很大[9]。PFSA 的物理和化学性质很大程度上取决于当量（equivalent weight，EW）以及侧链的长度和结构，当量是指当物质呈酸性时，每摩尔磺酸基的干离子的质量（g）。图 1-6 为 PFSA 的结构。常见的商业化的全氟磺酸离子聚合物有 Du Pont 公司生产的 Nafion 系列、Asalli Glass 公司生产的 Flemion 系列、Asahi Chemical 公司生产的 Aciplex 系列、3M 公司生产的 3M 系列等，其中 Nafion 最为常见。Nafion 是由电中性的半结晶聚合物主链［聚四氟乙烯（PTFE）］和端基带有亲水性磺酸离子（—SO_3H）的全氟侧链组成的随机共聚物，属于长侧链共聚物。有短侧链（short side chain，SSC）和低当量的 PFSA 离子因其比长侧链（long side chain，LSC）PFSA 具有更高的结晶度和更高的热转变温度，在功能优化方面受到了相当大的关注。

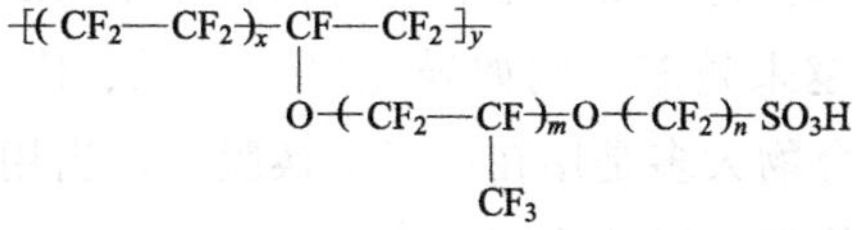

图 1-6 PFSA 的结构

1.2.3.2 离子聚合物的形态和结构

由于催化层通常是将含有 Pt/C 催化剂和离子聚合物的催化剂浆料涂布干燥后制备的，因此离子聚合物在催化剂浆料中的结构特征对其在催化层上的结构性质和性能起着重要的作用。一般认为浆料中离子聚合物的形态与结构和离子聚合物、颗粒和溶剂间的相互作用有关。20 世纪 80 年代开始 Nafion 的胶体形态对分散铸造膜的性能的重要影响开始受到关注，从而对溶剂中 Nafion 的状态进行了广泛的研究。利用小角中子散射（small-angle neutron scattering，SANS）和小角 X 射线散射（small-angle X-ray scattering，SAXS）等技术发现 Nafion 在溶剂中呈棒状结构，粒径约为几纳米，长度约为几十纳米[61-68]。而另一些研究发现 Nafion 溶液呈现出微米级聚集体[69-71]。这些不同的离子聚合物粒径大小是由两种聚合过程造成的：一种是主要聚集过程，由于氟碳主链的疏水相互作用而形成较小的聚合体，另一种是次要聚集过程，由于一些可以分解成初级聚集体颗粒的侧链离子对具有静电作用，从而形成较大的二次聚合体[70]。

溶剂的介电常数 ε 可以导致不同的聚合物构象，从而改变聚合物在溶液和催化层中的结构形态，PFSA 可以溶解在介电常数 $\varepsilon > 10$ 的有机溶剂中，而对于介电常数为 3~10 的溶剂中则形成胶体，当 $\varepsilon < 3$ 时，PFSA 会在分散介质中沉淀[72]。一些研究表明胶体形式的 PFSA 能够改善催化层上离子聚合物的连续性和孔隙率，从而获得更高的质子电导率、更少的传质阻力和更高的燃料电池性能，但另外一些研究小组发现在高介电常数的溶剂中溶液形式的 Nafion 能够改善催化层上离子聚合物的均匀分散从而表现出更高的电池性能[15]。除了分散介质的介电常数，溶解度参数 δ 也影响 Nafion 离子在稀溶液和铸膜中的形态。溶解度参数 δ 是由溶剂的内聚力密度的平方根定义的[15]。它常被用来区分两种溶剂或聚合物和溶剂之间的偿付能力。研究表明 Nafion 具有双溶解度参数 δ，即疏水全氟化主链 $\delta_1 = 9.7cal^{0.5}/cm^{1.5}$，

亲水磺化乙烯基侧链 $\delta_2 = 17.3 cal^{0.5}/cm^{1.5}$[71]。由于溶液中 Nafion 主链和侧链的不相容性，Nafion 初级聚集颗粒的形成主要取决于溶剂和 Nafion 氟碳主链的相容性，而二次聚集体的形成主要由溶剂与乙烯基磺酸侧链的相容性控制。不同溶剂中 Nafion 的迁移率对其形态有很大的影响，从而影响催化剂浆料的团聚程度和分散状态，在高迁移率的溶剂中分散的 Nafion 离子，由于相分离程度较高，其团聚行为较弱，团聚结构较小[73]。

由于全氟磺酸离子聚合物不耐高温、环境相容性差以及成本高，因此开发非氟代烃离子聚合物的研究越来越多。例如磺化聚芳醚砜、磺化聚醚酮、磺化聚酰亚胺。然而，这些烃类聚合物大多是用在质子交换膜上，当用于催化层时，由于烃类离子的透氧性较低，会使催化层性能不佳[19]。

1.2.4　分散介质

分散介质是浆料中催化剂/载体、离子聚合物的载体。目前最常用的分散介质有水、溶剂或水和溶剂的混合物，比如异丙醇（IPA）、正丙醇、n-甲基吡咯烷酮、二甲酰胺、二甲亚砜、甘油、乙醇、乙二醇、正醋酸丁酯等，其中水和异丙醇或正丙醇的混合物最常见，表 1-2 列出了常用溶剂及其参数[15]。分散溶剂对离子聚合物和催化剂/载体在催化剂浆料和催化层中的结构和性能起着至关重要的作用。溶剂的介电常数是指将相反电荷在溶液中分开的能力，它反映了溶剂分子的极性大小，介电常数大的溶剂极性大，介电常数小的溶剂极性小[74]。根据溶剂介电常数的不同离子聚合物会形成溶液、胶体和沉淀。溶剂的介电常数还是催化剂浆料稳定的重要参数之一。此外溶剂的其他热力学性质如沸点、黏度、溶解度参数、流动性等对催化剂浆料和催化层放入影响也得到了广泛的讨论。溶剂影响 Nafion 在分散介质中的聚集，一种是主要聚集，另一种是次要聚集[70]。溶剂还会影响离子聚合物在分散介质的形态的微观结构。Nafion 在稀溶剂系统中以三种形态的颗粒形式分散[75]（图 1-7）：①在甘油和不同溶剂渗透程度的乙二醇中有明确的圆柱形分散；②在水/异丙醇混合物中定义较模糊、高度溶解的大颗粒；③在 n-甲基吡咯烷酮（NMP）中的随机线圈构象（真溶液行为）。而也有一些学者认为，Nafion 在水/异丙醇混合溶液中形成棒状结构，且随着混合溶液中异丙醇的增加，Nafion 的直径逐渐减小[76]。溶剂除了影响催化层上离子聚合物、催化剂和孔的形态和分布，还会影响其耐久性。理解和优化催化剂/离子界面是实现膜电极良好的活性和耐久性的重要途径之一，在溶剂汽化过程中，可以通过改变催化剂载体周围的化学环境和离子相来改变离子段在催化剂层中的排列，从而改变催化剂/离子界面，因此不同类型的溶剂会影响这个界面[13]，比如，甘油会导致离子聚合物在 Pt 上覆盖率低，并且优先覆盖碳载体，二甲基甲酰胺会导致 Pt 和碳载体上离子聚合物覆盖率都低，二甲基亚砜会导致离子聚合物优先覆盖 Pt，而异丙醇会形成离子聚合物覆盖 Pt 和碳载体的界面。在不同的分散介质中，离子聚合物粒子的尺寸不同，较大和较小的离子/粒子尺寸都可以获得更好的膜电极耐久性。浆料沉积时，催化剂浆料的基本流变性能如黏度、表面张力、挥发性、分散性等对其沉积过程有重要的影响，而溶剂是决定这些性能参数的因素之一[19]。溶剂的选择和沉积方法、衬底、干燥条件和所使用的催化剂/载体和离子聚合物有关。丝网印刷或卷对卷涂布需要具有较高沸点的分散介质，而喷涂则需要能够较快挥发的水基或醇基分散介质。

表 1-2　常用溶剂的介电常数、沸点、黏度、表面张力和溶解度参数[15]

溶剂	介电常数	沸点 /℃	黏度 /mPa·s	表面张力 /(mN/m)	溶解度参数 /(cal$^{0.5}$/cm$^{1.5}$)
水	80.4	100	1	72.8	23.4
异丙醇	18.3	—	—	21.7	11.8
甲醇	32.7	65	0.59	22.2	14.5
乙醇	24.5	—			12.7
二甲基甲酰胺	12.2	—			37.8
乙二醇	—	197	16		
丙三醇	—	290	1500	63	
1,2-丙二醇		186~188	56		
1,3-丙二醇		210~212	52		

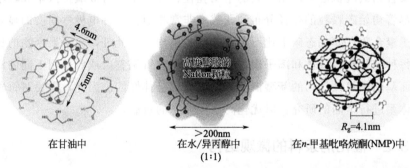

| 在甘油中 | 在水/异丙醇中 (1:1) | 在 n-甲基吡咯烷酮(NMP)中 |

图 1-7　Nafion 在不同分散介质中的三种结构示意[75]

1.3　质子交换膜燃料电池催化剂浆料的特点

1.3.1　I/C 比

催化剂浆料中离子聚合物的含量（一般用 I/C 比表示）对 CL 的电化学性能起着重要的作用，它不仅促进了 CL 的质子输运，还起到了保持 CL 结构的黏合剂作用。关于离子聚合物/碳（I/C）比值作为电解质和黏合剂的影响，已有许多研究报道。一般认为存在最优 I/C 比以获得最佳质子交换膜燃料电池性能。当低于最佳 I/C 比时，低离子聚合物导致质子传导下降和电池性能下降。当超过最佳 I/C 比率时，过量的离子聚合物阻塞空间体积并降低电池性能。过量的离子聚合物会阻止反应物气体的进入和产物水的去除。到目前为止，浆料中的最佳 I/C 比是根据经验确定的，而对于给定的催化剂/离子聚合物体系，粒子间的相互作用是如何影响最佳 I/C 比的，还没有一个基本的清晰的认识。

通常认为离子聚合物能够均匀地分布在碳载体和催化剂表面。然而，各种表征技术已经表明离子聚合物的分布高度依赖于催化剂的性质、离子聚合物沉积量、离子聚合物沉积方法、离子聚合物沉积的材料以及这些材料的处理方式。已经有大量的研究分析了膜电极上传统 Pt/C 催化层中 Nafion 的最佳含量约 33%（I/C 比为 0.5）[59]。在这个 I/C 比下，避免了高离子聚合物含量时导电性差和低离子聚合物含量时质子导电性差的问题。33% 的离子聚合物含量不是对所有类型的碳载体都是最佳的，这是因为碳表面面积的不同，导致碳载体表面可以覆盖的离子聚合物的量也不同。另外，催化剂浆料中特定的相互作用会影响结构组成，因此最佳 I/C 比会因离子聚合物和溶剂的不同而略有变化。对于相同 I/C 比的电极，非晶态碳载体在与离子聚合物共沉积后表现出较大的平均孔径、孔隙率、有效氧扩散率和较小的弯曲度，尽管初始碳颗粒的孔径分布和孔隙率非常相似。这种电极弯曲度的显著差异表明离子聚合物在非晶态碳上比石墨化碳分布更均匀。此外，离子聚合物的比例必须针对每种催化剂、载体和离子聚合物相互作用进行调整，或者采用不同的活性位点和表面基团亲水性排列的新型催化剂，以达到最佳性能。因此，需要对每种独特的浆料体系进行全面的研究，以优化离子聚合物的负载。

1.3.2 催化剂浆料的微观结构

催化剂浆料的微观结构由 Pt/C、离子聚合物和溶剂之间的相互作用决定，以及浆料在 CL 制备过程中的演变过程，包括涂布和干燥，这对 CL 的形成起着关键作用。催化剂浆料是多尺度的复杂结构。其中，碳颗粒是分形聚集体，其结构极不规则。碳的初级颗粒为类球形，粒径为 10~100nm，这些颗粒会进一步团聚成直径为几百纳米的初级团聚体，然后初级团聚体可以再次团聚形成微米级的更大尺寸的聚集体。碳结构在多个长度尺度上的多孔性增加了浆料体系的复杂性，其中包括原生颗粒内的微孔（小于 2nm）、与分形聚集/团聚结构有关的中孔（250nm）和大孔（大于 50nm）[77]。碳载体类型不同会导致其不同的孔隙率和孔径分布。此外，铂催化剂纳米粒子分布在碳载体上，修饰了碳表面的局部表面化学性质/电荷，会导致颗粒间的非均相相互作用。铂的存在及其在碳载体上的分布会强烈影响粒子间的离子相互作用。另外，离子聚合物的结构和形态会导致其和 Pt 或碳载体之间不同的相互作用，导致催化剂浆料的微观结构更为复杂。另外，溶剂的选择对催化剂浆料的微观结构有很大的影响。因此，催化剂浆料的微观结构对催化层的微观结构和性能有重要的作用，需要进一步的深入研究。

浆料的粒径、粒径分布、形态结构、离子聚合物在催化剂上的吸附层等都是需要被分析和表征的有关催化剂浆料微观结构的重要物理量，这些物理量和催化层的微观结构息息相关。目前对浆料微纳米尺度下层次结构的认识还不够深入，主要是因为以前使用的表征技术的局限性以及浆料的多相性、分散动态性以及不透明。动态光散射（dynamic light scattering，DLS）是一种方便、快速、无损的粒径测量的原位技术，该技术适用于表征尺寸范围从几纳米到几微米不等的胶体粒子，能够提供悬浮液中颗粒大小的总体平均估计值，也是测量催化剂浆料粒径最常用的技术，然而催化剂浆料必须稀释，避免发生多次散射影响测量结果的准确性，但浆料稀释后往往不能反映其真实的结构[19]。近年来小角散射技术在浆料上的应用在一定程度上缓解了这一问题。小角散射（SAS）是表征物质内部纳米尺度结构的，根据小角散射曲线可以得到有关粒子大小和形状、粒子大小分布和粒子间相互作用强度等重要信息，测量尺度从 1nm 到几微米[77]。已经有一些研究利用小角中子散射、超小角 X 射线散射、对比变差小角中子散射等表征浆料的结构。作为直接表征技术，常规的扫描电镜和透射电镜由于分辨率和制样的问题无法用于浆料，冷冻扫描电镜和冷冻电镜在很大程度上有助于改善这个问题。尽管冷冻扫描电镜和冷冻透射电镜已经成功观察到浆料结构，但也存在一些问题，溶剂损失以及冰晶生长导致的结构伪影都会造成观察结果的失真[15]。尽管小角散射能够对浆料进行快速、简单的原位表征，但需要对数据进行复杂的多重曲线拟合，因此可以将小角散射和低温透射电子显微镜结合起来，验证结果的可靠性和一致性。

1.3.3 催化剂浆料的可加工性

在催化剂浆料中，催化剂/载体纳米颗粒和离子聚合物均发生非均相聚集。初级炭黑颗粒倾向于聚集形成具有双峰孔径分布的团聚颗粒。离子聚合物可以吸附在催化剂/载体聚集体上，导致浆料中存在离子聚合物聚集区。这些附聚物导致浆料的不稳定性和膜电极性能的下降。因此，有必要将催化剂浆料中的聚集物分散成适当的大小，以形成均匀的浆料[15]。制备催化剂浆料的分散方法直接影响高性能 PEMFC 的生产。制备催化剂浆料的分散方法一般有超声波法、球磨法和搅拌法等，这些方法可以单独使用，也可以组合使用。值得注意的是，不同的分散方式和分散程度所产生的分散效果不尽相同。通常，在催化剂浆料制备过程中可能会出现分散不均匀、污染和降解等问题。然而目前对催化剂浆料分散制备的研究基本都是从分散工艺或工艺参数出发，建立其和催化剂浆料微观结构或催化层微观结构和性能之间的联系，未能进一步深入分析催化剂浆料分散过程中颗粒的团聚、破碎和沉降等信息。

在催化剂浆料沉积过程中，浆料需要合理地设计以满足不同的浆料沉积技术[15]。首先，浆料必须具有良好的分散性。例如，对于喷墨印刷，浆料倾向于聚集或沉淀，这可能不仅可以阻塞喷嘴，还可以导致 CL 上的聚集体增加并降低 MEA 性能。粒径和粒径分布是浆料分散稳定性的两个重要参数。在浆料沉积过程中，必须根据不同的沉积技术优化这两个参数。其次，浆料的固体含量也是关键参数。固体含量是指总浆料中催化剂和离子聚合物的比例。例如，喷墨打印所需的浆料的固体含量相对较低，而凹版涂布技术所用的浆料固体含量相对较高。此外，浆料的流变学，例如黏度、黏弹性、表面张力、溶剂蒸发等，应与沉积技术相匹配。目前对催化剂浆料的研究较少，可能是因为用于在实验室条件下制备膜电极的浆料的浓度低。然而，对于膜电极的卷对卷的生产，浆料浓度相对较高，并且流变是不能忽视的参数。影响浆料沉积过程的限制参数是可实现的制造速度（剪切速率）和浆料流变性[78]。作为浆料的稳态流变性质的黏度通常与浆料组分、固体含量、溶剂和 I/C 比的性质密切相关。还需要根据每种沉积技术的特殊流变性要求进行浆料调整。例如，喷墨打印所需要的浆料的黏度比较低，而丝网印刷则需要具有非牛顿流体和黏弹性性质的浆料。具有高弹性模量的浆料可能导致打印速度的降低和涂料器上的负载增加。浆料的表面张力应低于固体基质的表面张力，以改善浆料的润湿性以及浆料和基材之间的黏附性。溶剂的蒸发可以在一定程度上影响 CL 的结构。溶剂蒸发主要由溶剂组合物和蒸发条件测定。

1.4 质子交换膜燃料电池催化剂浆料的制备和应用发展趋势

质子交换膜燃料电池作为一种新型的绿色能源，有巨大的发展前景。然而成本、性能和寿命这三个要素严重制约着质子交换膜燃料电池的商业化进程。MEA 性能影响到整体电堆的效率、稳定性和耐久性，并且膜电极在质子交换膜燃料电池电堆中占的成本比例较高。由于质子交换膜燃料电池有望在未来几年内稳步提高其竞争力，特别是在汽车行业，MEA 制造是当前的关键目标（包括改进相关流程和技术），已成为使燃料电池大批量生产可行和经济可持续的关键前提。然而，这一目标必须在不损害电堆质量（即性能、效率和寿命）的情况下实现。催化剂浆料作为催化层或 MEA 的前驱体,是影响这三个要素的重要因素之一。在未来的催化剂浆料研究中,应重点定量理解浆料内部相互作用与浆料微观结构、沉积过程以及催化剂层结构和性能之间的联系。

目前大规模、可持续的生产催化层或膜电极的需求越来越大,然而,以往的研究关注最多的就是新材料的开发或者聚焦于催化层或者膜电极,对浆料的研究不够深入。

首先,新开发的材料性能要达到最佳,必须要清晰浆料内部组分间的相互作用,包括浆料分散过程、静态储存以及沉积过程,这对催化层的微观结构和性能至关重要。有必要利用这些相互作用建立材料、浆料和催化层之间的关系。理想状态下就是能够在给定的催化剂浆料参数的情况下预测 CL 或膜电极的性能,或者能够通过优化材料结构和性质来确定催化剂浆料需要如何改变以实现最佳 CL 性能。只有这样,当创造出一种性能更好的催化剂,或者合成出一种更导电、更稳定的离子聚合物时,就可以预先知道这些材料将如何影响 CL 的性质,而不是需要很长一段时间的经验优化。为了达到这一目标,必须清晰催化剂浆料参数和相互作用之间的关系,以及这些相互作用是如何影响催化层的微观结构和性能。然而,由于在制备催化层的过程中使用的材料和实验方法不尽相同,想要获得催化剂浆料材料、催化剂浆料和催化层之间的关系存在一定的挑战性,因此在以后的研究中应系统地研究催化剂浆料,从而阐明浆料设计规则和指标,并精准分析控制参数。通过这种方式,可以充分理解浆料到 CL 的制造过程,使浆料工程能够更智能地设计 CL。

其次,根据浆料里的内外作用力,对浆料形成、分散、稳定以及沉积过程进行建模,不仅能够更深层次地了解浆料团聚体的破碎、分散与稳定,还能够了解浆料沉积过程中从催化剂浆料微观结构到催化层微观结构的演变过程。对于油墨的建模很多都是基于 Derjaguin Landau Verwey Overbeek(DLVO)理论,但对于复杂的、多尺度的浆料体系,DLVO 理论往往不能准确描述浆料中颗粒的行为。比如,催化剂浆料的制备在工艺上涉及多尺度问题。催化剂浆料的几个特征尺度铂颗粒、炭黑颗粒、团聚体颗粒的直径在纳米或微米级别。所以在研究不同的对象时,需要采用不同的数值模拟和实验手段方法。浆料中存在多种尺度和多种类型的相互作用关系,目前关于浆料的建模仿真研究均是基于机理性质的讨论。在建立颗粒动力学模型中,往往会对催化剂团聚体模型进行简化,但是在实际的浆料系统中,组分间的相互作用形式非常复杂,尺度上不仅涉及高分子离子聚合物,还涉及纳米级别的催化剂颗粒,相互作用上不仅存在离子聚合物的自我团聚行为,还存在离子聚合物主链和侧链对催化剂颗粒的吸附问题,同时实际浆料的分散过程还存在其他更复杂的流场特征,这些都会造成仿真结果和真实的实验数据可能存在偏差。因此需要建立更真实的物理模型,考虑更多的物理场,并通过实验验证仿真结果,进而进一步修正模型。

再次，低成本生产高质量 MEA 或催化层的关键之一是在电极生产中采用先进的制造技术，从而通过智能催化剂沉积、更高的自动化程度和大规模生产来降低原材料消耗。目前主要的膜电极制备技术是将催化剂浆料涂敷于转印基底上，再通过机械热压的方式贴附至质子交换膜支撑体两侧，最后，再去除转印基底。随着自动化程度的提高，电极产能必须提升且质量也要提高，这就要求催化剂浆料的沉积过程尽可能可控、有效和自动化，尽管这种转印法技术相当稳定，但它灵活性不够，无法精准地控制催化剂在基底上均匀地分布。因此，可以探索从其他工业部门（例如瓷砖、电子产品）引进技术，比如凹印、喷墨打印和丝网印刷等技术，以便更有效地制造 MEA。

参考文献

[1] Xing L, Shi W, Su H, et al. Membrane electrode assemblies for PEM fuel cells: A review of functional graded design and optimization[J]. Energy, 2019, 177: 445.

[2] Suter T A M, Smith K, Hack J, et al. Engineering catalyst layers for next-generation polymer electrolyte fuel cells: A review of design, materials, and methods[J]. Advanced Energy Materials, 2021, 11（37）.

[3] 国家统计局. 中华人民共和国 2020 年国民经济和社会发展统计公报[N]. 2021-02-28. http://www.stats.gov.cn/tjsj/zxfb/202102/t20210227_1814154.html.

[4] Thomas J M, Edwards P P, Dobson P J, et al. Decarbonising energy: The developing international activity in hydrogen technologies and fuel cells [J]. Journal of Energy Chemistry, 2020, 51: 405.

[5] Thomas J M. W. R. Grove and the fuel cell[J]. Philosophical Magazine, 2012, 92（31）: 3757.

[6] Andújar J M, Segura F. Fuel cells: History and updating. A walk along two centuries [J]. Renewable and Sustainable Energy Reviews, 2009, 13（9）: 2309.

[7] Litster S, McLean G. PEM fuel cell electrodes[J]. Journal of Power Sources, 2004, 130（1-2）: 61.

[8] Okonkwo P C, Otor C. A review of gas diffusion layer properties and water management in proton exchange membrane fuel cell system [J]. International Journal of Energy Research, 2020, 45（3）: 3780.

[9] Kusoglu A, Weber A Z. New insights into perfluorinated sulfonic-acid ionomers[J]. Chem Rev, 2017, 117（3）: 987.

[10] Inoue G, Takenaka S. Design of interfaces and phase interfaces on cathode catalysts for polymer electrolyte fuel cells[J]. Chemistry Letters, 2021, 50（1）: 136.

[11] Karan K. PEFC catalyst layer: Recent advances in materials, microstructural characterization, and modeling[J]. Current Opinion in Electrochemistry, 2017, 5（1）: 27.

[12] Zhao Z, Hossain M D, Xu C, et al. Tailoring a three-phase microenvironment for high-performance oxygen reduction reaction in proton exchange membrane fuel cells[J]. Matter, 2020, 3（5）: 1774.

[13] Sharma R, Andersen S M. Zoom in catalyst/ionomer interface in polymer electrolyte membrane fuel cell electrodes: impact of catalyst/ionomer dispersion media/solvent[J]. ACS Appl Mater Interfaces, 2018, 10（44）: 38125.

[14] Zamel N. The catalyst layer and its dimensionality-A look into its ingredients and how to characterize their effects[J]. Journal of Power Sources, 2016, 309: 141.

[15] Guo Y, Pan F, Chen W, et al. The controllable design of catalyst inks to enhance PEMFC performance: A review[J]. Electrochemical Energy Reviews, 2020, 4（1）: 67.

[16] Qiao Z, Wang C, Zeng Y, et al. Advanced nanocarbons for enhanced performance and durability of platinum catalysts in proton exchange membrane fuel cells[J]. Small, 2021, 17（48）.

[17] Samad S, Loh K S, Wong W Y, et al. Carbon and non-carbon support materials for platinum-based catalysts in fuel cells[J]. International Journal of Hydrogen Energy, 2018, 43（16）: 7823.

[18] Auer E, Freund A, Pietsch J, et al. Carbons as supports for industrial precious metal catalysts[J]. Applied Catalysis A: General, 1998, 173: 259.

[19] Holdcroft S. Fuel cell catalyst layers: A polymer science perspective[J]. Chemistry of Materials, 2014, 26（1）: 381.

[20] Soboleva T, Zhao X, Mallek K, et al. On the micro-, meso-and macroporous structures of polymer electrolyte membrane fuel cell catalyst layers[J]. Acs Applied Materials & Interfaces, 2010, 2（2）: 375.

[21] Huang J, Li Z, Zhang J. Review of characterization and modeling of polymer electrolyte fuel cell catalyst layer: The blessing and curse of ionomer[J]. Frontiers in Energy, 2017, 11（3）: 334.

[22] Antolini E. Carbon supports for low-temperature fuel cell catalysts[J]. Applied Catalysis B: Environmental, 2009, 88（1-2）: 1.

[23] You P Y, Kamarudin S K. Recent progress of carbonaceous materials in fuel cell applications: An overview[J]. Chemical Engineering Journal, 2017, 309: 489.

[24] Sharma S, Pollet B G. Support materials for PEMFC and DMFC electrocatalysts—A review[J]. Journal of Power Sources, 2012, 208: 96.

[25] Shao Y, Yin G, Zhang J, et al. Comparative investigation of the resistance to electro-

chemical oxidation of carbon black and carbon nanotubes in aqueous sulfuric acid solution[J]. Electrochimica Acta, 2006, 51（26）: 5853.

[26] Stevens D A, Hicks M T, Haugen G M, at al. Ex situ and in situ stability studies of PEMFC catalysts: Effect of carbon type and humidification on degradation of the carbon [J]. Journal of The Electrochemical Society, 2005, 152（12）: 2309.

[27] Coloma F, Sepulvedaescribano A, Rodriguezreinoso F. Heat-treated carbon-blacks as supports for platinum catalysts[J], Journal of Catalysis, 1995, 154（2）: 299.

[28] Iijima S. Helical microtubules of graphitic carbon[J]. Nature, 1991, 354: 56.

[29] Wang X, Li W, Chen Z, et al. Durability investigation of carbon nanotube as catalyst support for proton exchange membrane fuel cell[J]. Journal of Power Sources, 2006, 158（1）: 154.

[30] Shao Y, Yin G, Gao Y, et al. Durability study of Pt / C and Pt / CNTs catalysts under simulated pem fuel cell conditions[J]. Journal of The Electrochemical Society, 2006, 153（6）: 1093.

[31] Chen M, Hwang S, Li J, et al. Pt alloy nanoparticles decorated on large-size nitrogen-doped graphene tubes for highly stable oxygen-reduction catalysts[J]. Nanoscale, 2018, 10（36）: 17318.

[32] Wu G, Swaidan R, Li D, et al. Enhanced methanol electro-oxidation activity of PtRu catalysts supported on heteroatom-doped carbon [J]. Electrochimica Acta, 2008, 53（26）: 7622.

[33] Wu G, Li D, Dai C, et al. Well-dispersed high-loading pt nanoparticles supported by shell-core nanostructured carbon for methanol electrooxidation [J]. Langmuir, 2008, 24: 3566.

[34] Wu G, Dai C, Wang D, et al. Nitrogen-doped magnetic onion-like carbon as support for Pt particles in a hybrid cathode catalyst for fue l cells[J]. Journal of Materials Chemistry, 2010, 20: 3059.

[35] Yu X, Ye S. Recent advances in activity and durability enhancement of Pt/C catalytic cathode in PEMFC[J]. Journal of Power Sources, 2007, 172（1）: 133.

[36] Zheng Y, Jiao Y, Jaroniec M, et al. Nanostructured metal-free electrochemical catalysts for highly efficient oxygen reduction[J]. Small, 2012, 8（23）.

[37] Lee W-J, Alhosan M, Yohe S L, et al. Synthesis of Pt / TiO$_2$ nanotube catalysts for cathodic oxygen reduction[J]. Journal of The Electrochemical Society, 155（9）: 915.

[38] Cheng N, Liu J, Banis M N, et al. High stability and activity of Pt electrocatalyst on atomic layer deposited metal oxide/nitrogen-doped graphene hybrid support[J]. International Journal of Hydrogen Energy, 2014, 39（28）: 15967.

[39] Lori O, Gonen S, Kapon O, et al. Durable tungsten carbide support for pt-based fuel cells cathodes[J]. ACS Appl Mater Interfaces, 2021, 13（7）: 8315.

[40] 王敏键, 陈四国, 邵敏华, 等. 氢燃料电池电催化剂研究进展[J]. 化工进展, 2021, 40 (9): 4948.

[41] Ouyang X, Guo H, Liu Y. Development status and future prospects of hydrogen fuel cell technology[J]. Chinese Journal of Engineering Science, 2021, 23 (4): 162.

[42] Mølmen L, Eiler K, Fast L, et al. Recent advances in catalyst materials for proton exchange membrane fuel cells[J]. APL Materials, 2021, 9 (4).

[43] Wang J, Li B, Yersak T, et al. Recent advances in Pt-based octahedral nanocrystals as high performance fuel cell catalysts[J]. Journal of Materials Chemistry A, 2016, 4 (30): 11559.

[44] Du L, Prabhakaran V, Xie X, et al. Low-PGM and PGM-free catalysts for proton exchange membrane fuel cells: stability challenges and material solutions[J]. Advanced Materials, 2021, 33 (6).

[45] Mahata A, Nair A S, Pathak B. Recent advancements in Pt-nanostructure-based electrocatalysts for the oxygen reduction reaction[J]. Catalysis Science & Technology, 2019, 9 (18): 4835.

[46] Chiu C Y, Li Y, Ruan L, et al. Platinum nanocrystals selectively shaped using facet-specific peptide sequences[J]. Nat Chem, 2011, 3 (5): 393.

[47] Nguyen V-L, Ohtaki M, Ngo V N, et al. Structure and morphology of platinum nanoparticles with critical new issues of low-and high-index facets[J]. Advances in Natural Sciences: Nanoscience and Nanotechnology, 2012, 3 (2).

[48] Xia Y, Xiong Y, Lim B, et al. Shape-controlled synthesis of metal nanocrystals: simple chemistry meets complex physics? [J]. Angew Chem Int Ed Engl, 2009, 48 (1): 60.

[49] Zheng R K, Gu H, Xu B, et al. Self-assembly and self-orientation of truncated octahedral magnetite nanocrystals[J]. Advanced Materials, 2006, 18 (18): 2418.

[50] Markovic N, Gasteiger H, Ross P N. Kinetics of oxygen reduction on Pt (hkl) electrodes: Implications for the crystallite size effect with supported Pt electrocatalysts[J]. Journal of The Electrochemical Society, 1997, 144 (5): 1591.

[51] 郝佳瑜, 刘易斯, 李文章, 等. 形貌可控的铂类贵金属氧还原电催化剂研究进展[J]. 材料导报, 2019, 33 (1): 127.

[52] 唐柳, 于力娜, 张克金, 等. 质子交换膜燃料电池催化剂研究进展[J]. 汽车文摘, 2020, 1: 1.

[53] Liu M, Zhao Z, Duan X, et al. Nanoscale structure design for high-performance Pt-based orr catalysts[J]. Advanced Materials, 2019, 31 (6).

[54] Wang J, Xue Q, Li B, et al. Preparation of a graphitized-carbon-supported PtNi octahedral catalyst and application in a proton-exchange membrane fuel cell[J]. ACS Appl Mater Interfaces, 2020, 12 (6): 7074.

[55] Mezzavilla S, Baldizzone C, Swertz A-C, et al. Structure-activity-stability relation-

ships for space-confined Pt$_x$Ni$_y$ nanoparticles in the oxygen reduction reaction[J]. Acs Catalysis, 2016, 6 (12): 8058.

[56] Bing Y, Liu H, Zhang L, et al. Nanostructured Pt-alloy electrocatalysts for PEM fuel cell oxygen reduction reaction[J]. Chem Soc Rev, 2010, 39 (6): 2184.

[57] Colón-Mercado H R, Popov B N. Stability of platinum based alloy cathode catalysts in PEM fuel cells[J]. Journal of Power Sources, 2006, 155 (2): 253.

[58] Oezaslan M, Hasché F, Strasser P. Pt-based core-shell catalyst architectures for oxygen fuel cell electrodes[J]. The Journal of Physical Chemistry Letters, 2013, 4 (19): 3273.

[59] Hou J, Yang M, Ke C, et al. Platinum-group-metal catalysts for proton exchange membrane fuel cells: From catalyst design to electrode structure optimization[J]. Energy Chem, 2020, 2 (1).

[60] Mabuchi T, Huang S-F, Tokumasu T. Dispersion of Nafion ionomer aggregates in 1-propanol/water solutions: Effects of ionomer concentration, alcohol content, and salt addition[J]. Macromolecules, 2020, 53 (9): 3273.

[61] Aldebert P, Dreyfus B, Gebel G, et al. Rod like micellar structures in perfluorinated ionomer solutions[J]. Journal de Physique, 1988, 49 (12): 2101.

[62] Aldebert P, Dreyfus B, Pineri M. Small-angle neutron scattering of perfluorosulfonated ionomers in solution[J]. Macromolecules, 1986, 19 (10): 2651.

[63] Szajdzinska-Pietek E, Schlick S. Self-assembling of perfluorinated polymeric surfactants in nonaqueous solvents. electron spin resonance spectra of nitroxide spin probes in Nafion solutions and swollen membranes[J]. 1994, 10 (7): 2188.

[64] Szajdzinska-Pietek E, Schlick S, Plonka A. Self-assembling of perfluorinated polymeric surfactants in water. electron spin resonance spectra of nitroxide spin probes in Nafion solutions and swollen membranes[J]. Langmuir, 1994, 10 (4): 1101.

[65] Szajdzinska-Pietek E, Pilar J, Schlick S. Structure and dynamics of perfluorinated ionomers in aqueous solutions and swollen membranes based on simulations of esr spectra from spin probes[J]. Journal Physical Chemistry, 1995, 99: 313.

[66] Loppinet B, Gebe G. Small-angle scattering study of perfluorosulfonated ionomer solutions[J]. Journal Physical Chemistry, 1997, 101: 1884.

[67] Xu F, Zhang H Y, Ilavsky J, et al. Investigation of a catalyst ink dispersion using both ultra-small-angle X-ray scattering and cryogenic TEM[J]. Langmuir, 2010, 26 (24): 19199.

[68] Rubatat L, Gebel G, Diat O. Fibrillar structure of Nafion: matching fourier and real space studies of corresponding films and solutions[J]. Macromolecules, 2004, 37: 7772.

[69] Ngo T T, Yu T L, Lin H-L. Nafion-based membrane electrode assemblies prepared from catalyst inks containing alcohol/water solvent mixtures[J]. Journal of Power Sources, 2013, 238: 1.

[70] Lee S J, Yu T L, Lin H L, et al. Solution properties of Nafion in methanol/water mixture solvent[J]. Polymer, 2004, 45（8）: 2853.

[71] Ngo T T, Yu T L, Lin H-L. Influence of the composition of isopropyl alcohol/water mixture solvents in catalyst ink solutions on proton exchange membrane fuel cell performance[J]. Journal of Power Sources, 2013, 225: 293.

[72] Uchida M, Aoyama Y, Eda N, et al. New preparation method for polymer-electrolyte fuel cells[J]. Journal of The Electrochemical Society, 1995, 142（2）: 463.

[73] Kim T-H, Yi J-Y, Jung C-Y, et al. Solvent effect on the Nafion agglomerate morphology in the catalyst layer of the proton exchange membrane fuel cells[J]. International Journal of Hydrogen Energy, 2017, 42（1）: 478.

[74] 韩爱娣, 闫晓晖, 陈俊任, 等. 分散溶剂对 PEMFC 催化层中超薄 Nafion 离聚物质子传导的影响[J]. 物理化学学报, 2019, 36（X）.

[75] Welch C, Labouriau A, Hjelm R, et al. Nafion in dilute solvent systems: Dispersion or solution? [J]. ACS Macro Letters, 2012, 1（12）: 1403.

[76] Balu R, Choudhury N R, Mata J P, et al. Evolution of the interfacial structure of a catalyst ink with the quality of the dispersing solvent: A contrast variation small-angle and ultrasmall-angle neutron scattering investigation[J]. ACS Appl Mater Interfaces, 2019, 11（10）: 9934.

[77] Khandavalli S, Park J H, Kariuki N N, et al. Rheological investigation on the microstructure of fuel cell catalyst inks[J]. ACS Appl Mater Interfaces, 2018, 10（50）: 43610.

[78] Hatzell K B, Dixit M B, Berlinger S A, et al. Understanding inks for porous-electrode formation[J]. Journal of Materials Chemistry A, 2017, 5（39）: 20527.

第2章

催化剂浆料的分散

2.1 催化剂浆料分散特性

2.1.1 催化剂浆料分散的需求

2.1.1.1 催化层在燃料电池技术和商业化应用上的重要性

目前，世界上许多国家都致力于推进人类进入一个低碳或无碳能源的时代。由于水电解具有利用可再生能源产生氢气的潜力，这使质子交换膜燃料电池在许多能源转换应用领域有了重大的应用前景，如住宅热电联供、工业备用电源和汽车行业，其中汽车通常被认为最适合使用质子交换膜燃料电池，因为其稳定性和高功率密度已经在商业上得到了应用。作为氢能储存系统的一部分，燃料电池在可再生能源的未来发挥重要作用，在这个系统中，可以将过量的电能转化为氢气，储存在容器或自然洞穴中，然后在需要时用于燃料电池发电[1]。这需要高效电解槽和可再生能源或生物质提供足够大的可再生氢发电能力，以供应高效燃料电池。这种封闭式绿色氢气经济体系是全球能源格局的必要条件，这种体系基础是一个稳定、可再生和高效的能源发电和消耗系统。

在典型的燃料电池系统中，成本最高的部分是燃料电池堆，因为催化层中含有大量 Pt 催化剂[1]。因此，从商业上来说，设计低 Pt 或不含 Pt 的电极来降低电堆成本是有必要的[2,3]。由于这一需求，人们对催化剂进行了大量的研究，在过去十年中，基于实验室的纳米结构 Pt 和 Pt 合金催化剂的性能得到了显著改善，这在一定程度上导致了 Pt 负载的降低[4,5]。此外，对非铂族金属催化剂的研究得到了很大的发展，并产生一些有应用前景的材料[6,7]。然而，非铂族金属材料不如铂催化剂成熟，存在耐久性和性能问题[5,8]。考虑到 Pt 和非铂族金属催化剂的成本和性能差异，它们可能都将在未来商业化，但用途不同。Pt 可以在汽车行业等高性能应用中得到更广泛的应用，而非铂族金属材料则更适合固定应用，如热电联供和备用电源[1]。

尽管开发具有高导电性、耐久性和可扩展性的新型载体以及高活性催化剂，已经成为改善燃料电池性能、成本和耐久性研究的主要途径。但催化剂和载体之间的相互作用对燃料电池的性能和耐久性也有显著影响[9]。载体耐久性和催化层性能受到载体的化学组成以及其功能化的程度和性质的影响。载体材料不仅影响电导率和碳的腐蚀，还影响反应物的质量传输和离聚物的分布，因此需要了解催化层中的结构-性能关系[10]。催化层的形态通常由催化剂的结构、浆料配方、浆料内部相互作用、浆料和催化层的制备方法等决定，这些都在催化层的微观结构和性能的形成中起重要作用[11-20]。气体的质量传输，特别是在高电流状态下，是电池性能的限制因素之一，因此催化层结构对燃料电池的性能有极大的影响。

推进燃料电池技术和商业化应用面临多重挑战。目前在减少催化剂负载、提高催化剂性能和开发新材料方面取得了重大进展。然而，其他限制性能的因素，如高质量传输阻力，低 Pt 利用率和耐久性差，都和催化层组成和结构有关，这涉及多孔介质中催化剂、载体、离聚物和反应物传输相互作用的多长度尺度的结构问题。新型催化剂和载体材料的开发只是推进质子交换膜燃料电池技术进一步发展的一部分因素。还需要同时提高对催化层结构-性能关系的理解，燃料电池才能达到实现商业化所需的技术成熟度水平。

2.1.1.2　催化剂浆料分散在催化层的可扩展制造上的重要性

催化层的可扩展制造是限制质子交换膜燃料电池的一个重要挑战。通常，催化剂浆料经过溶液沉积技术涂布在基底上，然后经过干燥后得到催化层。因此催化剂浆料的制备分散是催化层可扩展制备的基础。一般实验室里使用机械搅拌、超声分散、球磨等方法小批量生产具有良好分散性的浆料，但是大批量分散制备催化剂浆料时，存在着分散效率低、料浆分散效果不均匀、不稳定易沉降等问题。分散性差的催化剂浆料内部会团聚形成团聚体，导致其在干燥过程中形成无序的、不可控的催化层。同时，团聚的浆料的流变行为还会导致浆料沉积过程出现问题，比如喷墨过程中喷墨喷嘴堵塞。为了避免喷嘴堵塞和获得有序连续的催化层，催化剂浆料应具有足够的胶体稳定性。此外，催化剂浆料的流变性在催化层的制备中起着至关重要的作用。催化剂浆料的流变性决定了催化层的均匀性、厚度和浆料对基底的渗透性。因此，催化剂浆料的分散状态、稳定性以及流变性对催化层的结构和性能都有很大的影响，从而影响燃料电池商业化的进程。因此设计和优化浆料的分散制备过程是微观结构可控的催化层大批量生产的最基础条件之一。

2.1.2 催化剂浆料分散制备存在的问题

2.1.2.1 固液混合

混合分散在工业加工过程中起着重要作用，通常能够使给定系统达到最大均匀性。固液混合在矿物加工、造纸、制药、食品加工、石化、农业化工、涂料、油墨、废水处理和精细化工等行业普遍存在。固液混合可用于固体颗粒分散、吸附和解吸、活性污泥过程、溶解和浸出、固体催化反应、离子交换、悬浮聚合、沉淀和结晶等。混合不仅能够使体系实现均匀性，更能促进两相间的质量转移[21]。进行固液混合操作的目的就是加强固液两相间的传质、防止固体沉淀以及促进固体在混合容器中的均匀分散。

固液混合物的分散状态涉及体系的化学成分、固相在连续相中的混合程度以及团聚体的特征等[22]。分散稳定性可以定义为抵抗团聚、凝聚、絮凝、沉淀、漂浮或乳化的能力[22]。对于复杂的多材料分散体系，分散相内部以及分散相与连续相之间存在多种组合相互作用。分散状态和稳定性是密切相关的，两者也都随时间而变化。理解这种多层复杂的相互作用对于控制分散行为至关重要。

2.1.2.2 催化剂浆料固液混合分散的复杂性

燃料电池催化剂浆料一般包括催化剂、离聚物和分散介质，其中催化剂最常见的为 Pt/C，离聚物一般是 Nafion，分散介质一般是醇和水的混合物，这些多组分材料经过固液混合后得到分散均匀、颗粒适合、与涂布方法以及涂布基底相适应的流变性的浆料。Pt/C 催化剂中的碳载体一般为炭黑，炭黑有很强的团聚倾向。原生的炭黑颗粒会发生团聚，成为次级团聚体，这些团聚体又会发生团聚形成更大微米级的团聚体[23]。新制备的催化剂纳米颗粒，在制备、分离和放置过程中，往往会发生团聚，形成了比较大的团聚体。纳米颗粒产生团聚的内驱力包括范德华力、静电库仑力、氢键和毛细管力以及纳米颗粒的高表面能等。导致 Pt/C 催化剂纳米粉体团聚的原因因其团聚方式不同而不同，一般有硬团聚和软团聚两种方式[24,25]。Pt/C 催化剂颗粒的硬团聚的原因有化学键理论、晶桥理论、烧结理论和表面原子扩散键理论等[24]。化学键理论就是由纳米粒子表面的化学键和氢键导致催化剂纳米颗粒团聚。晶桥理论是纳米颗粒在制备干燥过程中，毛细管拉力使催化剂颗粒相互靠近，从而形成晶桥使催化剂颗粒间连接更加紧密。烧结理论是在催化剂制备过程中，纳米颗粒经过煅烧后，颗粒与颗粒之间的接触更加紧密，从而使粒子产生团聚。表面原子扩散键理论就是在液相中制备的催化剂需要将有机氧化物、盐、配合物或金属有机物等前驱体分解后才能得到，而分解后的表面断键引起的能量比内部原子的能量要大得多，从而导致纳米颗粒的表面原子扩散到相邻的颗粒表面上并与对应的原子键合成稳固的化学键，最终导致了催化剂颗粒的团聚。催化剂颗粒的软团聚主要原因有尺寸效应、表面能效应、表面电子效应和近距离效应等[26]。尺寸效应是纳米颗粒的一大属性，颗粒粒径越小，颗粒表面的原子或基团的数量显著增加，比表面积也随之迅速增加，表面的原子会变得更加活跃，导致颗粒碰撞的概率增加，从而使颗粒发生团聚。表面能效应指催化剂纳米颗粒在制备的过程中可能会因吸收了大量的热能和机械能使其表面原子的活性比较高，相邻颗粒因表面发生原子扩散而键合在一起形成团聚体，另外颗粒表面能高易处于不稳定的状态，为了降低表面能，颗粒往往会发生团聚。表面电子效应和纳米颗粒表面的原子比例增加有关，会造成粒子表面形成很多的缺陷和不饱和键，且颗粒形状不规则，从而导致颗粒表面集聚大量电荷，最终导致颗粒团聚。近距离效应是由于催化剂纳米粒子间的距离特别短造成的，颗粒间的范德华引力比重力大得多，致使颗粒发生团聚。因此催化剂纳米颗粒的解聚是催化剂浆料分散制备的关键。在介质中，催化剂颗粒的软团聚可以通过外加机械力、超声或化学方法解聚。但催化剂颗粒的硬团聚除了纳米颗粒间的范德华力和库仑力外，还存在化学键的作用，因此硬团聚使用一般的分散方法比较难以被破碎，往往需要施加更多的作用力。除了催化剂纳米颗粒本身的团聚，离聚物的加入可能会使催化剂浆料产生解聚、分散、团聚、沉降等。一般来说，离聚物会吸附在催化剂颗粒上，改变了催化剂颗粒之间的范德华力和静电作用，另外离聚物的氟碳主链和碳或 Pt 颗粒之间有很强的疏水相互作用，离聚物吸附在催化剂颗粒上还会造成空间位阻效应。通常，吸附在催化剂上的离聚物的量有最大吸附值，在离聚物含量低时发生单层吸附，在离聚物含量高时发生多层吸附。当离聚物更多时，一部分离聚物可能不会被吸附在催化剂上，而是留在分散介质中。这些情况就导致了催化剂浆料内部相互作用更加复杂，从而也导致催化剂浆料的固液混合过程更加复杂。

2.1.2.3 催化剂浆料固液混合过程

分散均匀性、长期稳定性以及适配的流变性是保证催化剂浆料产品品质的理想特性。这些特性会对燃料电池的成本、性能和耐久性有很大的影响。一般可以通过两种方式来调控催化剂浆料的这些特性：催化剂浆料配方和催化剂浆料的固液混合过程，即催化剂浆料制备分散过程。研究人员已经做了很多通过催化剂浆料配方来调控催化剂浆料特性的研究。比如，碳载体类型[27,28]、离聚物类型[29,30]、溶剂[17,31]、I/C 比[32]、固含量[27,33]等会影响催化剂浆料的粒径和粒径分布、流变性、团聚体微观结构、离聚物吸附在催化剂上的方式、稳定性等。另外也有一些研究利用 DLVO 理论[15,33]、分子动力学模拟[34] 和吸附等温线[30] 等从分子水平上探讨了离聚物与碳的复杂相互作用。在实验室中，由于催化剂浆料的固液混合处理量往往比较小，处理过程往往也比较简单，一般都是手动或者半自动，效率比较低下，浆料的制备过程对燃料电池性能的影响可能比较小。然而对于卷对卷的膜电极制备，催化剂浆料的处理量急剧增加，催化剂浆料的固液混合分散过程更为复杂，不可控因素增加，这时浆料的制备过程显得尤为重要。因此，除了催化剂浆料配方调控，自动化、连续的、高效率、适合的催化剂浆料的固液混合过程是保证催化剂浆料产品品质的理想特性基础。

催化剂浆料的固液混合过程一般涉及颗粒的湿润、解团聚和稳定三个阶段。催化剂团聚体的解聚是实现颗粒在液相中分散的最重要的因素，催化剂浆料内部的相互作用起到了一定的作用，但更主要的因素是施加外力的作用，即流体与团聚体间的相互作用，其实质是固-液两相流问题。在催化剂浆料制备过程中，浆料受到外部场的影响，比如剪切流场，这和使用的不同的浆料分散制备设备有关。由于催化剂和分散介质的密度的差异较大，且催化剂颗粒本身就容易发生团聚，因此浆料中固相颗粒有在容器底部沉降的倾向。浆料中团聚体会受到各种作用力，比如拖拽力、摩擦力、惯性力、重力等[21]。为了实现浆料中团聚体的均匀悬浮，必须通过浆料分散设备向团聚体施加外加作用流场，比如机械搅拌设备的剪切流场以及超声分散设备的空化作用导致的流场。多年来研究人员关注混合容器中涉及粒子-流体相互作用、粒子-粒子相互作用和粒子壁碰撞的复杂流体动力学行为，还根据理论和实验模型建立了各种经验方程来描述固体悬浮机理。因此，针对质子交换膜燃料电池催化剂浆料特性，需要在考虑成本效益、功率消耗、混合时间、混合量和分散效果等因素的基础下，深入分析催化剂浆料的固液混合过程的机理，设计催化剂浆料专用分散设备，并优化设置操作参数。另外，目前催化剂浆料制备自动化程度低，且多为间歇式制备方式，这些不仅会导致催化剂浆料制备的不可控，还会导致浆料产量不足，从而严重影响膜电极的产品质量和产量。

2.2 颗粒的分散

2.2.1 颗粒分散过程

一种或几种物质以某种程度分散在另一种物质中形成的体系称为分散体系。其中颗粒形成的不连续相称为分散相，分散颗粒所处的介质的连续相称为分散介质，两者共同构成分散体系。

通常情况下制备得到的体系中颗粒的形状与尺寸都是不规则的，而在制备催化剂浆料中，需要在严格控制条件的情况下，制备出由形状相同、尺寸分布范围很窄的颗粒构成的一个均分散体系。催化剂颗粒在液相中的分散主要是使得催化剂分散在液体介质中产生"单独"的单元，并在悬浮液中进一步细分成更小的均匀分散的单元。这个过程由三个步骤组成：

① 催化剂颗粒在液体介质中的润湿过程；

② 催化剂颗粒团聚体受到外力作用解体分散；

③ 稳定分散后的较小催化剂颗粒，防止颗粒间相互吸引再次发生团聚。

催化剂浆料由催化剂/载体、溶剂和离子聚合物组成。在浆料悬浮液的分散过程中，主要受到三种因素的影响，分别是颗粒与颗粒之间的相互作用、颗粒与液体介质之间的相互作用以及液体介质内部之间的相互作用。

我们需要获得稳定的催化剂浆料，则必须满足以下两个原则：

① 润湿原则（极性相似原则）：润湿是一种基本的界面现象，表示颗粒在液体介质中分散之前，必须被液体介质包裹润湿。

② 表面力原则：颗粒与颗粒之间必须存在足够的相互排斥力，以防止由于颗粒间吸引力过大而聚集形成较大团聚体从而引起沉降。

颗粒的润湿过程是颗粒在液体介质中分散的一个重要前提，也就是制备悬浮液的过程。在润湿过程中，润湿聚集颗粒的外表面和内表面都是至关重要的，故润湿过程中的平衡润湿过程和动态润湿过程都需要被考虑。

对于颗粒的润湿过程，通俗来说就是将颗粒从气相中进入液相的过程，也是固-气界面向固-液界面转化的过程。润湿过程主要遵守极性相似原则，也就是说如果颗粒与液体介质同时均为极性或非极性的话，润湿过程便容易进行，即固-气界面容易消失并且固-液界面容易形成。而当颗粒和液体介质之间极性不同的情况下，这个过程便难以进行，此时便需要通过外界环境的改变来使得颗粒能够被有效润湿。如对颗粒进行表面改性或对其施加外力等。

在平衡状态下，为了描述颗粒的润湿性，液相会在颗粒上产生一个在润湿周长的固体和液体表面相切的平面之间形成的角度，这个角度将其定义为润湿接触角 θ。润湿周长也经常被称为三相线（固体、液体、蒸气）或润湿线。当 $\theta = 0$ 时，即不存在润湿接触角的时候，表示颗粒表面完全润湿；当 $0 < \theta < \pi/2$ 时，表示表面部分润湿或有限润湿；而当 $\pi/2 < \theta < \pi$ 时，表示颗粒表面完全不润湿。因此，当润湿接触角存在时，颗粒便不能在液体中完全润湿，也就是液体不能在颗粒表面铺展。

在润湿的动态过程中，通常用移动的润湿线来描述，结果是接触角随着润湿速度的变化而变化。多孔基质的润湿也可以被认为是一种动态现象。液体渗透到孔隙中，并根据多孔结构的复杂性给出不同的接触角。研究多孔基质的润湿是非常困难的。目前尽管人们对润湿的动力学越来越关注，但从根本上理解这一过程的动力学还没有实现。哈金（Harkin）提出的一个有用的概念是铺展系数，它只是破坏单位面积的固体/液体和液体/蒸气界面以产生单位面积的固体/空气界面的功。定义铺展系数 S 为：

$$S = \gamma_{LV}(\cos\theta - 1) \tag{2-1}$$

式中，θ 为接触角大小；γ_{LV} 为液体/蒸气表面张力，N/m。

对于自发传播，S 必须是零或者正数，当其小于零时，则只有有限扩散存在。

液体对颗粒的润湿对其分散非常重要，例如，在制备浓缩悬浮液时。颗粒要么形成聚合体，要么形成团聚体。在聚集体的情况下，颗粒由其晶面连接。它们形成紧凑的结构，体积密度相对较高。对于团聚体来说，颗粒是通过其边缘或角落连接的，它们形成松散的结构，体积密度低于聚集体。

在分散过程中，润湿外表面和内表面并置换出夹在颗粒之间的空气是至关重要的。润湿是通过使用离子型或非离子型的表面活性剂（润湿剂）来实现的，它们能够快速扩散（即降低动态表面张力）到固/液界面，并通过快速渗透到颗粒之间的通道和团聚体内部孔隙来置换夹带的空气。为了将疏水性颗粒润湿到水中，通常使用阴离子表面活性剂，例如，烷基硫酸盐或磺酸盐或醇类或烷基苯酚乙氧基化物的非离子表面活性剂。因此为了满足润湿原则，需要添加润湿剂来尽可能降低或消除润湿接触角 θ，以获得想要的稳定悬浮液。颗粒在液体介质中的润湿性越好，分散程度也就越大。

当颗粒浸湿在溶剂中时，需要考虑的便主要是表面力原则。在颗粒浸入后，如果颗粒与颗粒之间的吸附力大于颗粒与颗粒之间的排斥力，便会在彼此之间发生团聚行为，颗粒之间相互黏结，形成团聚体。当团聚体足够大时，便会发生沉降，影响浆料稳定性。而当颗粒与颗粒之间的吸附力小于颗粒与颗粒之间的排斥力时，此时颗粒在液体介质中可以自由运动而不形成团聚，互不干扰，从而形成均匀稳定的悬浮液。在大多数情况下，获得的浆料中颗粒的团聚和分散行为往往是同时存在的，我们想要的便是让分散占据主导地位，团聚占小部分，这时获得的悬浮体系就是稳定的悬浮体系。但是，悬浮液中的分散和团聚并不会始终不发生改变，当外界环境等条件发生改变时，悬浮液也会随之发生改变。

在悬浮体系中，颗粒的分散稳定性取决于颗粒间相互作用的总作用力或总作用能，该颗粒间的总作用能 V_t，可用式(2-2) 表示[35]：

$$V_t = V_w + V_{el} + V_{kj} + V_{sy} + V_{rj} \tag{2-2}$$

式中，V_w 为范德华作用能，J；V_{el} 为静电作用能，J；V_{kj} 为吸附层空间位阻作用能，J；V_{sy} 为疏液作用能，J；V_{rj} 为溶剂化作用能，J。

一般认为，在电解质溶液中，当对颗粒作用的势垒超过 15kT 时，则认为颗粒处于稳定分散状态；假如势能曲线上的势垒未达到 15kT，则颗粒有形成团聚体的趋势。

由于在悬浮液中颗粒的分散受到不同的作用力或者作用能，因此对作用力的控制很有必要。根据研究，采用物理或化学方法来调控颗粒表面的性质是调控颗粒作用力从而影响颗粒在液体介质中分散性能的很有效的方法。如添加分散剂。

综上所述，颗粒分散的调控因素与颗粒的润湿性及颗粒间的各种相互作用密切相关，表 2-1 列举不同润湿性的颗粒在水中的分散调控要素。

表 2-1　颗粒分散的调控要素与其润湿性的关系

润湿性 θ	润湿条件	分散调控要素
$>90°$	疏水性,不润湿,不铺展	润湿剂及分散剂
$0°\sim90°$	部分疏水性,部分润湿,不铺展	润湿剂及分散剂
不存在 θ	亲水性,润湿,铺展	分散剂

现举例说明催化剂浆料分散过程：第一步，将催化剂本体在浸润液中进行浸润，获得第一混合液；第二步，将异丙醇加上述步骤获得的第一混合液，制取得到第二混合液；第三步，将表面活性剂以及 Nafion 溶液加入第二混合液，以制取第三混合液；第四步，将所述第三混合液进行分散，获得所需催化剂浆料。

2.2.2　催化剂颗粒分散特征

常常无法定义颗粒尺寸的下限和上限。只能根据系统的属性范围，随着尺寸的变化，选择一个合适的尺寸范围。例如，下限可以由区分"表面"和"内部"分子有意义的最小集合体来设定；通常被认为是 1nm。而当物质被细分为尺寸低于 1000nm（1μm）的颗粒时，这有时被设定为胶体状态的上限，因此尺寸范围在 1nm～1μm 的固体/液体分散体可被称为胶体悬浮物。通常很难为悬浮液中的颗粒尺寸设定一个上限，一般来说，在目前许多实际系统中也存在着直径为几十微米的颗粒。

目前用的常见活性催化剂材料主要为铂，形成分散体系时为铂基纳米颗粒。铂基纳米颗粒无法单独存在，现其需分散在碳载体颗粒上，并与分散在分散体系中棒状或线团状的聚合物电解质团聚体混合，以形成催化剂浆料。

在现有的技术下，铂（Pt）或者其他贵金属纳米催化剂粒度处于 1～5nm，碳载体初级颗粒粒度处于 20～40nm，碳载体颗粒在催化剂浆料中无法以单个颗粒的形式存在，而是混合形成碳载体颗粒团聚体，其颗粒粒度范围在微米范畴，为 100～300nm，聚合物电解质团聚体粒度在 800nm～2.5μm。最终混合形成催化剂浆料颗粒。分散良好的催化剂浆料中，碳载催化剂团聚物典型的粒度范围在100nm～1μm。对于聚合物电解质团聚体，粒度在200～400nm范围有利于提高氢气/空气的反应性能。碳载体催化剂会出现未充分分散或过度分散的情况[36]。

在未充分分散时，碳载体是高度团聚的；离子交联聚合物只覆盖在团聚物外部，内部的铂催化剂无法与电解质充分接触，因此利用率不高。过度分散时，团聚物破裂，铂催化剂颗粒与碳载体分离，影响其在氧化还原反应中的活性。理想的分散状态是形成由碳载体催化剂组成的小团聚体，电解质聚合物在这些团聚体上均匀分布，能够提高催化剂的利用率[19]。

如果催化浆料分散不好，会导致催化剂利用率和传质效率下降，降低电池性能。适当的分散能够改善催化浆料的分散状态（进而改善电池的整体性能），但过度分散也会导致催化剂颗粒从碳载体上脱落，最终影响电池性能。

2.2.3 颗粒与流体之间的关系

在进行催化剂浆料分散时，对于颗粒与流体之间的作用考虑是必不可少的。在分散过程中流体对催化剂颗粒团聚体的作用，对团聚体的团聚与破碎起着至关重要的影响。在流体对团聚体进行剪切作用时，由于剪切力超过团聚体内部结合力，就会造成破碎；而在高运动流体下的团聚体又有可能在团簇和团簇之间发生碰撞进行结合，从而重新团聚。建立颗粒与流体之间作用模型可以用来研究流体中颗粒的分散行为和演变过程。分析颗粒团聚体的团聚和破碎而后对其进行分散调控对于催化剂浆料实际生产应用具有重要意义。本书对于模型理论进行简单介绍。

2.2.3.1 流体力学基本知识

流体是气体和液体的总称，是一种受任何微小剪切力作用都会发生连续变形的能流动的物质。在流体发生变形，即形状改变时，流体内部各层之间也存在一定的运动阻力（黏滞性）。不同的流体拥有着不同的流动特性。一般对于流动的流体来说，当流体内部质点互相抵抗其间发生相对运动时，产生抵抗相对运动的内摩擦力，那么定义该种内摩擦力为黏滞力。这种造成流体内迟滞作用的黏性流体内摩擦剪应力是由牛顿内摩擦定律来决定的：

$$\tau = \mu \lim_{\Delta n \to 0} \frac{\Delta u}{\Delta n} = \mu \frac{\partial u}{\partial n} \tag{2-3}$$

式中，Δn 为沿法线方向的距离增量，m；Δu 为对于 Δn 的流体的速度增量，m/s；μ 为流体的动力黏度，Pa·s；$\frac{\Delta u}{\Delta n}$ 为法向距离上的速度变化率。

流体的流动分为层流和湍流两种基本形态，以及这两种形态的过渡形态（过渡流）。层流一般是流体在低速流动时会出现的状态，作层状的流动，流体微团没有明显的不规则脉动。层流只出现在雷诺数 Re 较小的情况中。雷诺数 Re 定义为：

$$Re = (\rho v l)/\mu \tag{2-4}$$

式中，ρ 为流体密度，kg/m^3；v 为流体流速，m/s；l 为特征长度，m。

当雷诺数超过某一临界雷诺数时，层流因受到扰动，开始向不规则的湍流过渡。可以看出，层流因制约条件多而只占极小部分，湍流是普遍存在的一种流体形态。

在研究流体过程中，通常使用欧拉法为基础来研究流体与颗粒之间作用。欧拉法的研究对象是整个运动液体中的液体质点，研究不同时刻下流体质点的运动规律。相当于将流场内质点看作一个整体进行研究，并将不同位置不同时刻的质点运动规律记录下来进行综合，来将整个流场运动规律进行总结。在对流体进行研究的基础下，进行流体和颗粒之间相互作用的研究。

液体颗粒体系中，每一个颗粒周围都存在力。在系统中团聚体颗粒主要受到自身重力、范德华力和静电力的作用。由于颗粒始终处于在力场中的状态，因此微粒之间的碰撞并不是简单的碰撞。当微粒带着足够的动量在流体中运动时，最终会达到一个与各种力相互平衡的新的稳定状态。当旋转平面和流动方向在同一平面时，流体动力分隔微粒的能力和趋势就越大；相反，两平面处于垂直状态时，流体动力分隔微粒的能力和趋势就越小。在受到剪切力时，颗粒原有排列状态发生改变，而在最低能量位置重新进行排列。当不断受到剪切作用时，微粒开始旋转，流体黏度上升，剪切应力也随之迅速增大，微粒也就会沿着流体运动方向像有层次一样的排列。当剪切力越大，即剪切速率越高的时候，这种趋势就更加明显，图 2-1 和图 2-2 展现了该种趋势。

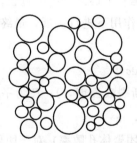 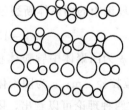

图 2-1　静止状态下悬浮微粒的随机分布　　图 2-2　剪切作用下悬浮微粒的排列趋势

研究流体，最终目的是分散获得均匀的悬浮液。团聚体颗粒大小是影响悬浮液流变特性和稳定性的一个关键因素，小颗粒分散体系抗絮凝和分层的稳定性高。因此探究分散过程中颗粒团聚和破碎原理是十分有必要的。根据能量理论，如果要想将大颗粒团聚体破碎成小颗粒，则必须对其提供足够的外来能量，在此能量作用下颗粒便会发生变形。当提供能量造成足够大的变形力时，超过了颗粒内部维持原状的结合力或者强度极限时，颗粒就会破裂。下文对团聚体与流体相互作用进行介绍。

2.2.3.2 团聚体内部作用分析

对于团聚体强度的研究基本分为两个理论，一种为鲁姆夫（Rumpt）理论，另一种为肯德尔（Kendall）理论。

Rumpf理论是经典的和目前最被认可的一种理论。他研究认为颗粒的拉伸强度通过大小均匀的球形颗粒相互聚集的凝聚力展现，并且团聚体破碎失效的过程，是一个团聚体中所有的断裂面结合点同时分散开来的过程。

在Rumpf理论中，由粒径均匀颗粒组成的团聚体强度 σ_A 为：

$$\sigma_A = (1 - \varepsilon_a') F / (\varepsilon_a' d^2) \tag{2-5}$$

式中，F 为颗粒间引力，N；ε_a' 为孔隙率；d 为颗粒直径，m。

而由于在液体介质中，颗粒的粒径总是有差异的，粒径分布也总是不均匀的。因此在有一定分布的时候，常常使用颗粒的平均粒径 d_p 来代替颗粒直径 d，用颗粒间的最大引力 M 来代替颗粒间引力 F，来对团聚体强度 σ_A 公式模型进行优化，从而得到考虑粒径分布以后的强度公式：

$$\sigma_A = \frac{9}{8} \times \frac{(1 - \varepsilon_a')}{\varepsilon_a'} \times \frac{M}{d_p^2} \approx 1.1 \frac{(1 - \varepsilon_a')}{\varepsilon_a'} \times \frac{M}{d_p^2} \tag{2-6}$$

式中，M 为颗粒间最大引力，N。

而在Kendall理论中，有着和Rumpf理论的差异。他认为Rumpf在对团聚体破碎过程中断裂面分开并不是同时的一个过程，团聚体的结合强度不够使得断裂面同时分开。Kendall认为团聚体破碎分裂的过程是一个逐渐分离的过程。团聚体在分散时先在缺陷处形成裂纹，然后裂纹再在力的作用下进行扩展，最终导致破碎。在Kendall理论中的团聚体断裂强度 σ_A 为：

$$\sigma_A = 15.6 \phi^4 \Gamma_c^{5/6} \Gamma^{1/6} (dc)^{-1/2} \tag{2-7}$$

式中，ϕ 为团聚体中颗粒体积分数；Γ_c 为断裂表面能，J；Γ 为平衡表面能，J；d 为颗粒粒径，m；c 为团聚体体内缺陷大小，m³。

由此这两种理论可以看出，团聚体的结构（团聚体孔隙率）对于团聚体的强度 σ_A 有着很关键的作用。

2.2.2.3 流体应力与团聚体之间关系

上述内容提到，研究团聚体分散时，流体与团聚体之间的作用的研究是必不可少的。因此需要了解团聚体颗粒如何受到流体的作用力以及作用力大小是怎样的。而由于流体湍流动能在不同尺度区域对于颗粒的作用是不同的，因此所得到的团聚体颗粒粒径在不同的尺度区域也是有所差异的[37]。

根据柯尔莫哥洛夫第二假设的内容：在局部均匀各向同性区域中，流体运动由内摩擦力和惯性力决定。在这一假设中可以得到结论，涡旋体系单位体积中传递的能量流在数值上等于能量耗散率 ε。与此对应，运动统计特征相关参数就只有能量耗散率 ε 和运动黏性系数 γ。

因此通过柯尔莫哥洛夫理论，可以将 Kolmogorov 尺度 λ_k 由能量耗散率和流体黏度来表示：

$$\lambda_k = \left(\frac{\mu^3}{\varepsilon}\right)^{1/4} \tag{2-8}$$

式中，ε 为能量耗散率。

当 $d_A < (2 \sim 3)\lambda_k$ 时，团聚体颗粒主要在耗散区，湍流黏性起主要作用，此时可以将流体剪切应力表示为：

$$\tau_s = 0.26 \rho_f (\mu \varepsilon)^{1/2} \tag{2-9}$$

式中，ρ_f 为流体相的密度，kg/m^3。

当 $3\lambda_k < d_A < 7\lambda_k$ 时，团聚体颗粒主要在过渡区，此时受到的流体剪切应力为：

$$\tau_s = 0.068 \frac{\rho_f \varepsilon d_A^2}{\mu} \tag{2-10}$$

而当 $7\lambda_k < d_A < 58\lambda_k$ 时，团聚体颗粒受到的主要作用发生了改变。从主要受到剪切应力变为受到惯性力，惯性力开始起主要作用，可以将惯性力表示为：

$$\tau_T = 0.49 \rho_f (\varepsilon^3 \mu^{-1})^{1/4} d_A \tag{2-11}$$

当流体在运动时，团聚体的结构形态处于不稳定状态。此时定义流体应力和团聚体结合力的比值作为团聚体颗粒能否稳定的依据，并将其定义为无量纲 Weber 数 We[38]。当 $0 < We < 1$ 时，表示团聚体颗粒处于稳定状态，不会破碎分离；而当 $We > 1$ 时，团聚体颗粒则处于不稳定状态，此时可能受到流体的力而被破坏从而分裂。

对于 Weber 数的计算如下，处于耗散区和过渡区的团聚体颗粒，粒径较小，主要受到流体剪切应力，破坏形式为表面侵蚀导致破碎，当粒径逐渐增大时，当 Weber 数达到 1 的时候，此时团聚体颗粒便从稳定状态向不稳定状态转化，因此存在一个最大临界直径 d_{max}。此时耗散区 Weber 数 We 和最大临界直径分别为：

$$We = \tau_s / \sigma_s = 0.26 \rho_f (\mu \varepsilon)^{1/2} d_A^2 / M \tag{2-12}$$

$$d_{max} = 1.96 \rho_f^{-1/2} (\mu \varepsilon)^{-1/4} M^{1/2} \tag{2-13}$$

过渡区小团聚体 Weber 数 We 和最大临界直径可表示为：

$$We = \tau_s / \sigma_s = 0.068 \rho_f \varepsilon d_A^4 / (K\mu) \tag{2-14}$$

$$d_{\max} = \frac{1.5 M^{1/2}}{\rho_f^{1/2} d_p} \left(\frac{\varepsilon}{\mu}\right)^{-1/2} \tag{2-15}$$

式中，d_p 为颗粒粒径。

过渡区大团聚体颗粒主要因分裂破碎，Weber 数 We 可表示为：

$$We = \tau_T / \sigma_T = 0.49 \rho_f \varepsilon^{3/4} \mu^{-\frac{1}{4}} d_A^2 d_p^2 / (\lambda_k M) \tag{2-16}$$

而在惯性子区域的大团聚体颗粒由于受到惯性力，主要破碎形式也为分裂，此时 Weber 数 We 可表示为：

$$We = \Delta P / \sigma_T = 1.9 \rho_f \varepsilon^{2/3} d_A^{5/3} d_p^2 / (\lambda_k M) \tag{2-17}$$

2.2.4 颗粒在液相中的分散与调控

比表面积是指单位体积或者质量的物体所具有的表面积。可以知道，分散的颗粒越小，则分散程度越高，体系的比表面积相应增加，表面能越大。体系也越不稳定，大的比表面积和表面能使得颗粒具有很强的吸附能力和反应活性。而催化剂浆料的各种性质与比表面积密切相关，并且催化剂浆料的颗粒粒度和分散性能会影响浆料黏度、聚合物电解质的分布和形态、催化剂的利用率、催化剂和聚合物电解质的相互作用以及催化层的均匀性和连续性等重要参数，最终影响膜电极的电化学性能。因此如何使得分散体系均匀且稳定是需要研究的主要内容之一，颗粒在液相中的分散与调控在其中起着很重要的作用。

颗粒悬浮液分散与调控途径主要有介质调控、分散剂调控、机械搅拌调控、球磨调控、超声调控等，下文对调控方法进行介绍。

2.2.4.1 介质调控

在选择液体介质时，首先需要考虑的是极性相似原则，即极性颗粒在极性液体介质中分散效果好，非极性颗粒在非极性液体介质中分散效果好。选择合适的分散介质对于获得充分分散的悬浮液起着至关重要的作用。

颗粒在液相中的分散行为不仅受到颗粒之间相互作用的影响，而且还受到颗粒与分散介质之间相互作用的影响。颗粒在不同的液体介质中分散行为也有明显不同。图 2-3 为强亲水性颗粒、弱亲水性颗粒及强亲油性颗粒（疏水性）在水、有机极性介质及有机非极性介质中润湿性与分散性的关系[39]。从图 2-3 中可以看出，相同颗粒在不同介质中表现出了不同的分散性。亲水性颗粒在水中的分散性能最优，在有机极性介质中也具有不俗的分散性能，而在有机非极性介质中分散性极差，可以说没有变化。相反，强亲油性颗粒（疏水性颗粒）在水中分散性能极差，而在有机极性介质和有机非极性介质中分散性能好，分散效果显著，团聚速度较在水中慢了许多。因此对于亲水性介质，分散效果从优到差分别为：水、有机极性介质、有机非极性介质。对于强亲油性颗粒而言，分散性能从优到差排序为：有机非极性介质、有机极性介质、水。由此可以看出，不同性质的颗粒在不同的介质中分散性也有所不同。即当颗粒表面的极性与液体介质的极性相似时，颗粒会分散的很好。也就是说，颗粒在液体介质中的润湿性越好，分散程度越大。

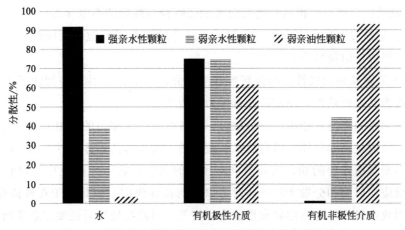

图 2-3　颗粒的分散性能与其表面性质及分散介质的关系

　　然而不得不提的是，极性相似原则并不是悬浮液分散的所有原则。比如，在进行固-液相搅拌时，当固体颗粒粒度很小，浓度较低，密度与液体介质也相似时，固体颗粒便可以不被分开来看，固-液液可以看成一个整体；而当固体粒度较大时，固体和液体介质的密度相差较大，则需要进行更加充分的搅拌。此外，即使同样在水中，亲水性颗粒也可能因受到固体颗粒的几何形状、固相在液体介质中的浓度和层流时液体介质黏度大小等因素的影响而表现出完全不一样的分散性能和团聚效果。这说明分散体系的一系列物理化学条件调控也至为重要，通过物理化学条件调控才能保证颗粒在极性相似的液体中互相排斥，从而实现良好的分散。因此，在制备催化剂浆料时选择合适的分散介质是十分重要的。

2.2.4.2　分散剂调控

　　在液相中颗粒的表面力分散调控原则，主要是通过添加适当的分散剂来实现的。它的添加显著增强了颗粒间的相互排斥作用。为了保持颗粒的相互独立性，必须使用一种能够提供有效的排斥性屏障的分散剂，防止颗粒因范德华力而聚集在一起。这种分散剂必须强烈地吸附在颗粒表面，并且不能被润湿剂所取代。分散剂提供的斥力屏障可以是静电性质的，即在固-液界面形成双电层；也可以通过使用非离子表面活性剂或者聚合物层来产生。当接近的颗粒表面与表面之间的距离小于吸附层厚度两倍的时候，由于两个主要的影响，会发生强烈的排斥：一是在良好的溶剂条件下，不利于互相混合；二是吸附层的显著重叠导致了位形熵的损失。这个过程被称为空间排斥。第三种排斥机制则为两者结合，如在使用聚电解质分散剂时，便会形成两者结合的排斥机制。

分散剂为颗粒的良好分散营造出所需要的物理化学条件，其增强排斥作用主要通过以下三种方式来实现：

① 通过提高颗粒表面电位绝对值来加强颗粒与颗粒的静电斥力；

② 在悬浮液中加入高分子分散剂，通过分散剂形成颗粒表面吸附层，产生位阻效应，形成位阻排斥力；

③ 调节颗粒表面极性，增强颗粒在液体介质中的润湿性，并加强了表面溶剂化膜，改善其表面结构，使结构化排斥力大为增强。

苏联学者列宾捷尔指出，在分散时，分散剂在表面张力的作用下，钻入固体表面缝隙，形成缺陷和位错，以造成机械蔽障的方式来降低固体的界面能，降低其塑性变形和断裂所需要的功，从而有利于固体的研磨，这一效应被称为列宾捷尔效应。该效应在研磨和分散大块物体时可以起到指导作用。但是由于在液体介质中，除了吸附效应以外，还有溶解和形成络合物等，因此在使用时还要注意界面张力是否真有下降。

(1) 无机电解质　无机电解质属于离子型分散剂，指的是溶于液体介质以后电解出阳离子团和阴离子团的化合物。如聚磷酸钠，聚合度一般在 $20\sim100$；硅酸钠，通常在强碱性介质中使用，一般溶于水溶液后形成硅酸聚合物。

(2) 高分子分散剂　在高分子分散剂中，含有聚合物，分子量在 $1000\sim10000$。可紧密牢固地结合在颗粒表面从而达到高覆盖。高分子型的分散剂，在固体颗粒的表面形成吸附层，从而增加了固体颗粒表面电荷以提高颗粒之间反作用力。

高分子分散剂产生的吸附膜厚度是十分厚的，能达到几十纳米。和双电层厚度相比，吸附膜厚度甚至更大。在颗粒与颗粒距离很远时，由于吸附膜的存在，高分子分散剂便开始起作用，此时其他的表面力因为颗粒与颗粒之间距离过大而不能起到影响作用。

高分子分散剂对于悬浮液中的颗粒起到的作用并不是固定的。当高分子分散剂在颗粒表面产生的吸附膜较小时，高分子在颗粒间起到吸引作用，使得颗粒有絮凝倾向；而当高分子分散剂在颗粒表面产生的吸附膜较大，即覆盖率高时，由于比单分子层厚，空间压缩作用显著，产生明显的位阻效应从而造成悬浮液的稳定分散，此时高分子分散剂便能够起到稳定分散的作用。另一方面，当高分子浓度比溶液浓度低的时候，颗粒表面会形成颗粒空缺层，由于空缺层的存在与堆积，加强了颗粒之间的吸引作用，导致颗粒之间发生团聚。而高分子浓度高时，排斥作用起到主导作用，颗粒分散便更加稳定。

颗粒悬浮液的分散与团聚状态的相互转化如图 2-4 所示。

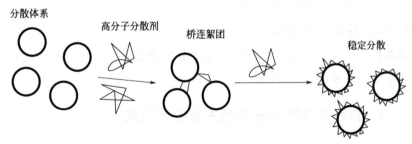

图 2-4　颗粒悬浮液的分散与团聚状态的相互转化

(3) 表面活性剂　表面活性剂对分散体系的分散作用主要通过降低溶剂的表面张力来改变体系表面状态来展现。目前表面活性剂在制备浆料的过程中应用广泛，种类主要有阳离子型表面活性剂、阴离子型表面活性剂以及非离子型表面活性剂。

表面活性剂对颗粒的破碎作用通常用"Rehbinder"效应来描述，即分散剂分子在颗粒表面进行吸附从而降低其表面能，尤其是在促进颗粒传播的区域进行作用。目前表面活性剂主要通过以下几个方面起作用：

① 降低表面张力　表面活性剂减弱颗粒自发聚拢的热力学过程，主要通过吸附在固-液界面上来降低固-液界面自由能。

② 位垒　低分子表面活性剂吸附在固-液界面上，形成溶剂化膜，增强位垒，从而妨碍颗粒之间的相互靠近。

③ 电垒　离子型表面活性剂吸附在固体颗粒表面上后，会造成离子化以后的亲水基面向水相，颗粒便获得了同性电荷。由于同性电荷相互排斥，便增加了颗粒的分散性能。

在不同介质中，表面活性剂起到的作用也不为相同，对颗粒的分散作用也不是唯一的。在富有亲水性颗粒的水中添加表面活性剂时，如果浓度较低，由于上文提及内容，可以知道表面活性剂会使得颗粒表面产生疏水力，颗粒便会在水中疏水团聚；而如果是强疏水性颗粒，便会造成表面亲水力，这也就是疏水颗粒中添加润水剂的原因。

现常用制备催化剂浆料表面活性剂包括全氟丁基磺酰氟、全氟丁基磺酸和全氟三乙胺等。由于全氟表面活性剂均具有较低的沸点，在催化剂浆料涂覆在质子交换膜的工艺中，为了防止质子交换膜的结构不被破坏，加工温度一般不超过 100℃。在现在常用的催化剂浆料中，全氟表面活性剂的加入不仅能够使得表面活性剂充分在水/异丙醇体系中混合，并且根据相似相溶原理，全氟的表面活性剂与全氟的

Nafion 溶液也具有优异的互溶性。这样能显著地增强浆料中各体系溶液的混合程度。并且该添加剂的低极性、低表面能使得它极其稳定，能够一直在催化剂浆料体系中稳定存在，延长催化剂浆料的稳定时间。

2.2.4.3 其他调控分散方法

分散调控方法还有机械搅拌分散、球磨分散和超声分散等，不在此作多余介绍，将在 2.3 章节做详细解释。

2.2.5 颗粒在液相中分散的主要影响因素

颗粒的分散跟颗粒之间空间排斥作用力有很大的关系，而增加空间排斥力有以下 3 种途径[40]：从电位角度来讲，当颗粒表面电位绝对值越高的时候，颗粒之间的相互排斥力就会越强，分散状态越良好；从空间位阻来讲，在溶液中添加分散剂，使得颗粒表面形成分散剂吸附层，从而产生颗粒间的位阻效应；从润湿性角度来讲，选择合适的分散液以增加颗粒表面的润湿效果。

为了保持悬浮体系的分散稳定性，防止由于颗粒间相互碰撞而发生凝聚，因此需要考虑会对颗粒分散稳定性造成影响的因素，来获得更好的分散悬浊液。

2.2.5.1 Zeta 电位

在所有的电动力学现象中，流体相对于固体表面移动。需要推导出流体速度（随流体与固体的距离变化）和界面区域的电场之间的关系。在任何电动力学现象的分析中，主要的问题是定义液体开始移过颗粒、液滴或气泡表面的平面。这被定义为"剪切面"，它与表面有一定距离。人们通常定义一个靠近颗粒表面的"假想"表面，在该表面内液体是静止的。刚好在这个假想表面之外的点被描述为剪切面，在这一点上的电位被描述为 Zeta 电位（ζ）。故 Zeta 电位又被称为电动电位或电动电势（ζ-电位或 ζ-电势），它是表征胶体分散系稳定性的重要指标。

分散体系的 Zeta 电位可因下列因素而变化：pH 的变化；溶液电导率的变化；某种特殊添加剂的浓度，如表面活性剂、高分子。

Zeta 电位的重要意义在于它的数值与胶态分散的稳定性相关。

Zeta 电位是对颗粒之间相互排斥或吸引力的强度的度量。分子或分散颗粒越小，Zeta 电位的绝对值（正或负）越高，体系越稳定，即溶解或分散可以抵抗聚集。反之，Zeta 电位（正或负）越低，越倾向于凝结或凝聚，即吸引力超过了排斥力，分散被破坏而发生凝结或凝聚。需注意的是，Zeta 电位绝对值代表其稳定性大小，正负代表颗粒带何种电荷。

Zeta 电位与体系稳定性之间的大致关系如图 2-5 和表 2-2 所示。

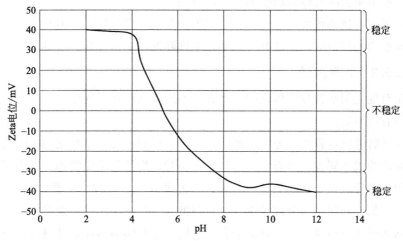

图 2-5　Zeta 电位与 pH 值之间关系

表 2-2　Zeta 电位与胶体稳定性联系

Zeta 电位/mV	胶体稳定性
$0 \sim \pm 5$	快速凝结或凝聚
$\pm 10 \sim \pm 30$	开始变得不稳定
$\pm 30 \sim \pm 40$	稳定性一般
$\pm 40 \sim \pm 60$	较好的稳定性
$\geqslant \pm 61$	稳定性极好

如果颗粒带有很多负的或正的电荷，也就是说很高的 Zeta 电位，它们会相互排斥，从而达到整个体系的稳定性。而如果颗粒带有很少负的或正的电荷，也就是说它的 Zeta 电位很低，它们会相互吸引，从而达到整个体系的不稳定性。

2.2.5.2　体系温度

温度是在颗粒分散过程中的一项重要影响因素。它直接影响着颗粒在液体介质中的布朗热运动及过程自发发生趋向。

对于颗粒来说，当其分散在液体介质中时，不论是什么性质的颗粒分散在什么性质的液体介质中，他们的分散性能都随着温度的升高而降低，也就是颗粒间团聚程度会加强，团聚速度变快；相反，当温度降低的时候，颗粒间的团聚程度便会下降，分散性能变好，这主要是因为温度影响了液体介质中的布朗运动。因此，在制备催化剂浆料时，应尽可能地考虑温度影响，创造合适的温度条件，并尽可能让悬浮液体系处于较低的温度状态。

另一方面，温度的变化也会对分散剂在颗粒表面的吸附性能造成影响。当分散剂主要是物理吸附时，吸附量会随着体系温度的升高而降低；而在化学吸附的情况下，一般吸附量会随着体系温度的升高而升高。

非离子型分散剂作为有机颜料和染料的分散剂被广泛应用，但是它的分散性能往往受温度的强烈影响，温度升高，其亲水性降低从而显著影响它的分散性能。

2.2.5.3 其他因素

由于对催化剂浆料分散体系的分散方法不同，因此在不同分散条件下，主要影响因素也有所不同。

如在球磨分散过程中，分散时间、球直径、研磨速度、球料比与 pH 值等对于分散体系均造成不同程度的影响。当转速过小时，搅拌转动提供的剪切力不足，无法使得团聚体分散完全；而当转速过大时，温度升高，颗粒与机器之间碰撞加剧，能量损耗增加，利用率与分散效率便随之降低。并且在不同的分散时间下，催化剂颗粒与球之间的机械碰撞和相互研磨程度不同，颗粒团聚体在运动过程中进入有效研磨区域的概率不同，也会获得不同的分散效果。球体的直径与研磨速度也会影响颗粒与球之间的碰撞及颗粒进入解聚区域概率，从而影响分散性能[41]。

可以看出，在不同条件下制取的催化剂浆料性能也存在差异，因此在分散过程中根据情况选择合适的分散条件是十分重要的。

2.3 催化剂浆料分散制备方法

2.3.1 机械搅拌

2.3.1.1 机械搅拌的原理

固液混合设备中常用的三种基本形式是液压搅拌、气动搅拌和机械搅拌。对于质子交换膜燃料电池催化剂浆料，机械搅拌混合设备是常见的混合设备之一，它可以在容器中产生强制流动，通过机械力将纳米颗粒分散。强烈的机械搅拌能够使液流运动从而使催化剂颗粒团聚体破碎形成均匀的悬浮液。这一过程的原理复杂，包括传质、传热、流体力学等多种反应过程，通过动量、质量或热量的传递的方式和过程来实现颗粒在液相中的均匀分散[42,43]。

利用机械搅拌进行固液混合是一个流体力学过程，其中流体力学对最终产品的质量和生产速度至关重要。搅拌装置的设计主要是直接涉及速度场的形成以及湍流和对流传递的特性，这些特性直接影响搅拌效率[21,44]。对于质子交换膜燃料电池的非均相体系，搅拌装置不仅决定了非均相体系的形成，而且还决定了混合过程中传热传质速率。搅拌器的内部结构和附件的特性也对水动力特性有显著的影响。挡板、冷却管、导流管等内部设计元素的安装，极大地影响了设备中的流动结构和速度场，这不仅影响了工艺过程，还影响传递特性，从而影响混合效率[21,45]。

催化剂浆料搅拌混合的主要目的是使催化剂颗粒和离聚物在分散介质中均匀的悬浮分布。由于催化剂颗粒的密度比较大，并且和分散介质的密度相差也比较大，因此催化剂颗粒在分散介质中沉降速度比较快，并且在沉降过程中可能会同时发生团聚，因此为了防止催化剂团聚以及沉积在容器的底部，充分合理的搅拌是催化剂颗粒和离聚物能够达到完全离底的均匀悬浮状态的必要条件。而要使催化剂颗粒和离聚物完全离底悬浮，搅拌器叶轮的转速必须大于临界悬浮转速[21]。

在固液悬浮体中，对有挡板搅拌时的临界悬浮转速一般是采用 Zwietering 公式［式(2-18)］计算得出，计算出的值与实验测得的值很接近[21]。Zwietering 公式涉及颗粒性质、工艺条件、设备结构等，以固体颗粒在容器底部沉积的时间不超过 2s 为完全离底悬浮的判据。

$$N_{js} = S\nu^{0.1} d_s^{0.2} \left(g \frac{\rho_s - \rho_1}{\rho_1} \right)^{0.45} \left[100 \times \frac{\rho_s \varphi_s}{\rho_1 (1 - \varphi_s)} \right]^{-0.13} D^{-0.85} \qquad (2-18)$$

式中，N_{js} 为临界悬浮转速，s^{-1}；S 为 Zwietering 常数，无量纲；ν 为流体的运动黏度，m^2/s；d_s 为颗粒直径，m；g 为重力加速度，m/s^2；ρ_s 为固体颗粒密度，kg/m^3；ρ_1 为流体密度，kg/m^3；φ_s 为体积分数，%；D 为叶轮（搅拌器）直径，m。

对于无挡板搅拌时的临界悬浮转速比有挡板时小，并且具有节能的功效。然而，目前尚无通用的临界悬浮转速公式，只是针对特定的搅拌体系有经验公式。

2.3.1.2　高剪切混合器

高剪切混合器，又称转子-定子混合器、高剪切混合器、高剪切均质器等（图2-6），广泛用于混合、颗粒在溶剂中的分散、乳化等，也是目前用于催化剂浆料的混合分散比较常见的设备，可以获得均匀的、可控的和稳定的催化剂浆料，且具有良好的流变性。高剪切混合器由转子和定子组成，转子和定子零件的间隙在 $100 \sim 3000 \mu m$，剪切速率为 $20000 \sim 100000 s^{-1}$，转子末端线速度约为 $10 \sim 50 m/s$，剪切速率是传统搅拌槽式反应器的剪切速

图 2-6　高剪切混合器

率的 3 倍[46]。转子和定子之间的间隙导致连续介质在高剪切应力下产生强烈的横向混合。在高剪切混合器中，转子的旋转提供了一个压力梯度，因此转子的行为类似于离心泵。转子在轴向上向中心吸入流体，并根据设计在轴向、径向和切向上通过定子孔排出流体[46]。

定子和转子是高剪切混合器的关键部件，高剪切混合器类型不同时，定子和转子的形式也会有所不同；不同类型的定子和转子可以根据实际需求进行拆换和搭配组合，以更好的产品降低运行成本，同时还能获得更好的分散和混合效果。高剪切混合器的类型多样，主要可以分为间歇式和连续式两大类高剪切混合器。连续式高剪切混合器的优点比较多，如处理量大、能够连续运行、操作相对简单方便等，相比于间歇式高剪切混合器，在实际生产中发展前景比较好。高剪切混合器具有灵活方便的工作模式，可以是单程通过模式也可以循环操作。间歇式和连续式高剪切混合器同时使用能够降低运行成本和能源消耗，还能优化产品质量。

2.3.2　超声分散

2.3.2.1　超声分散的原理

超声波通常是指人耳基本听不见的频率大于 20kHz 的声波，其空化作用能够破坏颗粒团聚体，促进颗粒的分散[47]。与其他常规分散技术相比，超声破碎更节能，在恒定比能量下可实现更高程度的粉末破碎。超声波同时还是一种方便、相对便宜、操作和维护简单的技术。因此，超声波技术微纳米颗粒分散研究中得到了广泛的应用，在质子交换膜燃料电池中，超声波技术用于催化剂浆料的分散，将催化剂颗粒分散至纳米级别。

超声的原理就是在超声破碎过程中，声波在液体介质中以高、低压强交替循环传播，频率通常在 20～40kHz 范围内。在低压循环中，微小的蒸气气泡在空化的过程中形成。然后气泡在高压循环中坍缩，产生局部冲击波，释放巨大的机械能和热能[47-49]，如图 2-7 所示。超声波可以通过将超声探头（喇叭式换能器）浸入到悬浮液中（直接超声）或将样品容器引入传播超声波的悬浮液中（间接超声）来产生。在超声波浴或杯形喇叭超声波发生器（间接超声）中，声波必须在到达悬浮液之前穿过浴或杯液（通常是水）和样品容器壁。在直接超声中，探头与悬浮液接触，减少了声波传播的物理障碍，因此能给悬浮液提供了更高的有效能量输出。与使用探头或杯形喇叭超声可获得的能量相比，超声波浴的能量水平通常要低得多。超声波浴是将换能器元件直接附着在金属槽的外表面，将超声波直接传输到槽表面，然后进入浴液中。在杯形喇叭超声波中，喇叭的辐射面倒置并密封在一个透明塑料杯的底部，样品容器浸入其中。

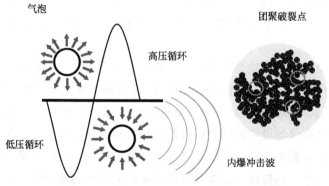

气泡　高压循环　团聚破裂点

低压循环　内爆冲击波

图 2-7　超声诱导空化和团聚体断裂示意

在超声波频率下，气泡的周期振荡，特别是气泡坍塌过程中，会产生瞬间的局部高温，可达 10000K，压力可突破数兆帕量级，且液体射流速度达到 400km/h[47]。如此巨大的局部能量输出是超声波破碎效应的基础。这些巨大的压力差和温差是空化效应导致的，并且发生在爆炸气泡的局部界面上；因此，空化效应是超声过程固有的，无论超声容器是否冷却，或使用不同类型的超声设备，空化效应都会发生。

通常，超声装置通过压电换能器将电能转换为振动能，压电换能器的尺寸随外加的交流电场而改变。在直接超声中，换能器喇叭用于将超声波传输和聚焦到目标液体样品中。对于直接超声，声振动能量与探头和介质参数有关[50]：

$$P = \frac{1}{2}\rho c A^2 (2\pi f)^2 a \tag{2-19}$$

式中，P 为超声源的声功率，W；a 为发射面积，m^2；ρ 为液体密度，kg/m^3；A 为超声探头的振荡幅度，m；c 为声波在液体介质中的速度，m/s；f 为振动频率，Hz。

单位时间的振荡幅度决定了空化稀疏和压缩循环之间的压力差[50]。振幅越大，产生的高低压力梯度越大，从而产生的能量输出也越大。探头的振幅由仪器发生器传输至超声波探头的能量的多少决定，可通过超声探头功率设置进行调节。

传统的直接超声通过自调节电源的功率消耗来保持换能器（如石英晶体）的振动频率在一个恒定值（通常为 20kHz）。当振动时，连接到振动传感器的超声探头将受到来自声波介质的阻力，该阻力将被传回振动元件，并被仪器的内部控制单元检测到。仪器的控制单元将依次调整仪器的功耗，以保持恒定的振动频率。高黏性介质将会对振荡探头施加更大的阻力，因此需要消耗更大的功耗来保持恒定的振荡频率。

对于给定的仪器，振荡频率值通常是固定的，不能改变。改变仪器功率设置意味着振动振幅的改变，而不是探头频率的改变；也就是说，增加功率会增加探针振荡幅度。为了保持恒定的振荡频率，振荡幅度越大，介质电阻越高，对电源的功率消耗就越大。

超声仪的最大功率是指其能够消耗的最大的理论功率，它不能反映传递到悬浮液中的实际超声能量[47]。也就是说，对于相同的频率和振幅（也就是相同的超声仪设置），超声仪处理高黏度悬浮液需要消耗比处理低黏度悬浮液更多的功率。因此，认为选择最高仪器设定值就会将仪器的最大额定功率传递给悬浮液的这种认知是错误的。对于低黏度介质，即使在仪器最高设定值下，输出功率也将大大低于仪器的最大额定功率。同样地，通常在仪器显示器上显示的功率值反映了仪器在声波介质中为产生所期望的振荡幅度所消耗的电源功率。然而，消耗的功率并不一定反映实际传递到超声悬浮液的功率，该功率受到探头在介质中的振荡幅度的影响。

2.3.2.2 超声空化

将超声能量应用于悬浮液的净破碎效应取决于传递到超声介质的总能量。然而，并非所有产生的空化能量都能有效地用于破碎颗粒团聚体。传递的能量通过多种机制消耗或耗散，包括热损失、超声波脱气和化学反应，如自由基的形成等。实际上，只有一部分传递的能量用于破坏颗粒-颗粒键，以产生更小的颗粒聚集体、凝聚体和初级颗粒。此外，过多的能量输入可能会导致团聚体的形成或者已经破碎的团聚体重新团聚，并引起材料表面或悬浮液介质成分的各种物理化学变化[49]。

在超声过程中，空化坍塌产生的冲击波是造成颗粒破碎的主要原因[47,49]。这些颗粒充当了引发空化过程的核心，当超声波能量应用于悬浮液中的颗粒团簇时，可以通过侵蚀或断裂发生破碎。侵蚀或剥落是指颗粒从母体团块表面脱落，而断裂或分裂则发生在由于表面缺陷引发的裂纹扩展而将团聚体分割成更小的团聚体时。这些破碎效应可能同时发生，也可能单独发生，具体取决于粉末颗粒性质、环境和所涉及的能级。

对于催化剂颗粒，根据催化剂的物理化学性质以及制备方法、颗粒团簇表面缺陷、催化剂表面韧性和团聚体成键特性等，团聚体的破碎必须跨越系统特定的声能阈值。值得注意的是，两种成分相同的催化剂，但制备方法不同，可能表现出明显不同的断裂行为。催化剂的材料特性还影响碎裂发生的速率和将所有催化剂团颗粒减小到最小可实现尺寸所需的时间。

因此，原则上，空化过程可以有效地粉碎催化剂团聚体[51]。但是，在一定条件下，超声作用反过来会诱导颗粒团聚，甚至导致团聚体的形成。在超声场中，由于碰撞频率的增加以及固液界面中自由能的降低，粒子间相互作用增强，从而导致超声场中颗粒的团聚。如前所述，空化效应会引起极端的局部压力和温度梯度，以及每秒数百米量级的冲击波和喷射流。在这样的条件下，坍塌的气泡附近的经受超声处理的粒子相互碰撞，同时经历局部强烈的加热和随后的冷却循环。根据传递给粒子的有效能量以及材料和介质的热特性，这些效应会导致粒子间的再团聚甚至热诱导的粒子间融合；也就是说，超声作用可以诱导团聚体的形成。

此外，超声作用还可以诱导催化剂浆料产生化学反应。由空化过程产生的极端局部温度和压力可以在超声处理的介质中产生高度活性的物质，这个过程被称为声活化[45]。近年来，由于超声波在液体介质中所引起的物理化学效应的重要性、多样性和复杂性，声化学已经成为一门独特的学科，该学科主要研究在均相和非均相固体和液体体系中广泛存在的超声诱导的化学反应。功率超声可以极大地促进某些聚合物的分解和降解。功率超声现在被认为是一种强大的大分子解聚方法，聚合物分子量的降低，主要是由空化效应引起的。这种效应取决于所使用的溶剂，因为已知不同的混合物与使用不同的溶剂发生空化。在功率超声作用下，聚合物的降解随着超声频率的降低而增加，这是因为超声频率越低，气泡生长和破裂的时间越长；聚合物的降解在存在挥发性溶剂时降低，是由于蒸气压增加从而降低了空化压力；聚合物的降解在除气溶液中增加，这是由于在含有较少气泡的液体中，声幅高导致空化作用更强。另外，长时间的超声处理聚合物可使溶液黏度永久性降低，且在大多数情况下是不可逆的。研究表明，功率超声会引起离聚物分散中 Nafion 的降解，同时还会导致 Nafion 分散的黏度发生改变[52]。综上所述，在使用超声技术分散催化剂浆料时，要注意浆料性质和超声仪器设置参数的匹配，减少催化剂颗粒团聚体的聚合以及离聚物的降解。

2.3.3　球磨分散

2.3.3.1　球磨分散的原理

近年来，各种工业过程中对细颗粒的需求逐渐增加。球磨是一种低成本、环保的机械粉碎固体材料的方法。球磨机作为生成细颗粒和超细颗粒物料的常见设备之一，具有易于加工、结构简单、粒度降低率高和磨损污染低的特点。在过去的十年中，球磨机已经开始广泛应用于各行各业，包括矿物、煤炭、陶瓷、冶金、油漆、化工、农业、食品、医药和能源等。

在混合分散过程中，球磨法就是将物料和陶瓷球或金属球等混合在一起的间歇分散过程[53]。球磨中催化剂颗粒尺寸的减小主要是由于颗粒与罐体、颗粒与球、颗粒与颗粒等之间的不断和反复的碰撞，从而导致颗粒的破碎或断裂。当颗粒受到球磨过程中施加的应力时，能量以应变能的形式储存，颗粒经历可逆变形，施加的力沿着材料中存在的缺陷和微裂纹传递[54]。如果施加的力超过材料的弹性极限，就会发生断裂，导致更小的颗粒的形成。对于半脆性材料，首先发生的可能是塑性变形，之后才是裂纹扩展和断裂的发生。由于固体材料通常会存在缺陷以及球磨过程中对固体材料施加的力分布不均匀，颗粒断裂形成更小的颗粒，且尺寸分布不均匀，其尺寸和数量取决于研磨过程以及材料的性质[55]。从热力学的角度来看，断裂颗粒所需要做的功取决于表面能，而材料的屈服应力或强度取决于变形发生时的应变率和温度。

总的来说，颗粒破碎取决于碰撞的速率和类型以及由此产生的能量分布、在不同碰撞场景中对材料造成的损伤以及研磨时间[56]。能量并非均匀地作用于研磨机内的所有颗粒。这样就会造成一些颗粒受到了比较大的冲击力而断裂，但另外一些颗粒受到的冲击力则比较小。根据碰撞的作用力以及材料的性质，碰撞可能会导致材料本体破损，比如会发生颗粒的大的损伤、断裂或表面损伤[56]。球磨过程主要由这些低能量、增量损伤事件占主导，这导致了该过程的整体能量效率低下。

颗粒断裂所需能量与起始颗粒的大小成反比[57]。随着球磨过程的进行和颗粒尺寸的减小，颗粒中裂纹的数量会减少，需要更大的应力才能导致颗粒断裂。缺陷的减少导致颗粒更倾向于塑性变形而不是弹性变形，因为拉应力的大小不足以在没有裂纹的情况下产生脆性断裂。在某一时刻，能量消耗的增加并不会导致尺寸的进一步减小。这被称为球磨极限，取决于材料特性、使用的球磨机类型和球磨机的工作参数[57]。随着颗粒间相互作用的增加，颗粒尺寸减小，颗粒聚集也会增加，这可以看作是颗粒破碎的竞争现象[58,59]，特别是随着球磨时间的延长。

除了球磨设备类型和工作参数外，材料特性也是颗粒破碎行为的关键因素。材料的断裂强度和变形行为（弹性或非弹性）会影响颗粒破碎[54]。导致固体颗粒破裂的主要特性是弹性模量，它表示抗弹性变形能力；硬度，表示抗塑性变形能力；断裂韧度（也称为临界应力强度因子），表示抗裂纹扩展能力。

2.3.3.2　球磨机的分类

球磨机通常可分为滚筒式、搅拌式、振动式和行星式球磨机。这种分类方式是根据磨球的运动方式来命名的，这些机器一般都有球磨机、研磨室以及磨球。

滚筒式球磨机仅利用自然重力对颗粒施加作用力[60]。它有一个水平安装的空心圆柱壳，并绕其纵轴旋转。圆柱形壳体部分加入物料和磨球后旋转。由于与壁面的摩擦，球在轨道的上端开始离开壁面，并在重力作用下下落，从而产生冲击作用。当球的轨迹运动导致各种碰撞时，会发生多重碰撞和摩擦力。被夹在飞行球之间以及球和圆柱体壁面之间的颗粒遇到了高冲击能量。当容器转速过高时，作用在磨球上的离心力超过重力，磨球将粘在容器内表面上。因此，为了达到所需的研磨效果和效率，必须确定并设置容器的最佳转速。

搅拌式球磨机由一个立式固定槽组成，槽内装有一根转轴，转轴上连接着多个水平臂[60]。该罐装上浆料和磨球后，通过高速旋转的水平臂使混合物进入随机状态运动。研磨球在整个罐体内随机翻滚，并实现不规则运动，因此这个过程产生的主要是剪切力和摩擦力。磨球与磨球之间、磨球与器壁之间以及磨球与叶轮之间的持续碰撞也会产生冲击力。由于磨球的随机运动，磨球的剪切力和摩擦力呈不同的旋转方向。搅拌式球磨机的比能耗明显低于其他球磨机。磨球的大小和数量、研磨材料性质、研磨速度和温度是影响搅拌式球磨机研磨效果的重要因素。但搅拌式球磨机在运行过程中研磨机本体的磨损程度非常高，这增加了球磨机运行的总成本，并导致催化剂浆料的污染。

在振动球磨机中，含有研磨材料和磨球的容器或贮存器以高振动频率上下振动。通常可达到的最大振动振幅约为 20mm，这将磨球的轨迹限制在 20～30mm[60]。与传统球磨机和行星式球磨机相比，振动球磨机中的磨球对研磨材料的负荷要高得多。影响作用在研磨材料上的冲击力的重要因素是研磨速率、振动频率、振动振幅和磨球质量等。

行星式球磨机由旋转底座盘和研磨罐组成，如图 2-8 所示。研磨罐位于底盘上。当底盘绕其轴线旋转时，装有研磨球的罐会以相反方向进行行星旋转。由于研磨罐围绕两个独立的平行轴旋转，研磨球受到叠加旋转运动的影响。因此，行星式球磨机采用两个离心力场的联合作用，从而导致研磨罐内的加速度不均匀。科氏力和离心力的产生将磨球的动能增加到重力的 100 倍，从而在磨球之间以及磨球与罐壁之间产生更高的冲击能量[60]。冲击力、摩擦力和剪切力之间的相互作用对研磨物质产生非常有效的物理化学变化。行星式球磨机比其他球磨机小得多，通常用于实验室将样品催化剂浆料研磨至很小的尺寸。

图 2-8　行星式球磨机

参考文献

[1]　Suter T A M, Smith K, Hack J, et al. Engineering catalyst layers for next-generation polymer electrolyte fuel cells: A review of design, materials, and methods[J]. Advanced

Energy Materials, 2021, 11（37）.

[2]　Ren X, Lv Q, Liu L, et al. Current progress of Pt and Pt-based electrocatalysts used for fuel cells[J]. Sustainable Energy & Fuels, 2020, 4（1）: 15.

[3]　Hou J, Yang M, Ke C, et al. Platinum-group-metal catalysts for proton exchange membrane fuel cells: From catalyst design to electrode structure optimization[J]. Energy-Chem, 2020, 2（1）.

[4]　Wu D, Shen X, Pan Y, et al. Platinum alloy catalysts for oxygen reduction reaction: advances, challenges and perspectives[J]. Chemnanomat, 2019, 6（1）: 32.

[5]　Mahata A, Nair A S, Pathak B. Recent advancements in Pt-nanostructure-based electrocatalysts for the oxygen reduction reaction[J]. Catalysis Science & Technology, 2019, 9（18）: 4835.

[6]　Wang X X, Swihart M T, Wu G. Achievements, challenges and perspectives on cathode catalysts in proton exchange membrane fuel cells for transportation[J]. Nature Catalysis, 2019, 2（7）: 578.

[7]　Shao Y, Dodelet J P, Wu G, et al. PGM-Free cathode catalysts for PEM fuel cells: A mini-review on stability challenges[J]. Advanced Materials, 2019, 31（31）.

[8]　Liu M, Zhao Z, Duan X, et al. Nanoscale structure design for high-performance Pt-based ORR catalysts[J]. Advanced Materials, 2019, 31（6）.

[9]　Woo S, Lee S, Taning A Z, et al. Current understanding of catalyst/ionomer interfacial structure and phenomena affecting the oxygen reduction reaction in cathode catalyst layers of proton exchange membrane fuel cells[J]. Current Opinion in Electrochemistry, 2020, 21: 289.

[10]　Samad S, Loh K S, Wong W Y, et al. Carbon and non-carbon support materials for platinum-based catalysts in fuel cells[J]. International Journal of Hydrogen Energy, 2018, 43（16）: 7823.

[11]　Wang J, Xue Q, Li B, et al. Preparation of a graphitized-carbon-supported PtNi octahedral catalyst and application in a proton-exchange membrane fuel Cell[J]. ACS Appl Mater Interfaces, 2020, 12（6）: 7074.

[12]　Wang R, Li D, Maurya S, et al. Ultrafine Pt cluster and RuO_2 heterojunction anode catalysts designed for ultra-low Pt-loading anion exchange membrane fuel cells [J]. Nanoscale Horizons, 2020, 5（2）: 316.

[13]　Devrim Y, Arıca E D. Investigation of the effect of graphitized carbon nanotube catalyst support for high temperature PEM fuel cells[J]. International Journal of Hydrogen Energy, 2019, 45（5）: 3609.

[14]　Yarlagadda V, Carpenter M K, Moylan T E, et al. Boosting fuel cell performance with accessible carbon mesopores[J]. ACS Energy Letters, 2018, 3（3）: 618.

[15]　Dixit M B, Harkey B A, Shen F Y, et al. Catalyst layer ink interactions that affect coat-

ability[J]. Journal of The Electrochemical Society, 2018, 165 (5): 264.

[16]　Sharma R, Andersen S M. Zoom in catalyst/ionomer interface in polymer electrolyte membrane fuel cell electrodes: Impact of catalyst/ionomer dispersion media/solvent[J]. ACS Appl Mater Interfaces, 2018, 10 (44): 38125.

[17]　Van Cleve T, Khandavalli S, Chowdhury A, et al. Dictating Pt-based electrocatalyst performance in polymer electrolyte fuel cells, from formulation to application[J]. ACS Appl Mater Interfaces, 2019, 11 (50): 46953.

[18]　Kuroki H, Onishi K, Asami K, et al. Catalyst slurry preparation using a hydrodynamic cavitation dispersion method for polymer electrolyte fuel cells[J]. Industrial & Engineering Chemistry Research, 2019, 58 (42): 19545.

[19]　Wang M, Park J H, Kabir S, et al. Impact of catalyst ink dispersing methodology on fuel cell performance using in-situ X-ray scattering[J]. ACS Applied Energy Materials, 2019, 2 (9): 6417.

[20]　De las Heras A, Vivas F J, Segura F, et al. From the cell to the stack. A chronological walk through the techniques to manufacture the PEFCs core[J]. Renewable and Sustainable Energy Reviews, 2018, 96: 29.

[21]　Mishra P, Ein-Mozaffari F. Critical review of different aspects of liquid-solid mixing operations[J]. Reviews in Chemical Engineering, 2020, 36 (5): 555.

[22]　Bapat S, Giehl C, Kohsakowski S, et al. On the state and stability of fuel cell catalyst inks[J].Advanced Powder Technology, 2021, 32 (10): 3845.

[23]　Guo Y, Pan F, Chen W, et al. The controllable design of catalyst inks to enhance PEMFC performance: A review[J]. Electrochemical Energy Reviews, 2020, 4 (1): 67.

[24]　刘洪涛, 葛世荣. 纳米颗粒团聚双峰分布机制研究[J]. 润滑与密封, 2007, 32 (12): 1.

[25]　孙永军. 纳米颗粒的团聚和解聚[C]. 中央高校基本科研业务费项目研究成果学术交流会论文集, 2011: 390.

[26]　Sigmund W M. Novel powder-processing methods for advanced ceramics[J]. Journal of the American Ceramic Society, 2000, 83 (7): 1557.

[27]　Khandavalli S, Park J H, Kariuki N N, et al. Rheological investigation on the microstructure of fuel cell catalyst inks[J]. ACS Appl Mater Interfaces, 2018, 10 (50): 43610.

[28]　Pramounmat N, Loney C N, Kim C, et al. Controlling the distribution of perfluorinated sulfonic acid ionomer with elastin-like polypeptide [J]. ACS Appl Mater Interfaces, 2019, 11 (46): 43649.

[29]　Shahgaldi S, Alaefour I, Li X. The impact of short side chain ionomer on polymer electrolyte membrane fuel cell performance and durability [J]. Applied Energy, 2018, 217: 295.

[30]　Thoma M, Lin W, Hoffmann E, et al. Simple and reliable method for studying the adsorption behavior of aquivion ionomers on carbon black surfaces[J]. Langmuir, 2018, 34

（41）：12324.

[31] Lei C, Yang F, Macauley N, et al. Impact of catalyst ink dispersing solvent on PEM fuel cell performance and durability[J]. Journal of The Electrochemical Society, 2021, 168（4）.

[32] Guo Y, Yang D, Li B, et al. Effect of dispersion solvents and ionomers on the rheology of catalyst inks and catalyst layer structure for proton exchange membrane fuel cells[J]. ACS Appl Mater Interfaces, 2021, 13（23）：27119.

[33] Khandavalli S, Iyer R, Park J H, et al. Effect of dispersion medium composition and ionomer concentration on the microstructure and rheology of Fe-N-C Platinum group metal-free catalyst inks for polymer electrolyte membrane fuel cells[J]. Langmuir, 2020, 36（41）：12247.

[34] Mashio T, Ohma A, Tokumasu T. Molecular dynamics study of ionomer adsorption at a carbon surface in catalyst ink[J]. Electrochimica Acta, 2016, 202：14.

[35] 任俊, 沈健, 卢寿慈. 颗粒分散科学与技术[M]. 北京：化学工业出版社, 2005：182-185.

[36] Orfanidi A, Rheinländer P J, Schulte N, et al. Ink solvent dependence of the ionomer distribution in the catalyst layer of a PEMFC[J]. Journal of The Electrochemical Society, 2018, 165（14）：1254.

[37] Mühle K, Domasch K. Stability of particle aggregates in flocculation with polymers: Stabilität von teilchenaggregaten bei der flockung mit polymeren[J]. Chemical Engineering and Processing: Process Intensification, 1991, 29（1）：1.

[38] Lu S, Ding Y, Guo J. Kinetics of fine particle aggregation in turbulence[J]. Advances in colloid and interface science, 1998, 78（3）：197.

[39] Ren J, Wang W, Lu S, et al. Characteristics of dispersion behavior of fine particles in different liquid media[J]. Powder technology, 2003, 137（1-2）：91.

[40] 郭小龙, 陈沙鸥, 戚凭, 等. 纳米陶瓷粉末分散的微观过程和机理[J]. 青岛大学学报：自然科学版, 2002, 15（1）：78.

[41] 吴王超, 崔健, 江浩, 等. 湿法研磨制备单颗粒分散二氧化钛及其影响因素[J]. 中国粉体技术, 2018, 24（2）：60.

[42] 端木强. 容器设计中搅拌装置的轴向力分析[J]. 天津化工, 2003, 17（1）：50.

[43] 赵洋. 新型流体搅拌技术的研讨与应用[J]. 石油和化工设备, 21（05）：46.

[44] Barabash V M, Abiev R S, Kulov N N. Theory and practice of mixing: A review[J]. Theoretical Foundations of Chemical Engineering, 2018, 52（4）：473.

[45] 杨锋苓, 周慎杰. 搅拌固液悬浮研究进展[J]. 化工学报, 2017, 68（6）：2233.

[46] Vashisth V, Nigam K D P, Kumar V. Design and development of high shear mixers: Fundamentals, applications and recent progress [J]. Chemical Engineering Science, 2021, 232.

[47] Taurozzi J S, Hackley V A, Wiesner M R. Ultrasonic dispersion of nanoparticles for en-

vironmental, health and safety assessment—issues and recommendations[J]. Nanotoxicology, 2011, 5(4): 711.

[48] Pollet B G, Goh J T E. The importance of ultrasonic parameters in the preparation of fuel cell catalyst inks[J]. Electrochimica Acta, 2014, 128: 292.

[49] Pollet B G. Let's not ignore the ultrasonic effects on the preparation of fuel cell materials[J]. Electrocatalysis, 2014, 5(4): 330.

[50] Contamine R F, Wilhelm A M, Berlan J, et al. Power measurement in sonochemistry [J]. Ultrasonics Sonochemistry, 1995, 2(1): 43.

[51] Retamal Marín R R, Babick F, Stintz M. Ultrasonic dispersion of nanostructured materials with probe sonication-practical aspects of sample preparation[J]. Powder Technology, 2017, 318: 451.

[52] Adamski M, Peressin N, Holdcroft S, et al. Does power ultrasound affect Nafion(R) dispersions? [J]. Ultrason Sonochem, 2019, 60.

[53] Janot R, Guerard D. Ball-milling in liquid mediaApplications to the preparation of anodic materials for lithium-ion batteries[J]. Progress in Materials Science, 2005, 50(1): 1.

[54] Brunaugh A, Smyth H D C. Process optimization and particle engineering of micronized drug powders via milling[J]. Drug Deliv Transl Res, 2018, 8(6): 1740.

[55] Tavares LM. Handbook of powder technology[M]. Amsterdam: Elsevier Science Publishers B V, 2007: 3-68.

[56] Weerasekara N S, Powell M S, Cleary P W, et al. The contribution of DEM to the science of comminution[J]. Powder Technology, 2013, 248: 3.

[57] Parrott E L. Milling of pharmaceutical solids[J]. Journal of Pharmaceutical Sciences, 1974, 63(6): 813

[58] Annapragada A, Adjei A. Numerical simulation of milling processes as an aid to process design[J]. International Journal of Pharmaceutics, 1996, 136(1-2): 1.

[59] Peltonen L, Hirvonen J. Pharmaceutical nanocrystals by nanomilling: critical process parameters, particle fracturing and stabilization methods[J]. Journal of Pharmacy and Pharmacology, 2010, 62(11): 1569.

[60] Sitotaw Y W, Habtu N G, Gebreyohannes A Y, et al. Ball milling as an important pretreatment technique in lignocellulose biorefineries: a review[J]. Biomass Conversion and Biorefinery, 2021.

第**3**章

催化剂浆料内部组分间的相互作用

3.1 离聚物的溶剂化作用

3.1.1 离聚物的性质

催化剂浆料中使用的离聚物一般是全氟磺酸树脂，其包含聚四氟乙烯（poly tetra fluoroethylene，PTFE）的主链和全氟磺酰基乙烯基醚（perfluorosulfonyl vinyl ether，PSVE）侧链。作为催化剂浆料中主要成分之一，离聚物种类、特点和行为会对催化剂浆料产生重要的影响。不同种类的全氟磺酸树脂，其主链和侧链的长度不同，具有不同的特点。全氟磺酸树脂的侧链末端都有一个磺酸根基团（$-SO_3^-$），这是离聚物传导质子（H^+）的载体。磺酸根基团在离聚物大分子中的当量（equivalent weight，EW）是离聚物重要参数。通常，离聚物的 EW 值越大，说明离聚物大分子中磺酸根的含量越低；EW 值越小，磺酸根的含量越高。在全氟磺酸树脂中，主链的结构是非极性的，侧链存在的醚基和磺酸根显示极性。根据相似相溶原理，非极性的有机物容易溶解在非极性的溶剂中，而极性的有机物容易溶解在极性的溶剂中。全氟磺酸树脂的主链容易在非极性的溶剂中溶解，而侧链容易在极性溶剂中溶解。

离聚物在溶液中的分散状态与溶剂的溶解度参数、介电常数、离聚物与溶剂的分子间作用力和离聚物的浓度有关。离聚物在溶剂中的流变学行为，与离聚物的分散状态，包括离聚物团簇离子的大小、浓度和聚合状态都有着直接的关系。离聚物的浓度越低，溶液的流变学行为主要受溶剂影响。例如在极稀的离聚物溶液中，离聚物对溶剂的结合作用影响变弱，离聚物的分子结构和分散形式对溶剂中颗粒的有效体积分数影响减小，此时离聚物溶液的黏度与溶剂的黏度相似。当溶剂中离聚物浓度增加，离聚物之间相互作用和离聚物与溶剂之间的相互作用起到主要作用，离聚物在溶剂中的构型和聚合方式对离聚物溶液的流变特性将会产生重要的影响。例如，在含有水分子的离聚物溶液中，离聚物侧链上的极性官能团，会和水分子上的氢原子结合形成氢键，从而使离聚物团簇的形貌拉伸，使离聚物溶液中的流动摩擦力增加，从而增加离聚物溶液的黏度。另一方面，在溶液温度升高时，离聚物在溶剂中舒展的结构会发生空间塌陷，使本身结构松散的离聚物塌陷成一个球状，减少溶剂的溶剂化作用，使部分离聚物结合的溶剂分子减少，增加自由溶剂分子的含量，从而使离聚物溶液的黏度降低。

催化剂浆料中的离聚物作为黏合剂和质子传输载体，离聚物的选择对催化剂浆料的使用性能和电化学性能起到重要的作用。现如今，在催化剂浆料方面，如何选用合适的离聚物来保证催化剂浆料性能的方案还不完备，依然需要突破关键的技术和难点。多数情况下，通过正交实验筛选，来确定离聚物的使用。如何根据离聚物的结构，包括离聚物主链和侧链的长度，侧链的分布密度，侧链上官能团类型和极性，以及离聚物物理化学参数，包括离聚物的分子量、聚合程度、玻璃化温度，选择合适的离聚物，是催化剂浆料开发和研究过程中遇到的重大挑战。另一方面，由于离聚物溶液中的组分多，体系成分复杂，同时受到各种物理化学作用等因素交叉影响，所以对离聚物的研究则需要大量的基础理论和实验积累。

在催化剂浆料配方的设计和制备过程中，有时也需要使用两种或者两种以上的离聚物，来调节浆料的使用性、储存性和电化学性能。但是，当在催化剂浆料中加入不同的离聚物时，要将离聚物物理化学特性和相互作用研究透彻。首先，需要保证两种离聚物之间能够良好的相容，避免出现离聚物析出、沉淀等现象。使用于催化剂浆料中的离聚物，主要是全氟磺酸树脂，都是以聚四氟乙烯为主链，以乙烯基磺酰氟醚为侧链。因此，该种类型的离聚物之间往往具有较好的相容性。但是，由于不同离聚物在溶剂中的溶解度存在差异，选用合适的溶剂来使两种离聚物同时有效的分散，也是重中之重。

例如，杜邦公司生产的 D520、D2020 等离聚物溶液，其离聚物成分都是 Nafion。在使用水/醇的混合溶剂对离聚物溶液进行分散时，发现随着溶剂中水含量的增加，稀释后的离聚物溶液在外力的作用下会产生大量的气泡，说明了离聚物与溶剂的相容性降低。而随着溶剂中醇类组分的提高，如乙醇、正丙醇和异丙醇，稀释后的离聚物溶液在外力的作用下不再产生大量的气泡。例如，Aquivion 公司生产的离聚物溶液 D79-25BS，其溶剂主要是水，该类型的离聚物能够有效地分散到水中。

在催化剂浆料中，溶剂的主要组分包括水和有机溶剂，有机溶剂的种类包含醇类、酸类和脂类等。不同种类的溶剂具有不同的物理特性，选用合适的溶剂对离聚物进行溶解和分散是制备催化剂浆料的关键。醇类溶剂含有羟基官能团（—OH），酸类溶剂带有羧基基团（—COOH），从而使分子带有一定的极性。不同的分子结构、分子类型，导致了溶剂分子与离聚物的相互作用不同，从而影响到离聚物在溶剂中的溶解和分散。

离聚物在溶剂中的溶解程度，与溶剂的溶解度有关，通常溶剂的溶解度参数与离聚物的溶解度参数越接近，离聚物在溶剂中的溶解程度越高。离聚物溶液中离聚物的固体含量越低，则溶剂的黏度也越低。除此之外，溶剂本身的黏度也是影响离聚物溶液黏度的关键因素。在单组分的溶剂中，溶剂分子之间的相互作用是不变的，可以通过查询和计算获得。在多组分溶剂中，尤其是含有极性的溶剂中，溶剂之间会产生不同程度的相互作用。例如，在使用水作为分散剂组分的催化剂浆料中，水分子容易和溶剂中的醇类、醛类和酸类等物质产生氢键的缔合作用，从而使溶剂分子的结构增加，从而增加溶剂和离聚物溶液的黏度。通常在不考虑多组分之间相互作用的条件下，多组分混合溶剂的黏度为：

$$\lg\eta = \sum_i^n (w_i \lg\eta_i) \tag{3-1}$$

式中，η 为多组分溶剂的黏度，$Pa \cdot s$；w_i 为 i 组分在多组分溶剂中的质量分数，%；η_i 为 i 组分本身的黏度，$Pa \cdot s$。

在实际情况中，溶剂各组分的分子彼此之间会存在各种相互作用力，包括范德华力和氢键等作用力，因此使用上述公式对多组分溶剂的黏度进行计算时，会存在一定的误差。在多组分溶剂中，当两两组分分子之间发生了相互作用时，可以使用公式对其黏度值进行计算。

$$\lg\eta = \sum_i^n (w_i \lg\eta_i) + \sum_j^n (w_j \lg\eta_j) \tag{3-2}$$

式中，w_i 为 i 组分的质量分数，%；η_i 为 i 组分的黏度，$Pa \cdot s$；w_j 为 j 组分的质量分数，%；η_j 为 j 组分的有效黏度，$Pa \cdot s$。

溶剂的物理化学参数，如黏度、表面张力、溶解度参数、介电常数等，都会影响到离聚物在溶剂中的溶解。在催化剂浆料中，离聚物还对浆料的触变性、流动性和分散性具有重要的影响。因此，对离聚物在浆料中分散行为的研究，对设计和改善催化剂浆料的性能至关重要。

3.1.2　离聚物对溶剂的表面活性

在使用溶剂分散离聚物或者配制催化剂浆料时，溶剂的选择至关重要。一方面，既要保证溶剂对离聚物充分的分散性，也要保证溶剂可以高效地分散催化剂中的团聚体。在选择溶剂种类时，水（H_2O）常作为润湿剂能够有效地润湿催化剂表面的铂金属颗粒，表明其在空气中与还原性溶剂接触而发生氧化行为。与水溶液相比，有机溶剂具有更低的表面张力，能够有效进入催化剂团聚体的孔隙当中，浸湿催化剂，使团聚的催化剂颗粒破碎。在对溶剂进行选择时，经常会出现两种或多种组分的溶剂同时使用。不同的溶剂分子的极性不同，两两组分之间的相容性也存在差异，所以需保证各种溶剂之间相溶，避免出现相分离的状况。通常，为了使极性溶剂和非极性溶剂相溶，会加入表面活性剂使溶剂体系变得稳定。

表面活性剂的种类按照化学结构来分类，包括离子型和非离子型。离子型表面活性剂能分为两性表面活性剂、阴离子表面活性剂、阳离子表面活性剂，非离子型表面活性剂分为小极性头表面活性剂和大极性头表面活性剂。为了不影响催化剂浆料的电化学性能，对表面活性剂的选择极为严苛。普通的离子型表面活性剂的使用，会使催化剂浆料中引入盐离子，从而发生离子沉积而导致催化层性能的下降。而非离子型表面活性剂，在疏水作用力的作用下，其容易吸附在催化剂颗粒上，阻碍氧化还原的动力学进程，使催化剂性能降低。所以，选用合适的离聚物充当表面活性剂，是最优的选择。

全氟磺酸树脂本身不属于表面活性剂，但是在离聚物溶液中，有时它能起到使两种溶剂互溶的作用。在离聚物溶液中，疏水的主链作为疏水基，侧链上的醚基和磺酸根具有很高的极性而作为亲水基。当水溶剂和有机溶剂相溶性差时，水和有机溶剂便会发生分离，此时离聚物溶液中的全氟磺酸分子的主链与有机溶剂结合，侧链上的醚基和磺酸根与水分子结合，防止溶液发生分离，使溶液体系的自由能下降，增强稳定性。

溶剂中的大分子有机物的亲水性越强，在水中的溶解度越大，亲油性越强，在有机溶剂中的溶解度更大。全氟磺酸树脂根据 EW 值的不同，亲水性和亲油性也会不同。通常来说，当氟磺酸树脂的 EW 值越高，表明在分子中磺酸根的比例越少，树脂分子对水的亲和性减小而对有机溶剂的亲和性增加。当全氟磺酸树脂的 EW 值越低，树脂分子中磺酸根的比例越大，树脂更容易溶解在水中。所以，使用全氟磺酸树脂作为水/有机溶剂的表面活性剂，要考虑离聚物的 EW 值，和对应溶剂中水和有机溶剂的比例。在水比例较大的溶剂中，首选采用 EW 值较低的树脂，增加离聚物与水的相容性。在有机溶剂较多的溶剂中，可以选择 EW 值较高的树脂，增加离聚物与有机溶剂的相容性。

离聚物侧链上的磺酸根作为阴离子，会与阳离子型表面活性剂相互抵消，从而降低表面活性，因此，在催化剂浆料中引入外加的表面活性剂时，要避免阳离子型的表面活性剂的引入。另外，全氟磺酸分子的主链是有机大分子，容易受温度影响发生分子构型的塌陷，从而降低离聚物的表面活性，同时也会使离聚物从溶剂中析出。

3.1.3 离聚物的溶解

离聚物在溶剂中的溶解程度与催化剂浆料的性能有直接的关系。影响离聚物溶解的物理参数有溶剂的溶解度参数、介电常数等[1]。以下将主要从溶剂的物理参数来分析离聚物的溶解情况。根据相似相溶原理，当溶剂的溶解度参数和离聚物的溶解度参数接近时，离聚物容易溶解，反之则不易溶解。相似相溶原理是判断溶剂溶解溶质能力的经典理论。离聚物的分子结构的构型、主链长度、侧链的长度与分布、侧链上官能团的极性强弱和数量影响其性质。如果离聚物的侧链占据的比例较高，含氧官能团较多，则会使离聚物侧链的极性较强，侧链更容易和极性分子相互作用。如果离聚物侧链占据的比较小，且侧链上含氧官能团较少，此时离聚物主链与非极性分子的相互作用决定离聚物的溶解度。对于单组分溶剂，使用相似相溶原理是合适的，但是催化剂浆料中溶剂的组分往往是多组分的。此时，需要考虑多组分溶剂的溶解度参数，根据溶解度参数相近的原则，来判断离聚物在溶剂中的溶解性，同时，也要考虑溶剂分子的结构与离聚物分子结构的相似性。也就是说，能够有效溶解离聚物的溶剂不仅与离聚物拥有相近的溶解度参数，也要和离聚物有着相似的分子结构，这样离聚物才会溶解。催化剂浆料中使用的溶剂多数是多组分溶剂，对多组分溶剂的溶解度参数计算，可以通过下式计算得到：

$$\delta_m = \sum_{i=1}^{n} r_i \delta_i \tag{3-3}$$

式中，δ_m 为多组分溶剂的溶解度参数，$cal^{0.5}/cm^{1.5}$；r_i 为 i 组分溶剂占总溶剂的体积分数，%；δ_i 为 i 组分溶剂的溶解度参数，$cal^{0.5}/cm^{1.5}$。

利用此方法可以大致计算出混合溶剂的溶解参数，来对溶剂的组分进行设计和选择。对于特定的离聚物，使用多组分溶剂对其进行溶解，同时也可以用溶剂其他的物理参数，如介电常数、表面张力等，对离聚物的分散状态进行设计和调控。多组分溶剂的使用，一方面能够使离聚物有效的溶解；另一方面，还能改善催化剂浆料的使用性、稳定性和电化学性能。除此之外，溶剂的组分和物理特性，如密度、沸点等都是影响催化剂浆料使用性的关键。

溶剂中分子间的相互作用力是溶剂和离聚物分子形成均相分散的主要影响因素。首先，要形成均相的溶液，催化剂浆料中的不同组分的溶剂分子之间会在分子间作用力和氢键的作用下均匀混合。之后，溶剂分子与离聚物分子间的相互作用，要克服溶质分子间的相互作用力，从而使溶剂分子分散到溶质分子之间，使离聚物发生分散，均匀地分散在溶剂中。溶剂分子之间的相互作用力，和溶剂分子与离聚物分子之间的相互作用力要相近，才能保证离聚物的溶解，这就是溶解理论中经典的"物以类溶"原理。这种分子间的作用力被称为范德华力，它源于溶剂分子和离聚物分子间以及原子间的静电引力。根据溶剂分子和离聚物分子以及原子间电子云发生的不同类型的变化，可以将分子间的作用力分为色散力、极性力、氢键作用三种。

色散力是离聚物分子主链与有机溶剂分子之间相互作用的主要影响因素。醇类分子的烃链和离聚物主链的全氟烃链都是非极性的，在不考虑侧链对主链影响时，主链上的偶极矩认为是零。色散力的根本是电子云之间的静电作用，分子或者原子的电子云在平衡态下整体显示电中性，但是由于原子核外的电子云是不规则运动的，所以会导致原子核外出现瞬时的电荷分布不均的情况，从而形成短暂的带有磁性的偶极，从而产生分子间作用力。在催化剂浆料中，溶剂分子与离聚物主链和侧链的相互作用力，除了色散力，还有诱导力和取向力，这些作用力被称为分子间作用力。色散力主要存在于溶剂分子和离聚物主链之间，诱导力主要存在于极性溶剂和非极性主链、非极性溶剂和极性的侧链之间，取向力主要存在于极性的溶剂和极性的侧链之间。

氢原子的原子核外围存在一个轨道电子，当氢原子与电负性较大的氧原子、氮原子靠近时，氢原子的核外电子会被吸引到这些原子核的外围，从而形成氢键。氢键的本质也是由于分子的极性导致的，广泛存在于水、醇类、醛类和酸类等溶剂中。水分子与醇分子自身，或者相互之间的氢键作用，影响溶剂的黏度。根据溶剂比例的差异，醇分子和水分子会形成不同的缔合结构。一般来讲，水醇溶剂的黏度会随着单组分的增加先增加后减小。

例如，在异丙醇与水的混合溶剂中，随着溶剂中水含量的增加，溶剂的黏度先增加后减小。这是因为水分子和异丙醇分子结构中都含有氢氧键，在溶剂中水分子和异丙醇分子氢键的作用下发生分子缔合，使溶剂分子的结构变得复杂。随着水与异丙醇的摩尔比增加到3~5之间，混合溶剂的黏度达到最大。此时一个异丙醇分子平均和3~5个水分子相结合。随着溶剂中自由水分子含量的增加，氢键缔合作用效果变弱，溶剂的黏度减小（图3-1）。

离聚物主链和侧链的溶解度参数相差较大，以 Nafion 为例，其主链聚四氟乙烯的溶解度参数为 $9.7cal^{0.5}/cm^{1.5}$，而侧链的溶解度参数为 $17.3cal^{0.5}/cm^{1.5}$，主链与侧链溶解度参数的差异使溶解度参数作为离聚物溶解的衡量标准变得模糊。除了溶解度参数，溶剂的介电常数也是影响离聚物的重要物理参数。溶剂中分子的极性越大，其介电常数往往越大。催化剂浆料所使用的众多溶剂中，水的介电常数最大，溶剂的介电常数跟分子的结构有关。当醇分子是直链时，分子的烃基越长，醇

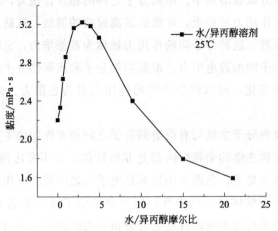

图 3-1 不同水/异丙醇摩尔比的二组分溶剂的黏度曲线

分子的介电常数越小。醇分子的链段越长,羟基引起的电子云移动就越小,分子结构的偶极矩越小,分子的极性越小。

3.1.4 离聚物的解离

在水/醇的溶剂中,醇的含量越高,离聚物溶解形成的团簇越小,分散得越充分。水含量较高时,溶剂的介电常数增加。根据前人的研究,当溶剂的介电常数 ε 小于 3 时,离聚物在溶剂中很难溶解,发生相分离生成沉淀。当溶剂的介电常数大于 3 小于 10 时,离聚物在溶剂中部分溶解,并形成溶胶。当溶解的介电常数大于 10 时,离聚物往往能够溶解在溶剂中。溶剂介电常数计算的公式如下[2]:

$$\rho_m = \sum X_i \rho_i = \sum X_i \varepsilon_i^{0.5} M_i \tag{3-4}$$

$$\varepsilon_m = [\rho_m / \sum (X_i M_i)]^2 \tag{3-5}$$

式中,ρ_m 为混合溶剂的摩尔介电极化;ρ_i 为溶剂 i 的摩尔介电极化;ε_m 为混合溶剂的介电常数;ε_i 为溶剂 i 的介电常数;M_i 为溶剂 i 的分子量。

溶剂分子的极性影响离聚物溶解后形成的团聚体的形貌。正丙醇溶剂能够有效地诱导树脂分子特征长度的变化,使树脂团簇溶剂化后形成棒状的形貌,而在乙醇的溶剂中,树脂分子能够更好分散,使树脂团簇拓展,水动力半径增加[3,4]。除此之外,离聚物在乙二醇中也形成棒状形貌,在水和异丙醇的溶剂中,发生强烈的聚电解质效应,形成几百纳米的团簇颗粒。

除了离聚物在溶剂中主链与侧链的溶解性,侧链端的磺酸根解离也是影响离聚物分散的重要原因。磺酸根在溶剂中会解离形成磺酸根离子和质子,从而使离聚物上带有电荷。离聚物表面的电位和电荷分布与离聚物在溶剂中的分散程度和构型相关。溶解度近似的溶剂中，离聚物能够分散得更充分，但是溶解度较低的溶剂往往介电常数较小。低介电常数的溶剂中，离聚物团簇表面与溶剂相互作用的磺酸根，一部分会发生解离，而离聚物团簇内部的磺酸基难以解离，从而导致离聚物的团簇表面电荷数少、电位低。在介电常数较高的溶剂中，离聚物能够更充分地解离，增加离聚物团簇表面的电荷数和电位（图 3-2）。

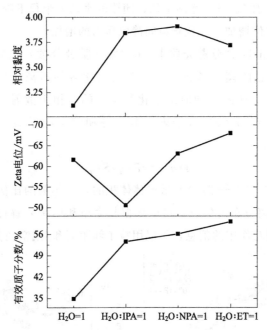

图 3-2　不同介电常数的溶剂对离聚物 Zeta 电位、有效质子分数和相对黏度的影响
（离聚物溶液浓度为 1.0％质量分数，溶剂是水/醇混合溶剂，质量比是 1）

NPA—正丙醇；ET—乙醇

　　为了研究燃料电池催化剂浆料中团簇的结构和组织，对分散介质中离聚物结构的研究至关重要。分散介质的介电常数和表面张力以及离聚物在醇/水溶液中的 Zeta 电位和 D_h 值被研究[5]。目前，已经被研究并公开讨论的离聚物结构有球形、束形、带形、网络结构、无序线团和平行圆柱体结构等。离聚物在溶剂中形成平行的圆柱结构这一说法受到广泛的认同，对于该结构的描述是，离聚物形成反胶束纳米柱结构，柱体的外部是疏水的离聚物主链，而内部则是解离在溶剂中的带电基团。催化剂浆料中离聚物团簇之间的相互作用包括范德华力、静电力、空间位阻作用和疏水相互作用。

　　在对离聚物的 Zeta 电位测试中，离聚物团簇的 Zeta 电位随着溶剂中水含量的增加而增加，这是因为离聚物侧链离子基团与水的作用力增加。溶剂中水含量的增加使分散介质的介电常数增加，导致离聚物和溶剂界面上的磺酸基扩散程度增加，促使离聚物侧链延伸。在溶剂中，离聚物中的磺酸基团会和水分子发生强烈的水合作用，每个磺酸基能与数十个水分子结合。在醇/水混合物中，棒状离聚体团簇颗粒的半径和长度分别约为 2.4nm 和 40.0nm。此外，即使在低浓度（质量分数<1％）下，由于强疏水性碳氟化合物骨架的相互作用，导致了棒状离聚物纳米颗粒也有聚集体。使用 DLS 测量的离聚物的水动力半径，来预测离聚物的团簇结构，随着分散介质中异丙醇含量的逐渐降低，团簇的水动力半径下降，这是由于离聚物团簇颗粒的 Zeta 电位增加，导致颗粒间静电斥力的增加。

图 3-3 是 IPA-d/D$_2$O 分散介质中，0.3％（质量分数）离聚物的 SANS 强度分布，以及它们各自的模型函数拟合。使用氘化溶剂对离聚物进行了 SANS 实验，以获得良好的对比度，同时最小化系统中的非相干散射。整体中子散射强度 $I(q)$ 是形式因子 $\varphi P(q)$ 分子内散射事件和结构因子 $S(q)$ 分子间散射事件的函数。

$$I(q) = \varphi P(q) S(q) \tag{3-6}$$

式中，φ 为一个与中子 SLD 和散射体体积的差异相关的比例因子；$P(q)$ 为关于分子内原子间距离分布的信息，可以根据其大小和形状来解释；$S(q)$ 为关于定向平均粒子-粒子相互作用的信息，可以用粒子间距离和/或空间分布来解释。

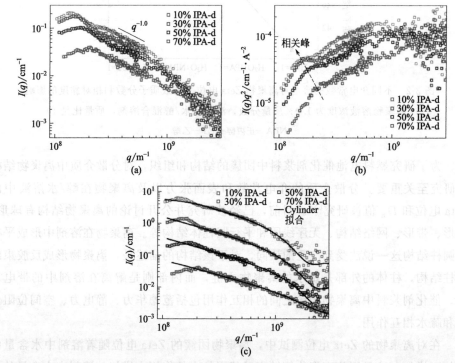

图 3-3　不同异丙醇含量的溶液中的 SANS 曲线及拟合[5]

q—散射角；$I(q)$—散射强度

在分散介质中，离聚物在中 q 和低 q 的散射强度随着异丙醇含量的降低而增加，表明在这个长度尺度上离聚物聚集增加。根据 SANS 轮廓中间 q 区域（$3\times10^{8}\,\mathrm{m}^{-1}<q<6\times10^{8}\,\mathrm{m}^{-1}$）的幂律得到的斜率值约等于 1.0，支持离聚物是棒状或圆柱体结构的观点（图 3-4）。

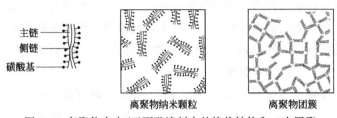

图 3-4　离聚物在水/正丙醇溶剂中的棒状结构和二次团聚

3.1.5　离聚物的浓度影响

离聚物溶液的浓度影响离聚物在溶剂中的溶剂化行为。在离聚物的稀溶液中，离聚物分子的浓度很低，离聚物团簇在布朗运动时才会接触，所以离聚物的极稀溶液变成稀溶液的分界浓度被称为动态接触浓度。随着溶剂中离聚物团簇的浓度增加，离聚物之间开始接触，稀溶液逐渐转变成亚浓溶液，这个分界浓度被称为接触浓度。在接触浓度之上的离聚物的溶液被认为是浓溶液，此时的分界浓度被称为缠结浓度。当溶液中的离聚物发生缠结，离聚物的浓度继续增加形成极浓溶液和熔体，此时的分界浓度称为全高斯链浓度（图 3-5）[6]。

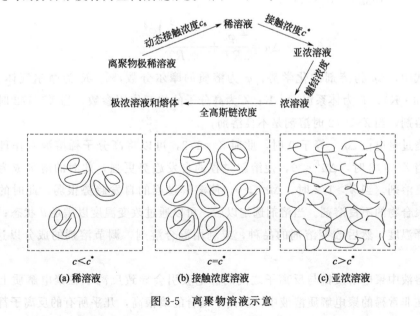

图 3-5　离聚物溶液示意

离聚物溶液的浓度在接触浓度以下时，溶剂是影响离聚物溶解和形貌的主要因素。当浓度大于接触浓度时，离聚物之间开始接触，离聚物链段因分子间作用力而发生相互作用。随着浓度提高，离聚物分子之间开始纠缠。

离聚物的稀溶液经常使用 Flory 理论和链段模型来进行解释研究。Kuehn 等研究者提出没有短程相互作用力的聚电解质链段模型。该模型对链构象部分的自由能估计，忽略了单体之间的相互作用。实际上，离聚物在溶液中链段之间的相互作用会产生一定的影响，不同链段之间的相互作用会造成离聚物的构象发生不同的变化，使离聚物发生不均匀的拉伸。

高分子聚合物在溶剂中的溶解，与溶剂的介电常数有很大的关系。溶液中高分子链的构型由溶剂-高分子链段、高分子链段-高分子链段两种作用力决定。当高分子链段-高分子链段间的作用力占主要时，高分子链段之间相互吸引，分子构型紧缩，构型坍塌形成球状。当溶剂-高分子链段的相互作用占主要时，高分子链段与溶剂相互吸引，而发生溶胀，分子形态舒展开。溶液分子的极性与高分子链段的极性，是影响相互作用力的根本。溶液的极性常用介电常数来表示，调节不同介电常数的溶剂，就可以调节溶剂与高分子链段之间的相互作用力。Flory-Huggins 认为高分子溶液的化学势包含理想溶液的化学势和非理想溶液的化学势[7]，

非理想溶液的化学势：

$$\Delta\mu^{E} = \frac{\left(\chi - \frac{1}{2}\right)\varphi^2}{RT} \tag{3-7}$$

Flory-Huggins 溶液理论：

$$\Delta\mu = \frac{-\varphi_2}{xRT} + \frac{\left(\chi - \frac{1}{2}\right)\varphi^2}{RT} \tag{3-8}$$

式中，$\Delta\mu$ 为溶剂的化学势；φ 为溶质的摩尔分数，%；R 为摩尔气体常数，J/(mol·K)；T 为体系温度，K；χ 为高分子的相互作用参数，当 $\chi > 1/2$ 时溶剂是良溶剂，当 $\chi < 1/2$ 时溶剂是不良溶剂。

当过量电位 $\Delta\mu^{E}$ 等于 0 时，此时 $\chi = 1/2$，可以将高分子稀溶液看作理想溶液。当 $\chi < 1/2$ 时，$\Delta\mu^{E} < 0$，使溶解过程的自发趋势更强，此时的溶剂成为聚合物的良溶剂。当 $\chi > 1/2$ 时，$\Delta\mu^{E} > 0$，使溶解过程的自发趋势很弱，此时的溶剂成为聚合物的不良溶剂。当溶剂选定以后，可以通过改变温度以满足 θ 状态；也可以选择温度，然后改变溶剂的品种，或利用混合溶剂，调节溶剂的成分以达到 θ 状态。

溶液中聚电解质链与反离子之间的静电吸引会导致反离子在聚电解质上的缩合。在非常稀的聚电解质溶液中，反离子缩合的熵很高，几乎所有的反离子都离开

聚合物链，在溶液中自由分布。随着聚合物浓度的增加，反离子的熵降低，导致反离子的凝聚数量逐渐增加。对于聚合物骨架良好或 θ 溶剂中的聚电解质溶液，自由反离子分数随聚合物浓度的增加而对数下降。通过增加聚合物浓度或降低温度，可以引起链段内反离子的自发凝聚。通过凝聚反离子，增加了链段的质量，有效电荷的减少，引发了反离子的进一步进入，从而启动了雪崩状的反离子凝聚过程。在有限的聚电解质浓度下，这种雪崩状的缩合导致聚电解质溶液的相分离为稀相和浓相。

3.2 溶剂与催化剂相互作用

催化剂浆料中，溶剂对催化剂的分散是破碎催化剂团聚体的关键因素。溶剂分子和催化剂的物理性质和特征，都是影响溶剂和催化剂颗粒相互作用的重要原因。在催化剂浆料中，溶剂对催化剂的作用分别包括对催化剂颗粒碳载体的作用和对铂颗粒的作用。碳载体的物理特征包括比表面积、石墨化程度和结构形貌，都影响与溶剂之间的相互作用。碳载体颗粒上的铂颗粒载量和形貌，也影响与溶剂之间的相互作用。

3.2.1 溶剂与碳载体间的相互作用

催化剂浆料中，溶剂对碳载体的分散性和溶剂的表面张力 σ 有很大的关系。常温下，水的表面张力为 72.8mN/m。除了溶剂的表面张力影响催化剂的分散，碳载体的表面能和孔道结构也是影响催化剂分散的重要因素。一方面，部分碳载体的表面能小于水的表面张力，使碳载体疏水。另一方面，碳载体上还拥有丰富的多级孔道结构，在毛细作用下，孔道中的水层曲线的附加压力 ΔP 朝向溶剂内部，即液面与孔壁的夹角 θ 大于 $90°$，使水分子无法浸入碳载体的孔径当中。导致水分子无法完全浸湿碳载体，促使催化剂颗粒形成更大的团聚体。而有机溶剂的表面张力往往小于碳载体的表面能，不仅可以润湿碳载体表面，还能够入侵到催化剂团聚体的缝隙当中。此时，有机溶剂在碳载体孔道中的曲面的附加压力朝向孔到内部，促使有机溶剂入侵到碳颗粒当中。

附加压力：

$$\Delta P = \sigma\left(\frac{1}{\gamma_1} - \frac{1}{\gamma_2}\right) \tag{3-9}$$

简化为：

$$\Delta P = \frac{2\sigma}{r} \tag{3-10}$$

液面变化：

$$\Delta h = \frac{2\sigma\cos\theta}{\Delta\rho g R} \tag{3-11}$$

式中，r 为碳载体的孔道中液膜球体的直径，m；P 为压力，N；σ 为表面张力，N/m；θ 为接触角；ρ 为溶剂的密度，kg/m^3；g 为重力加速度，m/s^2；R 为摩尔气体常数，J/(mol·K)。

分散介质与碳载体的相互作用影响碳载体团簇结构的演化（图 3-6）。低 q 时碳载体的散射强度降低，表明在分散介质中，随着异丙醇含量的降低，碳聚集体的尺寸减小。此外，图 3-6(b) 显示，峰值最大值向较高的 q 值轻微移动，说明随着分散介质中异丙醇含量的降低，碳聚集体的尺寸减小。散射数据在高 q 区域（$8\times10^8\,\mathrm{m}^{-1}<q<3\times10^9\,\mathrm{m}^{-1}$）所有样品的斜率值均约为 2.0，这可以归因于碳载体内部的纳米颗粒的结构和孔隙。散射数据在中间 q 区域的幂律函数拟合（$6\times10^7\,\mathrm{m}^{-1}<q<2\times10^8\,\mathrm{m}^{-1}$），所有样品的斜率值约为 3.2，说明稀悬浮中碳载体的表面粗糙度拥有多孔表面。

在不考虑炭黑表面有机官能团的条件下，在基于异丙醇的溶剂中，炭黑表现为

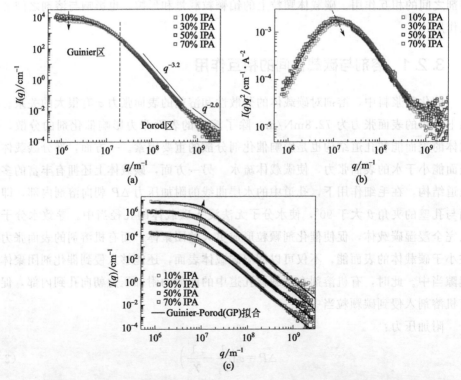

图 3-6　不同水/异丙醇溶剂中碳载体团簇的 SANS 曲线和拟合曲线[5]

从溶剂接收电子对的路易斯酸，因此表现出负的 Zeta 电位，而在水中则相反。当碳载体表面拥有丰富的官能团时，如—SO$_3$H、—NH$_2$ 等，会使上述的 Zeta 电位不再具有上述规律。例如，当—SO$_3$H 在溶剂中发生电解离之后，会使碳载体表面带有负电荷，从而使 Zeta 电位变成负；当—NH$_2$ 在溶剂中与水中的质子形成水和离子，会使官能团带有一个正电荷，从而使碳载体的表面带有一个正电荷，使 Zeta 电位变正。

3.2.2 溶剂对碳载体的润湿行为

根据溶剂和炭黑表面之间的界面作用，可以将溶剂碳载体之间的相互作用分为沾湿、浸湿和表面铺展三种。若溶剂在炭黑界面的接触角小于 180°，则发生沾湿，此时可认为溶剂不能有效地入侵碳载体。当溶剂与碳载体界面的接触角小于 90°时，可以认为溶剂能够浸湿碳载体，此时溶剂可以有效地入侵碳载体。当溶剂与碳载体界面的接触角等于 0°时在理论上溶剂的入侵效果最好。溶剂对碳载体的沾湿过程是碳载体与溶剂的混合体系中，碳载体与空气的固-气界面和溶剂与空气的气-液界面，转变成固-液界面。

$$\Delta G = \gamma_{1-s} - \gamma_{1-g} - \gamma_{s-g} \tag{3-12}$$
$$W_a = \Delta G = \gamma_{1-s} - \gamma_{1-g} - \gamma_{s-g} \tag{3-13}$$

式中，ΔG 为表面吉布斯自由能，J；γ_{1-s} 为液体和固体界面的表面能，J；γ_{1-g} 为液体和气体界面的表面能，J；γ_{s-g} 为固体和气体界面的表面能，J；W_a 为做功，J。

在催化剂浆料中，由于催化剂的密度大于溶剂的密度，更多是发生浸湿现象。在浸湿过程中液体界面没有发生变化，气-固界面转变成固-液界面。

$$\Delta G = \gamma_{1-s} - \gamma_{s-g} = W_a \tag{3-14}$$

除了溶剂对碳载体的浸湿行为，溶剂的极性、黏度、表面张力也是影响碳载体在溶剂中形貌和特征的重要因素。不同的溶剂中，碳载体的分散粒度不同。在乙醇溶剂中，碳载体的粒径分布在 $0.1\sim1\mu m$ 之间，粒径最小。在异丙醇、乙二醇、N-甲基吡咯烷酮等其他溶剂中，碳颗粒的粒度均存在大于 $1\mu m$ 的尺寸。在丙酮中，碳载体的分散效果最差，颗粒的直径大于 $10\mu m$[8]。

3.2.3 碳载体的结构形貌影响

碳载体的比表面积和石墨化程度是碳载体结构和形貌的重要特征。高比表面积的碳载体具有多级的孔道结构，随着碳载体的石墨化程度增加，多级的孔道结构将会塌陷，孔道结构数目减少，碳载体的碳原子排列有序化。高比表面积的碳载体与低比表面积的碳载体相比，在溶剂中形成的颗粒支化程度更大，使碳载体浆料的黏度增加。高比表面积碳载体（HSC）与低比表面积的碳载体（Vulcan）相比，在相同有效体积分数下，高比表面积的碳载体具有更大的黏度。这是因为高比表面积的碳载体在溶剂中形成了多支化结构的团簇结构，增加团簇之间的相互作用，形成的网络结构强度更大。图 3-7 中实线是碳载体的理论体积分数，而虚线是碳载体在浆料中的有效体积分数，碳载体团簇中还有部分结合水，使溶剂中的自由水降低，从而使浆料中碳载体团簇有效体积增加。高比表面积的碳载体与低比表面积碳载体相比，有效体积的增加程度更高，这也说明了高比表面积碳载体更容易与溶剂相结合。

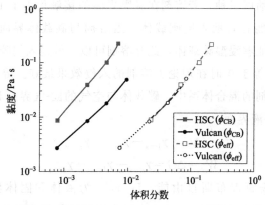

图 3-7 高比表面积碳载体（HSC）和低比表面积碳载体（Vulcan）

的有效体积分数和实际体积分数与黏度的关系[9]

在剪切速率为 $2s^{-1}$ 下进行测试

对碳载体进行酸处理，对载体的石墨化程度影响较小，能增加载体表面含氧官能团 C＝O、O—C＝O 的比例。载体表面含氧官能团的增加，能够增加溶剂与碳载体表面的相互作用，溶剂对碳载体的润湿性越大，接触角越小。碳载体Vulcan 在石墨化处理后，载体表面的含氧官能团会被分解，C＝O、O—C＝O 的比例减少，碳载体表面亲水基的数目降低，与官能团和水分子之间的作用力降低。碳载体在高度石墨化之后，表面极性官能团数目降低，降低的极性官能团与水的相互作用，不利于载体的分散。根据杨-拉普拉斯公式，固体表面的表面能增加会降低水在碳载体表面的接触角，使亲水性增加，有利于载体在溶剂中的分散。

碳载体在表面处理之后官能团带有电位，未处理的碳载体形成的团簇水动力直径为 200nm，表面带有氨基的碳载体形成的团簇的水动力直径约为 150nm，表面带有磺酸基的碳载体形成的团簇的水动力直径小于 100nm[10]。根据 DLVO 理论，碳载体在形成团簇之后，表面的官能团朝向溶剂发生电离，使团簇表面带有电荷，形成 Stern 层。溶剂中的质子或者氢氧根离子，受到静电力的作用，向团簇移动，包裹在碳载体团簇周围形成扩散层。扩散层中存在大量的水。团簇颗粒做布朗运动时，会裹挟扩散层的部分水分。颗粒运动时滑切面与 Stern 层的电势差就是 Zeta 电位。在碳载体的悬浮体中，颗粒表面的 Zeta 电位越大，两个颗粒相互发生碰撞时相互吸附的活化能将提高，从而使颗粒不容易发生团聚和沉降。

3.2.4 溶剂与 Pt 金属颗粒间的相互作用

在催化剂浆料中，溶剂和铂颗粒间的相互作用对浆料的性能也有着重要的影响。溶剂分子会在铂颗粒表面发生物理吸附作用和氧化反应，甚至导致催化剂颗粒的燃烧。铂是重金属元素，纳米级的铂颗粒具很大的表面能，各种溶剂都能吸附在铂颗粒表面，将整个金属表面润湿。润湿的铂颗粒被隔绝了空气，避免了醇分子在空气环境中在铂颗粒表面的氧化作用。例如正丙醇，在催化剂浆料中会被氧化产生醛、酸等有机杂质，从而导致了催化剂浆料的组分发生了变化，浆料中的团簇颗粒发生团聚后沉降，导致了浆料的稳定性降低。

贵重金属对挥发性有机物的催化燃烧作用已经有了很深的研究。铂基催化剂对有机物的催化剂燃烧作用具有很高的活性。影响铂颗粒对有机分子的催化剂催化氧化作用，与铂颗粒的价态、分散度、颗粒大小和载量都有重要的关系。铂颗粒的表面原子为 0 价时，对有机分子的催化作用最为明显，但是，当铂单质被氧化为 +2 价时，铂原子对有机分子的氧化作用降低。在铂基催化剂中加入醇溶剂时，暴露在空气中的催化剂与醇溶剂接触的界面最先发生燃烧作用，而醇溶剂中的催化剂则没有明显的燃烧现象，原因是没有与空气接触。在与醇溶剂混合的过程中，催化剂浆料的温度往往会升高，这说明浆料中依然发生氧化反应。催化剂的碳载体往往具有高比表面积和丰富的孔道结构，在这些孔道中往往存在着空气，所以当醇分子侵入催化剂的孔隙当中时，会形成铂金属、醇和空气的界面，此时便发生氧化反应（图 3-8）。一方面，在制备催化剂浆料时，往往需要使用水将催化剂润湿，但是由于水与催化剂接触时会使浆料中形成絮凝结构，导致部分催化剂包裹在絮凝结构中无法完全润湿。另一方面，水的表面张力较大，很难充分的浸入到孔道当中。

图 3-8　醇分子在催化剂表面发生催化氧化的界面

除了催化剂的催化性能之外，催化剂在碳载体上的分散性、颗粒的大小对反应产生影响。催化剂的分散程度越高、颗粒越小，产生的反应界面就越多，促使反应进行的位置就越多。通常，铂基催化剂还具有不同的金属结构和形状，例如正八面体催化剂，能暴露出更多的 Pt（111）晶面，该晶面的催化剂性能较高。在催化剂颗粒表面，存在缺陷的位置由于暴露出更多的晶面，也具有高的催化作用。所以对于催化性能越高的催化剂，在制备催化剂浆料时越要避免氧化作用的发生。

3.3 离聚物与催化剂的相互作用

质子交换膜燃料电池的催化剂浆料中，溶剂、离聚物和催化剂是其重要的三组分。离聚物在浆料中起到重要的作用，影响浆料的流变特性、稳定性和电化学性能。离聚物与催化剂之间吸附的相互作用，包括离聚物对碳载体的吸附、离聚物对铂颗粒的吸附，都是影响浆料特性和性能的关键因素。因此，探究离聚物对催化剂的吸附作用，要从两方面来讲。第一方面，当离聚物吸附在碳载体上时，碳载体对离聚物的吸附类型，碳载体的物理特性都会对离聚物吸附产生影响。第二方面，碳载体上铂颗粒的物理特性和载量也会影响到离聚物的吸附作用。离聚物链构型和聚集态、催化剂表面化学性质、溶剂种类和组成等对于离聚物在催化剂上的吸附位点、吸附量、吸附模型、吸附层厚度等产生关键影响，如何阐明吸附过程的机理仍是一个挑战性难题。

离聚物链构型和聚集态会改变离聚物和催化剂或碳载体之间的相互作用，从而影响吸附过程。离聚物在催化剂上的吸附模型可以通过吸附等温线研究。Nafion 对碳纳米纤维、多壁碳纳米管、炭黑、Pt/C 的吸附在其低浓度时符合 Langmuir 单层吸附等温线，而浓度高时发生多层吸附。然而，这些吸附模型并不具有普适性，因为有关离聚物在催化剂上吸附的作用力的研究结果存在差异。导致离聚物在炭黑表面吸附的作用力包括范德华引力和静电力，离聚物吸附在催化剂上还会引入空间位阻作用。离聚物在催化剂上的吸附位点也是一个重要参数，离聚物支链上的磺酸基与醚基上的氧原子孤对都会吸附在 Pt 上，相较于碳载体，离聚物对 Pt 有吸附偏好（图 3-9）。相比于磺酸基团与 Pt 催化剂之间的相互作用，离聚物主链对碳表面的疏水作用是催化剂浆料中的主导力量。

图 3-9 离聚物在碳载体和铂颗粒上的选择性吸附

3.3.1 碳载体对离聚物的吸附作用

碳载体表面的原子和分子因结构或者种类的差异，会导致载体表面的力场不均衡，所以不同的碳载体表面张力和表面能都有差异。与液体相比，碳载体表面的碳原子是不能移动的，所以载体不容易变形。从热力学角度来讲，碳载体表面的不均匀性和缺陷，使其拥有降低表面自由能的趋势，这是载体对离聚物吸附的根本原因。离聚物在碳载体表面的吸附行为，和离聚物的类型有重要的关系。离聚物的EW值，是决定离聚物物理特征的关键因素（表 3-1）。选用不同极性侧链的离聚物，研究离聚物在碳载体上的吸附规律，当达到吸附平衡时，对离聚物的吸附量和吸附厚度，对于催化剂浆料的性能产生决定性的影响。

表 3-1　不同型号离聚物的 EW 值

离聚物型号	EW/(g/mol SO$_3$H)
Ionomer	650±20
Aquivion® D72-25BS	720±20
Aquivion® D79-25BS	790±20
Aquivion® D83-24B	830±20
Aquivion® D98-25BS	980±20

离聚物在碳载体上吸附使用朗缪尔吸附模型：

$$\Gamma_{eq} = \frac{\Gamma_{sat} k c_{eq}}{1 + k c_{eq}} \tag{3-15}$$

式中，Γ_{sat} 为离聚物吸附达到饱和时的表面吸附量，g/g；Γ_{eq} 为离聚物吸附达到平衡时的表面吸附量，g/g；c_{eq} 为吸附达到平衡时，溶剂中离聚物的平衡浓度，g/L；K 为吸附平衡常数。

对于溶液中离聚物浓度的测试，常采用过滤和离心两种方式。实验证明，两种处理方式都能准确地对离聚物的含量进行测试，对离聚物浓度没有显著影响，并根据线性曲线，得到溶液中离聚物的含量和溶液密度的关系。

$$\rho = m c_{eq,PFSA} + \rho_0 \tag{3-16}$$

式中，ρ 为吸附平衡时离聚物溶液的测试密度，g/cm^3；$c_{eq,PFSA}$ 为吸附平衡时离聚物溶液的浓度，g/L；ρ_0 为纯溶剂的密度，g/cm^3；m 为曲线的斜率。

离聚物在碳载体上的吸附属于物理吸附，受吸附热力学和动力学的影响。离聚物在碳载体达到吸附动态平衡，需要一定的时间。根据研究，超过 24h，离聚物才能在碳载体上达到吸附平衡，此时浆料体系中的热力学自由能才降到最低，体系更稳定。

碳载体的表面具有丰富的表面缺陷，这些表面缺陷的存在会对离聚物的吸附作用产生重要的影响。同时，离聚物不仅具有不同的 EW 值和大范围的摩尔质量，要使用不同 EW 值的离聚物研究其在碳载体上吸附现象。在稀溶液中，研究离聚物对碳载体中的吸附行为，可以通过朗缪尔模型来拟合，这种吸附模型属于单层吸附，使吸附模型具有可靠性。在众多催化剂浆料中，喷涂所需的催化剂浆料固含量要求最低，浆料中离聚物的分布与稀溶液相似。因此使用朗缪尔单层吸附模型，对研究喷涂浆料是合适的。根据吸附现象，随着离聚物 EW 值的提高，吸附平台所对应的浓度提高，因为碳载体与离聚物的主链发生吸附，EW 值越高，离聚物分子链中主链占的比例就越大，离聚物在碳载体中的吸附作用就越强。同时，更多的侧链在溶剂中伸展，侧链端的磺酸根开始与溶剂相互作用，发生解离。

当离聚物侧链上的磺酸根与溶剂发生解离时，使离聚物团簇带有负电荷。当离聚物表面吸附量增加时，离聚物带的负电荷发生聚集，电荷密度增加，碳载体表面的负电位降低。在催化剂浆料体系中，根据 DLVO 理论，当碳载体颗粒表面的负电位越低时，催化剂团簇之间的相互排斥力增加，悬浮体系更稳定[11]。

碳载体对不同 EW 值的离聚物的吸附强度，就是决定离聚物的附着稳定性，也是影响浆料稳定的关键因素。使用不同振动对浆料进行作用，离聚物的吸附量不会发生明显变化，这是因为催化剂对—SO_3H 基团吸附的总量是相似的。在低离聚物浓度范围内，离聚物在催化剂上的吸附很难达到平衡，此时浆料的稳定性较差，并不比不含离聚物的炭黑分散体好。当离聚物在催化剂表面的吸附量足够形成单分子层时，浆料中催化剂团簇颗粒的表面电位中心稳定，能够增加浆料的沉降稳定性。因此，可以得出结论，催化剂团簇吸附的—SO_3H 的吸附量，影响表面电位的演化，对沉降稳定性有很强的影响。

碳载体对离聚物的吸附层厚度也与离聚物的团簇大小相关（图 3-10）。当离聚

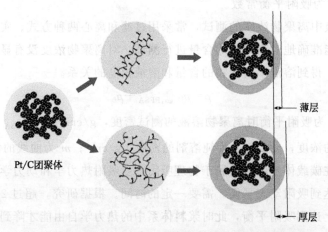

图 3-10　离聚物的分散状态与吸附层厚度之间的关系示意

物在溶剂中形成的团簇较小时，如在高介电常数的溶剂中，离聚物的主链和侧链能够充分分离，形成的离聚物团簇颗粒更小，会导致离聚物在碳载体上更均匀地吸附，降低离聚物吸附层的厚度[12]。

3.3.2　碳载体的比表面积影响

上文讲到碳载体对不同类型的离聚物具有吸附的差异性，同理，不同的碳载体也会导致其对离聚物吸附的差异性。离聚物的比表面积对吸附具有最重要的影响。根据碳载体在吸附前后比表面积的变化，可以推断出表面吸附量的多少。炭黑（carbon black，CB）具有最大的比表面积和最复杂的孔径结构，在负载铂颗粒以后，比表面积稍有降低，但是，在吸附离聚物后，催化剂的比表面积大幅度降低。这是因为离聚物会在碳载体表面形成膜，从而使部分孔道结构被堵住。

与炭黑相比，型号为 AB800 的碳载体没有更复杂的孔道结构，表面负载铂颗粒之后比表面积也会降低，负载吸附离聚物后比表面积也会大幅度减小。石墨化炭黑（graphitized carbon black，GCB）和型号为 AB250 本身的比表面积就很小，吸附离聚物后也降低比表面积，但下降趋势较小。从上述可以看出，碳载体的表面面积越大，对离聚物的吸附能力越强。另外，离聚物在浆料中，不仅会吸附在碳载体的表面，而且部分小的离聚物团簇，能够进入碳载体的孔隙当中，进行吸附。从孔径分布来看，碳载体存在的载铂会阻塞孔道，离聚物吸附在碳载体表面，进入碳载体的孔径，也会降低比表面积[13]。

离聚物与碳载体之间的相互作用还影响着浆料的流变特性。对于比表面积较小的碳载体，离聚物更容易在碳载体表面形成稳定均匀的吸附层，从而使浆料的黏度迅速降低（图 3-11）。在低比表面积碳载体与离聚物配制的浆料中，随着 I/C 的提高，离聚物吸附在碳载体上，使碳颗粒团簇破碎分离，降低浆料的黏度。随着碳载体对离聚物吸附量的增加，碳载体的破碎程度到达了极限，载体表面对离聚物的吸

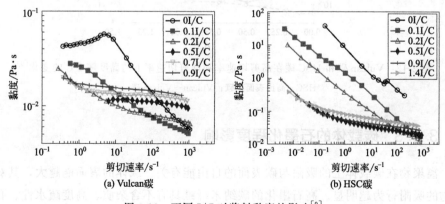

图 3-11　不同 I/C 对浆料黏度的影响[9]

附也达到了平衡，此时更多离聚物的加入反而增加了浆料的有效体积。离聚物在浆料中产生的空间位阻特性和溶剂化特性使浆料的流动摩擦力增加，从而使浆料的黏度增加。

在高比表面积的碳载体浆料当中，随着离聚物含量的增加，浆料的黏度也是先减小后增加。低比表面积的碳载体浆料当中，I/C 为 0.1 时，浆料的黏度就降到最低。而在高比表面积的碳载体浆料中，I/C 为 0.5 时，浆料的黏度才降到最小，此后，浆料黏度逐渐增加的原理相似。

在不同剪切速率下分别测试不同 I/C 的碳载体浆料的黏度。低剪切速率下，两种浆料的黏度都随着 I/C 的增加而降低。说明了离聚物的增加，有效地减小了浆料中存在的网络结构的强度。在低剪切速率下，很难破坏浆料中团簇的形貌，但是可以使部分网络结构被破坏，使团簇发生有序排列。低比表面积碳载体浆料本身黏度小，浆料中存在的网络结构微弱，颗粒容易发生移动，因此 I/C 比的增加影响较小。而高比表面积的浆料中，碳载体颗粒产生支化行为，碳载体形成的团簇支链更多更长。所以在低剪切速率下，浆料中的网络结构被破坏，同时使碳载体团簇有序化排列。在高剪切速率下，影响浆料黏度的因素不再是浆料中存在网络结构，碳载体团簇颗粒开始发生破碎，使浆料中固体颗粒的有效体积分数增加，从而随着 I/C 的增加，浆料的黏度增加（图 3-12）。

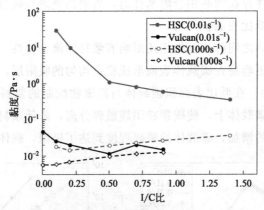

图 3-12　Vulcan 碳和 HSC 碳在高剪切速率和低剪切速率下的黏度随 I/C 的变化[9]

HSC—高比表面积碳；Vulcan—Vulcan 碳

3.3.3　碳载体的石墨化程度影响

离聚物在碳载体上的吸附与碳表面的自由能有关，载体的表面能越大，其对离聚物的吸附行为越明显。高石墨化的碳纳米纤维具有不含杂质、高度疏水性、孔隙率低的特点。当离聚物与碳载体相互作用时，疏水氟碳主链更有可能优先吸附在其表面。当进行轻微的化学氧化时，碳载体的原结晶度轻度受损，疏水-疏水相互作用的强度降低，吸附平衡常数降低。当碳载体表面的氧化程度进一步提高后，碳载体表面的含氧官能团成为离聚物主链吸附的阻碍，表面含氧官能团与离聚物形成弱亲水-亲水的相互作用，使碳载体的吸附平衡常数降低。当碳载体表面的化学氧化进一步加剧后，表面含氧官能团的比例增加，此时碳载体表面的吸附机理发生改变。吸附机理变成离聚物的亲水基于碳载体表面的亲水基相互作用，使碳载体对离聚物的吸附平衡常数增加。同时，在碳载体表面氧化作用的条件下，载体上出现缺陷位点，这也为离聚物与碳载体的亲水作用做出贡献。总的来说，碳载体的最大表面覆盖随着化学处理强度的增加而降低，这表明尽管碳载体的比表面积变化可以小，但离聚物离子吸附的空间较小。这意味着由于化学处理，离聚物的空间吸附障碍或填料效率降低（图 3-13）[14]。

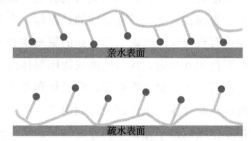

图 3-13　离聚物在不同载体表面的不同类型的吸附行为

3.3.4　碳载体的表面官能团影响

碳载体在进行表面化学腐蚀之后，会形成新的官能团，对于碳载体表面的腐蚀氧化处理，常使用硫酸、硝酸等。碳载体的表面化学腐蚀作用，对载体的比表面积、石墨化程度会产生轻微的影响，会使载体表面产生缺陷，形成部分的介孔。在碳载体表面氧化之后，会出现磺酸基、氨基等官能团。磺酸基在溶剂中发生电离带负电荷，而氨基拥有孤电子对能够与溶剂中的质子结合而带正电荷。碳载体在未进行表面处理时，在溶剂中形成的团簇颗粒基本不带电。当对碳载体表面改性添加氨基后，碳载体团簇带正电荷。而对碳载体表面使用磺酸基改性后，使碳载体表面带有负电。同时，碳载体的表面改性使表面能增加，尤其是磺酸基的引入，使碳载体的表面能从 $90.4\mathrm{mJ/m^2}$ 升到 $208.6\mathrm{mJ/m^2}$（图 3-14）。

碳载体表面改性之后，在含有离聚物的浆料中，碳载体团簇颗粒的颗粒变化受到离聚物与碳载体相互作用的影响。表面未改性的碳载体与溶剂的悬浮体中，加入离聚物，使团簇颗粒的水动力直径增加。因为加入离聚物离子/粒子后，在离聚物

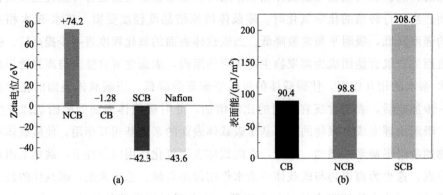

图 3-14　不同表面官能团的碳载体的 Zeta 电位和表面能[10]

CB—炭黑；NCB—带有氨基官能团的炭黑；SCB—带有磺酸基官能团的炭黑

与碳载体之间引入另一种范德华力，使离聚物表面吸收更多的炭黑粒子，这样将使碳载体聚集体增长更大。表面带有氨基的碳载体的悬浮体，在加入离聚物之后团聚更加严重，因为离聚物带有负电荷，而碳载体表面的氨基水合离子带有正电荷，静电力使碳载体团簇与离聚物相互吸附，从而使离聚物团聚体的粒径长大。表面带有磺酸基的碳载体悬浮体，在加入离聚物溶液后，碳载体和离聚物都带有负电荷，静电斥力使离聚物和碳载体相互排斥，阻止碳载体的团聚。

　　离聚物与炭黑的相互作用依赖于范德华和静电力，这是由炭黑的不同表面官能引入的。溶液中离聚物和炭黑聚集体之间的范德华力占主导地位，因为炭黑的表面电荷可以忽略不计，这使得静电力不占主导地位，范德华力将使炭黑聚集体稍微变大一些。通过引入不同的官能团，可以显著改变相应的炭黑表面的表面亲水性，从而改善了炭黑表面的电荷基团，避免团聚。

3.3.5　铂颗粒对离聚物的吸附作用

　　离聚物分子与铂颗粒的吸附使离聚物侧链上的含氧基团与金属离子相互作用。影响离聚物与铂颗粒表面吸附强度、吸附量和吸附厚度的因素，和铂颗粒的形貌、缺陷和表面能都有很大的关系。对于纯铂的催化剂颗粒，Pt 晶面对氧原子的结合更高，而引入过渡金属之后，会降低 Pt 晶面与氧原子之间的结合能，从而降低铂颗粒与离聚物（含氧官能团）之间的相互作用。除了球形和八面体形的铂金属颗粒，还有正四面体形、二十四面体等多面体。其中暴露出 Pt 晶面包括 Pt(111)、Pt(200)、Pt(110)、Pt(220) 等，不同的晶面与氧原子的结合能都不一样，导致对离聚物吸附的强度也不同。除此之外，铂纳米丝、纳米棒，由于结构和暴露的晶面不同，对离聚物的吸附行为也存在着差异。离聚物上的氧原子与铂晶面相互吸附时，离聚物的侧链朝向铂颗粒，而主链朝向溶剂，同时碳载体上也存在部分极性官能团，离聚物的亲水基与碳载体表面的亲水基也存在分子间作用力，所以离聚物的侧链上含氧官能团在催化剂碳载体和铂颗粒之间的吸附是选择性的[15]。

除了铂颗粒的结构和形貌，碳载体上的铂载量也是影响吸附的关键因素。根据铂载量的不同，离聚物在催化剂上的吸附密度和覆盖厚度都不同。根据前人的研究，随着铂载量的提高，催化剂对离聚吸附的密度降低，而离聚物覆盖层的厚度增加。侧链中的末端磺酸基与铂催化剂之间有很强的相互作用，离聚物分子的数量随着吸收层厚度的增加而增加。一方面，低铂载量的催化剂表面，暴露出碳原子层，在富水介质中离子聚体主链和碳载体表面之间的疏水相互作用，使离聚物吸附在催化剂表面。当催化剂的铂载量更低时，催化剂对离聚物的吸附使离聚物主链与碳载体之间疏水作用力起主要作用。当铂载量增加时，碳载体表面的铂颗粒密度增加，抑制离聚物主链与碳载体之间的吸附。尽管碳载体表面铂颗粒分布密度的增加使离聚体分子保持在催化剂粒子附近，但是吸附作用力降低，使吸附层的密度降低[16]。

3.4　催化剂浆料各组分间的相互作用

3.4.1　离聚物在催化剂浆料中的行为

离聚物在催化剂浆料中承担多种角色，在催化剂浆料的分散过程中，离聚物就起到减水剂的作用。离聚物起到的减水作用与催化剂团簇表面电位有着直接的联系。在催化剂浆料中，存在于颗粒之间的相互作用力主要包括范德华引力和静电力。范德华引力使催化剂团簇形成团聚、絮凝等结构，而静电力有时则有助于催化剂团聚体的分散。离聚物起到减水作用的实质是，释放出催化剂团簇或者絮凝结构中的结合水，使浆料中自由水的比例增加，从而增加浆料的流动性，降低浆料的流动摩擦。当催化剂团簇表面的电位相同时，团簇颗粒之间存在静电斥力，使颗粒分散，将结合水释放。当然，这也是离聚物在催化剂浆料中能起到分散性的关键原因。除此之外，离聚物吸附在催化剂团簇表面，支化行为使离聚物在催化剂团簇颗粒之间起到空间位阻作用，阻止颗粒的团聚，从而起到分散作用。

离聚物吸附在催化剂团簇颗粒表面之后，会与催化剂团簇形成核壳式结构，离聚物在催化剂团簇表面形成一层薄膜。在薄膜中，离聚物的主链由于疏水作用力与碳载体相互吸附，而离聚物侧链上的极性基团，与溶剂相互作用，舒展在溶剂中。侧链端点的磺酸基，在介电常数较高的溶剂中更容易发生解离，从而使离聚物的溶剂化作用加剧。由于催化剂团簇颗粒被离聚物所包裹，可以将整个颗粒看作溶剂化的颗粒。所以，离聚物的溶剂化作用和离聚物分子中磺酸基的比例、溶剂的物理特性，都有着重要的联系。离聚物在催化剂团簇表面的吸附量越大，侧链的解离度越高，磺酸基结合的水分子就越多，离聚物分散性就越强。

3.4.2 催化剂浆料中团簇颗粒凝聚行为

存在于催化剂浆料中的凝聚行为，其实质是胶体颗粒在范德华力、氢键作用、疏水作用力等作用力的共同作用下，使催化剂团簇颗粒发生结合作用。在催化剂浆料中催化剂团聚体之间会在溶剂中发生凝聚结合，在加入离聚物后，离聚物和催化剂团聚体也会发生凝聚作用。凝聚结构与催化剂团簇颗粒的尺寸、形貌有关，同时，也受催化剂团簇表面离聚物的水化作用的影响。离聚物在不同物理特性的溶剂中，会导致催化剂团簇的水化行为多样化，形成的凝聚结构将持续变化。

催化剂浆料流变学行为，与浆料内部各组分间的相互作用有着重要的联系。催化剂、离聚物和溶剂三组分之间的相互作用，决定催化剂团簇颗粒的形貌特征，从而影响到浆料的流变学性能。对于催化剂浆料中存在的团簇颗粒，使用光学设备直接进行观测。对于固含量较高的催化剂浆料，通常采用先稀释后观测的方案，以便获得清晰的团簇形貌。通常，使用扫描电子显微镜（SEM）和透射电子显微镜（TEM）来观测团簇的形貌结构，也可以利用小角中子散射的方法，对浆料中团簇的形貌进行测试。

在光学显微镜下观测到催化剂团簇的显微结构，团簇组成三维网络絮凝结构，内部包裹着絮凝水。降低固含量之后絮凝结构依然存在。离聚物加入后，部分絮凝结构解体，催化剂颗粒分散程度明显改变。离聚物对于催化剂浆料的分散性是具有匹配性的。当催化剂浆料中使用的催化剂在溶剂中不带电时，离聚物会吸附在催化剂的表面，从而使催化剂团簇颗粒带有负电荷。团簇颗粒之间受到静电斥力的作用，使催化剂团簇更加分散。当催化剂颗粒在溶剂中带有负电荷时，催化剂与离聚物之间同时存在疏水作用力和静电斥力，离聚物与催化剂颗粒的吸附行为变得复杂。当催化剂颗粒在溶剂中带有正电荷时，离聚物主链因为疏水作用力吸附在碳原子上，带有氧原子的侧链，则因为静电引力和铂颗粒与氧原子的结合力也稳定地吸附在催化剂颗粒上。因此，对于离聚物作为减水剂的研究，是需要与离聚物的催化剂颗粒的物理特性相匹配的。

在没有离聚物的催化剂浆料中存在大量的大体积絮凝结构，小体积絮凝结构大多附着在大体积絮凝结构上，大小絮凝结构相互搭接形成三维网络状絮凝结构，絮凝结构体积随离聚物含量增强而减小。在低固含量的催化剂浆料中，离聚物在催化剂表面的吸附等温线通常被认为服从 Langmuir 单层吸附方程，离聚物在催化剂表面的吸附曲线通常会出现吸附平台，随离聚物的浓度的增长吸附量也会增加，直到达到吸附饱和。当催化剂浆料中组分固定时，离聚物的吸附量和分子结构，包括主链长度、侧链密度以及侧链长度等有关。离聚物在催化剂上的吸附量也和载体与催化剂的相互作用有关，离聚物主链和碳载体的相互作用越强，离聚物吸附的量越大。

3.4.3　催化剂浆料的微观结构

目前被广泛接受的催化剂浆料胶体的微观结构模型，是多层次结构，多长度尺度的。经典结构模型是，铂颗粒随机分布在碳载体上组成催化剂，上面覆盖着一个薄薄的离聚物离子膜。催化剂聚集体的碳载体具有初生孔，进一步聚集形成更大的团聚体形成次生孔。经典分子动力学模拟表明，离聚物薄膜在燃料电池催化剂浆料中覆盖 Pt/C 聚集体是不规则的，并且离聚物密集排列的带电侧链形成一个薄膜表面高度有序的阵列。

最近研究发现燃料电池膜电极中离聚物薄膜显示出的表面极性，导致在水溶液中具有较高的电子接受和供质子特性。催化剂浆料中，Pt/C 聚集体和离聚物的形态与分布，对其性能有巨大的影响。由此催化剂浆料制造的 MEA 并组装的燃料电池的性能，与催化剂浆料胶体的结构息息相关。这些研究结果表明，提升催化剂浆料的性能，关键在于分散介质的极性、表面张力和介电常数等因素的控制。

催化剂浆料中团簇的结构特征和离聚物与溶剂的共同作用有着重要的关系（图 3-15）。在测试范围内，离聚物的散射强度分布显示了三个不同的 q 区域：一个高 q 区域（$1 \times 10^8 \mathrm{m}^{-1} < q < 3.6 \times 10^9 \mathrm{m}^{-1}$），一个中 q 区域（$1 \times 10^7 \mathrm{m}^{-1} < q < 1 \times 10^8 \mathrm{m}^{-1}$）和一个低 q 区域（$7 \times 10^6 \mathrm{m}^{-1} < q < 1 \times 10^7 \mathrm{m}^{-1}$）。高 q 区域对应于棒状离聚物纳米颗粒，而中 q 和低 q 区域对应于离聚物结构。曲线拟合并没有收敛，这表明催化剂浆料的结构不是简单的核壳颗粒的结构。因此，假设催化剂浆料的结构由随机分布的碳聚集体（核心）组成，有一层随机分布的离聚物纳米壳，离聚物链段通过碳聚集体的空隙（主孔）渗透，形成分形连通性。通过催化剂浆料中碳聚集体渗透的离聚物结构的回旋半径随着分散介质中异丙醇含量的降低而降低，这支持了碳载体-离聚物相互作用的系统变化，导致观察到的碳载体-离聚物团簇的核壳的结构变化[5]。

催化剂浆料中碳载体的比表面积越大，则催化剂油墨的黏度也越大，而石墨化

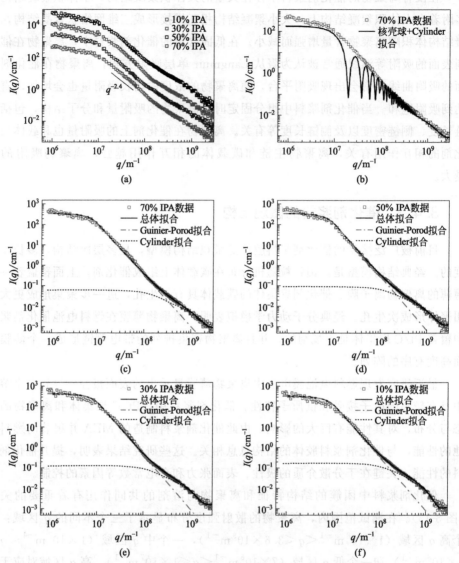

图 3-15　IPA-d/D_2O 混合溶剂作为分散介质制备的催化剂浆料的
SANS 和 USANS 组合强度曲线以及它们各自的模型函数拟合[5]

程度低、比表面积较小的催化剂制备的催化剂浆料黏度则较小。随着石墨化程度的降低，催化剂的比表面积也越大，催化剂团聚体相互接触从而产生凝聚的趋势会越强，使得粒子间的相互作用力变强，从而降低了浆料的流动性，而且具有强凝聚性的浆料团簇间以及催化剂团聚体的表面会包藏更多的液体，使有效固相分率变高，从而使浆料的黏度变高。

　　空气中催化剂颗粒发生二次团聚，形成的颗粒粒径处于微米级的粉体材料，在分散过程中催化剂颗粒会发生高速的不规则运动，当催化剂颗粒处于液体中时，这种运动会更加剧烈，即布朗运动，布朗运动会导致催化剂颗粒之间碰撞絮凝在一起。催化剂属于超细粉体，颗粒粒径很小，比表面积很大，因此催化剂颗粒之间就可以通过其表面分子或者原子的范德华力就会很显著，导致催化剂颗粒相互絮凝在一起。同时，在催化剂浆料的组分中，离聚物和溶剂中含有大量的氢原子，催化剂团聚体、离聚物、溶剂两两之间容易以氢键结合，形成絮凝体。浆料中存在的絮凝状态有两种，分别为催化剂团簇间的絮凝、催化剂团簇与离聚物之间的絮凝。目前，对于催化剂团簇絮凝结构的研究相对很少，可以采用光学显微镜或者电子显微镜展开研究。采用光学显微镜手段需要对催化剂浆料进行高倍稀释，不仅需要催化剂浆料中团簇的原位状态，进行冷冻处理，还因为研究过程比较繁琐，视野局限性很大，会导致催化剂团簇絮凝颗粒原位状态的研究不能有效的进行。因此，对于不同固含量的催化剂浆料，应当制订不同的研究手段。

固含量是指催化剂浆料固体的质量，是影响浆液性能的一个重要参数。固含量改变时，浆液中的溶剂发生了变化，进而影响了流动性、黏度、浆液中催化剂团簇颗粒絮凝程度。固含量越高的催化剂浆料，溶剂所占的比例越少，催化剂浆料中产生的絮凝结构也就越多。降低催化剂浆料的固含量之后，能够增加催化剂浆料的流动性，在水动力的作用下可以破碎浆料中存在的絮凝结构。催化剂浆料中存在的絮凝结构将直接影响到催化剂浆料的涂布性能和化学性能。除了流变学外，DLVO理论也是广泛应用于悬浮体研究的常见理论。

DLVO理论是于20世纪40年代初提出并发展的，它非常清晰地描述了胶体溶液的稳定性原理。在经典DLVO理论中，范德华相互吸引力和静电相互排斥力是溶胶粒子间主要的两种作用力，当粒子相互吸附碰撞时，粒子的稳定性就取决于这两种完全相反的作用力大小。这两种作用力的大小与粒子的电解质浓度、表面电荷等有关。固含量高的催化剂浆料中，经典DLVO理论很难完全表征浆料中催化剂团簇间的相互作用。因此，在经典DLVO理论基础之上还要引入空间位阻的作用，即x-DLVO理论。x-DLVO理论主要描述了催化剂团簇颗粒间范德华力、静电排斥力与空间位阻的作用之间的关系。催化剂团簇颗粒间静电排斥力主要与团簇所带电荷相关，团簇颗粒间相互作用力主要与催化剂团簇颗粒表面吸附的离聚物有关。催化剂团簇有着非常复杂的组成和结构，有许多因素都能够影响其表面电荷。催化剂团簇所带电荷直接影响着团簇间的相互作用，当改变催化剂浆料的固含量时，催化剂团簇分散程度和距离发生变化，范德华吸引作用力、静电力、氢键作用，都将发生变化。

参考文献

[1] Ngo T T, Yu T L, Lin H-L. Influence of the composition of isopropyl alcohol/water mixture solvents in catalyst ink solutions on proton exchange membrane fuel cell performance[J]. Journal of Power Sources, 2013; 225: 293.

[2] Makoto Uchida Y A, Nobuo Eda, Akira Ohta. New preparation method for polymer-electrolyte Fuel Cells[J]. The Electrochemical Society, 1995; 142（2）: 463.

[3] Welch C, Labouriau A, Hjelm R, et al. Nafion in dilute solvent systems: dispersion or solution? [J]. ACS Macro Letters, 2012; 1: 1403.

[4] Yamaguchi M, Matsunaga T, Amemiya K, et al. Dispersion of rod-like particles of nafion in salt-free water/1-propanol and water/ethanol solutions[J]. J Phys Chem B, 2014; 118: 14922-14928.

[5] Balu R, Choudhury N R, Mata J P, et al. Evolution of the interfacial structure of a catalyst ink with the quality of the dispersing solvent: a contrast variation small-angle and ultrasmall-angle neutron scattering Investigation[J]. ACS Appl Mater Interfaces, 2019; 11: 9934.

[6] 吴其晔. 大分子溶致凝聚过程中的几个分界浓度[J]. 高分子通报, 2013; 6: 1.

[7] Dobrynin A, Rubinstein M. Theory of polyelectrolytes in solutions and at surfaces[J]. Progress in Polymer Science, 2005; 30: 1049.

[8] Raghunandan Sharma L G-M, Shuang Ma Andersen. Influence of dispersion media on Nafion® ionomer distribution in proton exchange membrane fuel cell catalyst carbon support [J]. Materials Chemistry and Physics, 2019; 226: 66.

[9] Khandavalli S, Park J H, Kariuki N N, et al. Rheological investigation on the microstructure of fuel cell catalyst Inks[J]. ACS Appl Mater Interfaces, 2018; 10: 43610.

[10] Yang F, Xin L, Uzunoglu A, et al. Investigation of the interaction between nafion ionomer and surface functionalized carbon black using both ultrasmall angle X-ray scattering and cryo-TEM[J]. ACS Appl Mater Interfaces, 2017; 9: 6530.

[11] Yang D, Guo Y, Tang H, et al. Influence of the dispersion state of ionomer on the dispersion of catalyst ink and the construction of catalyst layer[J]. International Journal of Hydrogen Energy, 2021.

[12] Kim T-H, Yi J-Y, Jung C-Y, et al. Solvent effect on the nafion agglomerate morphology in the catalyst layer of the proton exchange membrane fuel cells[J]. International Journal of Hydrogen Energy, 2017; 42: 478.

[13] Park Y-C, Tokiwa H, Kakinuma K, et al. Effects of carbon supports on Pt distribution, ionomer coverage and cathode performance for polymer electrolyte fuel cells[J]. Journal of Power Sources, 2016; 315: 179.

[14] Andersen S M, Borghei M, Dhiman R, et al. Adsorption behavior of perfluorinated sulfonic acid ionomer on highly graphitized carbon nanofibers and their thermal stabilities [J]. The Journal of Physical Chemistry C, 2014; 118: 10814.

[15] Xiaoqing Huang Z Z, Liang Cao, Yu Chen, et al. High-performance transition metal-doped Pt3Ni octahedra for oxygen reduction reaction[J]. SCIENCE, 2015; 348.

[16] Yoshimune W, Harada M. Effect of Pt koading on the adsorption of perfluoro-sulfonic acid ionomer in catalyst ink for polymer electrolyte fuel Cells[J]. Chemistry Letters, 2019; 48: 487-490.

[15] Perez C, Tornow K, Rahimpour E, et al. Effects of carbon support materials on the production, transfer surface and capacitance performance in polymer electrolyte fuel cells[J]. Journal of Power Sources, 2018: 388-179.

[16] Prez G E, Sonkera T, Oliman E, et al. Addressing the stability of particulated surfaces studies on binary modified catalyst layers and their structural stability characteristics[J]. Journal of Power...

[16] Xuqiong, Shoun Y Z, Shan Gao, Yu Chen, et al. High performance transition metal-doped PtM catalysts for oxygen reduction reaction[J]. SCIE: 3, 2018: 288.

[16] Yoshizume W, Harada M, Ishana B, et al. On the electrochemical method... acid between Pt catalyst layer, polymer electrolyte a multidoped[J] Chemistry Letters 2018: 46, 8r-92.

催化层的微结构由浆料中团聚体的结构及浆料干燥过程共同决定，目前燃料电池发展要求膜电极低铂化，对于低铂载量电极，其局部体积电流密度较高，微尺度传输电阻占主导地位，因此需要提高电极微结构中铂的利用率，从而降低催化层内的质量传输损失。催化剂浆料中团聚体的形态决定着铂的利用率，团聚体尺寸过大，铂利用率较低，催化剂质量活性降低，同时团聚体尺寸较大易发生浆料沉降，使浆料加工性能恶化，催化层一致性降低[1-3]。

催化层制备过程对催化剂浆料稳定性提出了要求，因此燃料电池催化剂浆料稳定性也是浆料特性重要的一部分。对于膜电极的喷墨印刷工艺和喷涂工艺，大尺寸的团聚体可能会堵塞喷嘴；对于狭缝挤出涂布等大型生产过程，较长的存储过程也要求浆料稳定性提高。在本章中，关注催化剂浆料团簇的沉降和团聚行为，沉降是指团簇在重力作用下向容器下层迁移，导致体系内产生浓度梯度的过程，团聚是指团簇结合成更大团簇的过程（图4-1）。

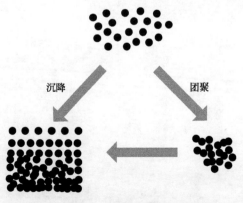

图 4-1 催化剂团簇沉降与团聚示意

4.1 浆料团簇的沉降过程

一方面，催化剂浆料分散体系中团簇与分散介质的密度并不相等，因此在重力场中团簇将发生沉降，导致分散体系不稳定。另一方面，如果团簇足够小，甚至分散相为单一催化剂颗粒，则根据热力学第二定律，颗粒无序分布于它们所能占据的整个体系时熵最大，因此催化剂颗粒趋于均匀分布。当体系存在分布不均匀时，将有一个驱动力促使体系自发均匀，这个驱动力即浓度差，而自发均匀过程就是扩散过程。在实际的催化剂浆料体系中，存在着沉降与扩散过程的对抗，并且沉降过程和扩散过程都非常依赖于团簇的大小。描述胶体分散体系的沉降规律的理论有 Stokes 定律，而描述扩散规律的有 Fick 定律。本节将以这两个定律为中心讨论沉降和扩散及其平衡[4]。

4.1.1 浆料团簇的沉降理论

在重力场中，催化剂团簇密度大于分散介质密度，在重力的作用下发生沉降，使得催化剂团簇向体系下部富集。对催化剂浆料体系进行分析时可以将催化剂团簇假定为体积为 V，密度为 ρ_1 的球形质点，浸没在密度为 ρ_2 的流体中，则其受力为重力 F_g 和浮力 F_b，因此：

$$F_净 = F_g - F_b = V(\rho_2 - \rho_1)g \tag{4-1}$$

由于浆料溶剂对团簇具有黏滞阻力，当该球形质点所受净力与黏滞阻力相等时，质点达到均匀沉降，当沉降速度较低时，黏滞阻力与沉降速度 $v_沉$ 成正比：

$$F_v = f v_沉 \tag{4-2}$$

式中，f 为摩擦阻力因子，于是：

$$V(\rho_2 - \rho_1)g = f v_沉 \tag{4-3}$$

$$m\left(1 - \frac{\rho_1}{\rho_2}\right)g = f v_沉 \tag{4-4}$$

式中，m 为质点的质量。该式作为沉降的一般形式适用于任何形状的质点，它明确的是无溶剂化效应时质点沉降速度与 m/f 之间的关系。

Stokes 从流体力学理论导出了球形质点在流体介质中运动时所受到的阻力 F 为

$$F = 6\pi\mu a v \tag{4-5}$$

式中，μ 是流体介质的黏度；a 为球体的半径；v 为定常速度。因此沉降速度可得到为：

$$v = \frac{2(\rho_2 - \rho_1)ga^2}{9\mu}$$ (4-6)

对于球形质点，可以通过上式求出沉降速度，但是由于催化剂颗粒的溶剂化效应和非球形质点效应，上式求得的沉降速度并非质点的真正沉降速度。如果颗粒发生溶剂化，而溶剂的密度低于质点密度，则质点的实际密度低于其未发生溶剂化时，从而其沉降速度减慢，即阻力因子增加。

4.1.2　浆料团簇的扩散

根据热力学第二定律，分散体系中分散相无序分布在体系内整个空间时熵最大，因此平衡时，颗粒趋于均匀分布。反之如果体系内质点分布不均匀，则将有一个推动力使得其自发均匀分布，这个推动力就是浓度差，而自发均匀过程就是通常所说的扩散。

如图 4-2 所示，假设催化剂浆料中发生沉降后，在容器内产生了两个不同浓度的区域，被一个假象的多孔塞隔开，则浆料将从高浓度的一方自发向低浓度一方迁移，直至达到平衡，即浓度相等[5]。

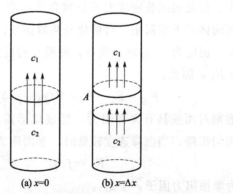

图 4-2　两个不同团簇浓度的浆料被一个多孔塞隔开的情形

设多孔塞的厚度 x 为 0，面积为 A，流过多孔塞的催化剂团簇质量为 Q，则 Q/A 的变化率为穿过边界的催化剂团聚体质量，用 J 表示：

$$J = \frac{\mathrm{d}(Q/A)}{\mathrm{d}t}$$ (4-7)

在时间间隔 Δt 内穿过截面 A 的催化剂团簇数量为：

$$Q = AJ\Delta t$$ (4-8)

物质通量与边界处浓度梯度关系为：

$$J = -D \frac{\mathrm{d}c}{\mathrm{d}x} \tag{4-9}$$

式(4-9) 即为 Fick 第一定律，式中 D 定义为扩散系数，因为物质从高浓度向低浓度迁移，所以加负号，D 的单位通常为 cm^2/s。显然，扩散系数与质点大小有关，质点越大扩散系数越小。胶体的质点在 10^{-7} 数量级。

如果边界厚度不为零，横截面积还是 A，如图 4-2(b) 所示，则在厚度为 Δx 的区域内，物质数量变化为：

$$\Delta Q = (J_{进} - J_{出}) A \Delta t \tag{4-10}$$

也可以用 Δt 时间变化内的浓度变化 Δc 来表示：

$$\Delta Q = A \Delta x \Delta c \tag{4-11}$$

当 Δt 足够小，Δc 就足够小，可以认为扩散系数 D 不变，这样可以将 Fick 第一定律代入式(4-11) 得到

$$\frac{\Delta c}{\Delta t} = D \frac{\left(\frac{\partial c}{\partial x}\right)_{x=0} - \left(\frac{\partial c}{\partial x}\right)_{x=\Delta x}}{\Delta x} \tag{4-12}$$

令 Δx 和 Δt 区域为 0，则式(4-12) 的极限为

$$\frac{\partial c}{\partial t} = D \frac{\partial^2 c}{\partial x^2} \tag{4-13}$$

式(4-13) 被称为 Fick 第二定律，它可以用来描述体系内的浓度随时间和位置的变化规律。

扩散的推动力可以表示为化学势 μ 的梯度，每个质点受到的扩散推动力为：

$$F_{扩} = -\frac{1}{N_0} \times \frac{\partial \mu}{\partial X} \tag{4-14}$$

式中，N_0 为阿伏伽德罗常数，化学势 μ 表示为：

$$\mu = \mu^{\ominus} + RT\ln\gamma c \tag{4-15}$$

式中，$\mu^{\ominus}$，γ 和 c 分别是颗粒的标准化学势、活度系数和浓度，因为讨论的是无限稀释体系，活度系数可以看作是 1，因此

$$F_{扩} = -\frac{kT}{c} \times \frac{\partial c}{\partial x} \tag{4-16}$$

式中，k 为玻尔兹曼常数，即 R/N_0，类似于沉降过程分析，定常条件下，扩散推动力应该等于黏性阻力 $f c v_{扩}$，于是扩散速度为：

$$v_{扩} = -\frac{kT}{f} \times \frac{\partial c}{\partial x} \tag{4-17}$$

因此扩散通量为：

$$J = c v_{扩} \tag{4-18}$$

$$D = \frac{kT}{f} \tag{4-19}$$

式 (4-19) 适用于所有形状的团簇，只是对于非球形质点，f 是未知数。根据扩散系数求出非球形质点的阻力系数。由于扩散和沉降的阻力系数完全相同，因此可以求得质点的沉降速度。

$$v_{沉} = \frac{mD\left(1 - \dfrac{\rho_1}{\rho_2}\right)g}{kT} \tag{4-20}$$

4.1.3　浆料团簇沉降-扩散平衡

在多组分胶体体系内部，沉降与扩散两个过程总是存在。沉降使得分散相趋向于底部富集，扩散使其趋于分散。在这两种作用长期抗衡后，分散相浓度沿高度方向具有一定的非均匀分布。如图 4-3 所示，催化剂团簇受到沉降和扩散两种作用，沉降使得体系出现浓度梯度，这反过来会导致扩散发生（图 4-3）。平衡时，因沉降和扩散引起的通过任意界面的物质通量相等[5]。

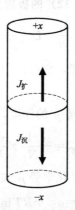

图 4-3　沉降通量与扩散通量的关系

当扩散与沉降达到平衡时，沉降通量等于扩散通量。

$$J_{沉} = J_{扩} \tag{4-21}$$

$$J_{沉} = v_{沉} c \tag{4-22}$$

$$v_{沉} c = -D \frac{dc}{dx} \tag{4-23}$$

在重力场下：

$$c \frac{m}{f}\left(1 - \frac{\rho_1}{\rho_2}\right)g = -D \frac{dc}{dx} \tag{4-24}$$

积分得：

$$\ln \frac{c_2}{c_1} = -\frac{mg}{kT}\left(1-\frac{\rho_1}{\rho_2}\right)(x_2-x_1) \tag{4-25}$$

$$c = c_0 \exp\left[\frac{-mgh}{kT}\left(1-\frac{\rho_1}{\rho_2}\right)\right] = c_0 \exp\left(\frac{-mgh}{kT}\right) \tag{4-26}$$

式(4-26)表明,催化剂团簇浓度随高度的分布符合玻尔兹曼分布方程,取决于团簇的势能 mgh 和动能 kT 的相对大小。当势能远小于动能时,扩散为主要因素,分布趋于均匀,当动能远远大于势能时,沉降为主要因素,团簇趋于沉降,当二者相当时,团簇浓度随高度而变化。

4.2 浆料团簇的团聚

催化剂浆料中小团簇结合成大团簇的过程称为团簇的团聚,该过程取决于两种不同的作用[6]:

① 小团簇必须以一种能够发生碰撞的方式迁移,这可以通过布朗扩散、流体剪切运动或沉降来实现;

② 碰撞的团簇之间的净相互作用必须具有足够大的吸引力才能形成稳定的团聚体,团簇相互排斥的浆料体系被认为是稳定的,这是因为这种体系下不发生聚集。

在大多数实际情况下,团簇的迁移和聚集这两个过程几乎可以独立的处理。因为胶体相互作用的范围非常短,通常比团簇尺寸小得多,所以团簇必须非常接近彼此,才能受到显著的相互作用。团簇间相互作用可能是吸引力(如范德瓦尔斯或疏水吸引)或排斥力(如静电斥力或空间位阻作用)。相互作用的性质很大程度上取决于团簇表面的性质和溶液的化学性质。团簇的迁移过程使团簇从相对较远的距离聚集在一起,在大多数情况下,胶体相互作用不起作用。因此,本章将分别对催化剂浆料中团簇的迁移和聚集进行研究。

4.2.1 催化剂浆料团簇的迁移理论

团簇间相互作用通常有一个相当小的有效范围,通常只有团簇半径的一小部分,并且主要在团簇发生碰撞时产生作用。因此,团簇的迁移对浆料沉降的影响应当优先讨论,团簇迁移的机理主要包括[7,8]:

① 周围流体分子的不均匀轰击引起的团簇的布朗运动;

② 团簇迁移时周围流体介质对其施加的摩擦阻力;

③ 由周围流体介导的流体力学相互作用，改变了单个团簇的摩擦阻力；

④ 外力，如重力。

所有这些不同类型的力之间的相互作用决定了浆料团簇的迁移行为。

4.2.1.1 布朗运动与扩散

胶体体系下的催化剂团簇的无序运动或布朗运动是团簇与周围分散介质碰撞的直接结果。追踪常规实验时间尺度（如秒）上胶体粒子布朗运动得到的运动轨迹具有自相似性质。换而言之，给定的布朗运动轨迹的任何一部分被放大（即采样时间间隔被缩短），放大后的轨迹将在性质上与原始轨迹相似。因此，布朗运动轨迹在数学上不是一条光滑的曲线，从它推导出的布朗粒子的表观速度不能代表粒子真实的、物理上明确定义的速度。因此，一般用均方位移来描述布朗粒子的运动。

为了估计布朗运动的数量级，可以用一系列独立的随机游动来模拟布朗运动，每次游动都用经典力学（如牛顿第二定律和斯托克斯定律）来描述。如果在随机游动开始时，团簇由于与流体分子碰撞而获得初始速度 u_0，则其后续运动可描述为：

$$m \frac{d^2 x}{dt^2} = -\xi \frac{dx}{dt} \tag{4-27}$$

式中，m 为质点的质量；x 为 t 时刻质点到原点的距离；ξ 为摩擦系数，其表达式将在后面 4.3 节中给出。从式(4.27) 可以很容易地看到：

$$x(t) = \tau_B u_0 [1 - \exp(-t/\tau_B)] \tag{4-28}$$

$$u(t) = u_0 \exp(-t/\tau_B) \tag{4-29}$$

式中，$\tau_B = m/\xi$ 并且具有时间维度，τ_B 可以看作是单次随机游走的典型时间尺度，也称为粒子动量的弛豫时间。典型的随机游动的长度尺度 l_B，可以认为等于 $\tau_B u_0$，由动能均分定理可估计出初始速度 u_0：

$$\frac{1}{2} m \langle u_0^2 \rangle = \frac{1}{2} kT \tag{4-30}$$

所以

$$u_0 \approx (kT/m)^{1/2} \tag{4-31}$$

$$l_B \approx \frac{(mkT)^{1/2}}{\xi} \tag{4-32}$$

式中，$\langle \rangle$ 表示统计平均值。

爱因斯坦[9] 将布朗运动视为一系列随机游动，证明了一维投影中布朗粒子的均方位移，在很长一段时间内（$t \gg \tau_B$）的平均值可以表示为：

$$\langle x^2 \rangle = 2D_0 t \tag{4-33}$$

由于其各向同性的性质，二维布朗运动的均方位移为：

$$\langle r^2 \rangle = \langle x^2 + y^2 \rangle = 2 \langle x^2 \rangle = 4D_0 t \tag{4-34}$$

类似的，在三维空间中

$$\langle r^2 \rangle = \langle x^2 + y^2 + z^2 \rangle = 3\langle x^2 \rangle = 6D_0 t \tag{4-35}$$

扩散系数 D_0 是无界流体中单个粒子的常数，与摩擦系数有关；根据斯托克斯-爱因斯坦关系：

$$D_0 = kT/\xi \tag{4-36}$$

4.2.1.2 催化剂团簇的聚合

大多数关于胶体体系颗粒聚合速率的讨论都是基于 Smoluchowski 提出的方法[10]，该方法基于从最初相同的团簇（初级团簇）的分散角度考虑，这些团簇经过一段时间的聚集后，包含了不同大小和不同浓度的团簇——i 大小的 n_i 团簇，j 大小的 n_j 团簇。这里，n_i 指的是不同团聚体的团簇数浓度，"大小"指的是组成团聚体的初级团簇的数量；可以认定为"i-聚体"和"j-聚体"。并且假设有一个基本前提，催化剂团簇间的聚集是两个团簇间的两两聚合，即聚集是一个二阶速率过程，在这个过程中，碰撞速率与两种碰撞团簇的浓度乘积成正比。三体碰撞通常在聚合处理中被忽略，因为它们只在非常高的团簇浓度时发生。因此，i 和 j 聚体在单位时间和单位体积内发生的碰撞数 J_{ij} 为：

$$J_{ij} = k_{ij} n_i n_j \tag{4-37}$$

式中，k_{ij} 是一个二阶速率常数，它取决于许多因素，如团簇尺寸和迁移机制，在考虑聚集率时，由于团簇间的力，不是所有的碰撞都能成功地产生聚集。成功碰撞的分数称为碰撞效率，并给出符号 a。如果团簇之间有很强的斥力，那么实际上任何碰撞也不能产生团簇间的聚合，此时的 $a=0$。当团簇间不存在明显的净斥力或存在相互吸引时，碰撞效率会达成一个稳定值。通常假设碰撞率与团簇间相互作用无关，只依赖于团簇的迁移。这一假设常常可以根据团簇间作用力的短期性质得到证明，这种作用力的作用范围通常比团簇的尺寸小得多，因此在这些作用力起作用之前，团簇几乎处于无接触状态。迁移和聚合步骤的"解耦"极大地简化了聚集动力学的分析。

$$\frac{\mathrm{d}n_k}{\mathrm{d}t} = \frac{1}{2} \sum_{\substack{i+j \to k \\ i=1}}^{i=k-1} k_{ij} n_i n_j - n_k \sum_{k=1}^{\infty} k_{ik} n_i \tag{4-38}$$

式(4-38) 右边的第一项表示任意一对 i 聚体和 j 聚体碰撞形成 k 聚体的形成速率，使 $i+j=k$。用这种方法进行求和意味着将每次碰撞计算两次，因此因子 1/2 被包括在内。第二项解释了 k 聚体的损失，该损失来自与任何其他聚集体的碰撞和聚集，k_{ij} 和 k_{ik} 是相应的速率常数。因为未考虑团聚体的破碎，所以公式(4-38) 也适用于不可逆的聚合。对于具有连续粒度分布的体系，可以写成公式(4-38) 的积分式。原则上，可以推导出团聚体粒径分布随时间的演变，但存在巨大的困难，特别是在给速率系数赋值方面。这在很大程度上取决于团聚体的性质和产生碰撞的方式。在实际中有三个重要的团簇迁移机制：①布朗扩散（异向团聚机制）；②流体运动（同向团聚机制）；③差速沉降。下一节将讨论这些问题。在所有情况下，都假定团聚体是球形的，并且碰撞效率为1（每次碰撞都有效地形成永久的团聚）。

4.2.1.3 异向团聚

浆料中的团簇一直在进行连续的随机运动或布朗运动。球形团簇的扩散系数可以根据 Stokes-Einstein 方程给出：

$$D_i = \frac{kT}{6\pi a_i \mu} \tag{4-39}$$

式中，D_i 为 i 聚体的扩散系数；k 为玻尔兹曼常数；T 为热力学温度；a_i 为粒子半径；μ 为悬浮流体的黏度。

如果每个 i 聚体在接触时被中心球体捕获，则 i 聚体被有效地从体系中移除，并在朝向 j 聚体的径向上建立浓度梯度。短时间内即可建立稳态条件，单位时间内接触 j 聚体的 i 聚体数目为：

$$J_i = 4\pi R_{ij} D_i n_i \tag{4-40}$$

式中，n_i 为 i 聚体在浆料中的浓度；R_{ij} 为 i 聚体和 j 聚体的碰撞半径，即两个聚体中心到中心的距离。在实际情况中，通常可以假设这是聚体半径的和，即：

$$R_{ij} = a_i + a_j \tag{4-41}$$

当团簇之间存在显著的长程引力时，它们可以在更远的距离上有效的聚合，因此碰撞半径比公式(4-41)给出的要大得多。当然，在实际情况中，中心 j 聚体不是固定的，其自身受布朗运动支配。只需将（4-40）中的 D_i 替换为相互扩散系数 D_{ij}，以说明 j 聚体的运动，有：

$$D_{ij} = D_i + D_j \tag{4-42}$$

如果 j 聚体的浓度为 n_j，则单位体积单位时间内发生的 i-j 聚体碰撞数为：

$$J_{ij} = 4\pi R_{ij} D_{ij} n_i n_j \tag{4-43}$$

将其与式(4-37) 相比较，得到异向碰撞的速率常数，将 R_{ij}、D_{ij} 代入后，联合式(4-39)、式(4-41)、式(4-42) 可得到：

$$k_{ij} = \frac{2kT}{3\mu} \times \frac{(a_i + a_j)^2}{a_i a_j} \tag{4-44}$$

这个结果有一个非常重要的特点，即对于大小近似相等的团簇，碰撞速率常数几乎与团簇大小无关。当 $a_i = a_j$ 时，$(a_i + a_j)^2 / a_i a_j$ 项是一个约为 4 的常数值。这是因为团簇尺寸的增大会导致扩散系数降低，但团簇尺寸几乎相同时，碰撞半径增大，这两种效应相互抵消。在这些条件下，速率常数为：

$$k_{ij} = \frac{8kT}{3\mu} \qquad (4\text{-}45)$$

对于大小不同的团簇，公式(4-44)表明碰撞速率常数总是大于相同团簇的碰撞速率常数。

现在可以返回式(4-38)并插入适当的碰撞速率常数值，从而得到聚合浓度的变化率。最简单的例子是单分散悬浮团簇聚集的早期阶段。

单聚体浓度 n_1 的变化，可以从方程式(4-38)右边的第二项计算，因为只需要考虑单聚体的损失。在早期阶段，单聚体浓度的变化几乎完全是与其他单聚体的碰撞形成更高数目聚体而造成其浓度的损失。

$$\left(\frac{\mathrm{d}n_1}{\mathrm{d}t}\right)_{t\to 0} = -k_{11}n_1^2 \qquad (4\text{-}46)$$

式中，k_{11} 为单聚体碰撞的速率常数，其值如式(4-45)给出。也可计算总团聚体的初始下降速率 n_T，因为每次二元碰撞会损失一个聚体（损失两个聚体，得到一个聚体）：

$$\left(\frac{\mathrm{d}n_T}{\mathrm{d}t}\right)_{t\to 0} = -\frac{k_{11}}{2}n_1^2 \qquad (4\text{-}47)$$

这种情况下的速率常数 $1/2k_{11}$，有时也叫作聚合速率常数，这里用符号 k_a 表示（在其他文献中，同样的量可以称为混凝或絮凝速率常数）。虽然有明确的物理意义，但将因子 $1/2$ 应用于 k_{11} 来给出聚合速率常数，有时会引起混淆。

这些表达式可以得到单聚体浓度和总团簇浓度随时间的函数，但是时间趋于 0 的前提将会限制此结果的使用。事实上，这种方法并不局限于聚合过程的早期阶段。若用式(4-38)表示各团聚体浓度的变化率为：

$$\frac{\mathrm{d}n_1}{\mathrm{d}t} = -k_{11}n_1^2 - k_{12}n_1n_2 - k_{13}n_1n_3 \cdots \qquad (4\text{-}48)$$

$$\frac{\mathrm{d}n_2}{\mathrm{d}t} = \frac{1}{2}k_{11}n_1^2 - k_{12}n_1n_2 - k_{23}n_2n_3 \cdots \qquad (4\text{-}49)$$

$$\frac{\mathrm{d}n_3}{\mathrm{d}t} = \frac{1}{2}k_{12}n_1n_2 - k_{13}n_1n_3 - k_{23}n_2n_3 \cdots \qquad (4\text{-}50)$$

然后，假设所有的速率常数 k_{11}，k_{12} 等相等，将式(4-48)、式(4-49)、式(4-50)中的各项相加即可得到总团簇浓度的变化率。由上可知，对于尺寸相差不大的团簇，这是一个合理的假设，碰撞速率常数由式(4-45)给出。这种方法会导致非常简单的结果：

$$\frac{\mathrm{d}n_T}{\mathrm{d}t} = -k_a n_T^2 \qquad (4\text{-}51)$$

此处 $n_T = n_1 + n_2 + n_3 + \cdots$ 以及 $k_a = 4kT/(3\mu)$。

方程式(4-47) 和式(4-51) 之间的唯一区别是，后者在右边包含 n_T 而不是 n_1，这使得可以对式(4-51) 直接积分。初始条件 $n_T = n_0$，当 $t = 0$（n_0 为单聚体的初始浓度）时，得到：

$$n_T = \frac{n_0}{1 + k_a n_0 t} \tag{4-52}$$

由方程式(4-52) 可以看出，经过一个特征团聚时间 τ 后，总团簇浓度降低到初始值的一半，τ 为：

$$\tau = \frac{1}{k_a n_0} \tag{4-53}$$

这种特征时间有时称为凝聚时间或团聚体的半衰期。它也可以被认为是初始体系中的一个团聚体在与另一个团聚体碰撞前所花费的平均时间。由于在给定条件下的 k_a 的值是一定的（例如在 25℃ 水中为 $6.13 \times 10^{-18} \, \mathrm{m}^3/\mathrm{s}$），可以计算出 τ 的典型值，它只依赖于初始团聚体的浓度。对于水溶液分散体系 $n_0 = 10^9 \mathrm{cm}^{-3}$（对应尺寸为 $1\mu\mathrm{m}$ 的球形颗粒体积分数为 5×10^{-4}）其特征时间约为 163s。对于比 100 聚体还大的颗粒，其 τ 会小于 2s（对应 $1\mu\mathrm{m}$ 颗粒，体积分数约 5%）。

根据上面 τ 的定义，方程式(4-52) 可以改写为：

$$n_T = \frac{n_0}{1 + t/\tau} \tag{4-54}$$

需要强调的是，这个表达式是基于 k_{ij} 值不变的假设，并且碰撞团聚体是球形的。后一种假设意味着团簇在碰撞后会"合并"，这在乳状液液滴的情况下可能是合理的，但对于固体团聚体就不成立了，因为固体团聚体可能会出现各种团聚形状（见 4.2.3 节）。但是，如果随着团聚体尺寸的增长，扩散系数的减小与碰撞半径的增大两种效应基本抵消，则前面的处理仍然是合理的。初始团聚体数与团聚发生一段时间后总团聚体数的比值（n_0/n_T）是平均团聚体大小（团聚体中单聚体的平均数量）的量度，因此也是团聚体平均体积的量度。由式(4-54) 可知，对于 $t \gg \tau$，平均体积随时间线性增大。对于"聚合球体"，这意味着聚合半径应随时间的立方根线性增加。

在絮凝剂的许多实际应用中，如水处理中的絮凝过程中，需要产生含有数千个初级颗粒的大团聚体，这意味着总颗粒数会大大减少。由公式(4-54) 可知，降低颗粒浓度，比如 1000（即得到平均为 1000 个初级颗粒团聚而成的团聚体），将需要大约 1000τ 的时间。对于稀释的悬浮液，这可能需要数小时或数天。即使是浓缩的悬浮液，也可能需要几分钟才能达到很大程度的聚集。因此，实际的絮凝过程很少能仅仅依靠布朗运动来产生所需的碰撞。

也可以从式(4-48)、式(4-49)、式(4-50) 推导出不同时间内各类型团聚体的浓度：

$$n_1 = \frac{n_0}{(1+t/\tau)^2} \tag{4-55}$$

$$n_2 = \frac{n_0(t/\tau)}{(1+t/\tau)^3} \tag{4-56}$$

$$n_k = \frac{n_0(t/\tau)^{k-1}}{(1+t/\tau)^{k+1}} \tag{4-57}$$

这些表达式的结果绘制在图 4-4 中，显示了无量纲的团聚浓度 n_k/n_0 与无量纲时间因子 t/τ 的关系。很明显，对于所有的聚集物，浓度都在某一时刻达到最大值，然后缓慢下降。在任何时候，单聚体的浓度都超过任何其他聚体的浓度。

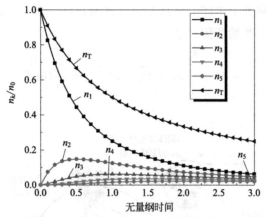

图 4-4　单聚体浓度 n_1、二聚体浓度 n_2、三聚体浓度 n_3、四聚体浓度 n_4、

五聚体浓度 n_5 及总团聚体浓度 n_T 与无量纲时间因子（t/τ）的关系

尽管在推导式(4-55)～式(4-57) 时做了简化假设，但在聚合过程的早期阶段，它与测量的团聚体尺寸分布具有合理的一致性，尽管其值 k_a，略低于上面计算的值[11]。简单的 Smoluchowski 方法在发生大量的团聚后就不适用了。在这种情况下，尺寸相差很大的团聚体之间的碰撞变得非常重要，因此根据式(4-44)，碰撞速率常数将比这里假设的要大。此外，随着团聚体的增长，Smoluchowski 处理方法中隐含的球形假设变得更加偏离实际情况。

4.2.1.4　同向团聚

已经看到，由布朗运动引起的碰撞通常不会导致非常大的聚集体的快速形成，特别是在稀体系中。实际上，聚合（絮凝）过程几乎总是在悬浮体受到某种形式的剪切（搅拌或流动）的条件下发生的。流体运动所带来的团聚体迁移可以极大地提高团聚体间的碰撞速率，这种方式所带来的聚集称为同向团聚。同向团聚速率的首次处理也是 Smoluchowski，但是他只考虑了均匀层流剪切的情况。在实践中很少会遇到这样的条件，但是通过从这个简单的情况开始分析，易于得到其他条件的结果。

均匀层流剪切场是指流体速度只在垂直于流动方向的一个方向上线性变化的场。Smoluchowski 假设团聚体会沿着直线的流体流线运动，并根据它们的相对位置与在不同流线上运动的团聚体碰撞。碰撞频率取决于团聚体的大小和速度梯度或剪切速率 G。通过考虑半径为 a_j 的固定团聚体和半径为 a_i 的流动团聚体，可以假设那些在流线上运动的团聚体将它们的中心带到距离 $a_i + a_j$（碰撞半径，R_{ij}）时将与中心团聚体碰撞（图 4-5）。碰撞频率可以考虑团聚体通过半径为 R_{ij} 的圆柱体的流量来计算，圆柱体的轴线通过固定团聚体的中心 j。对于图 4-5 的条件，很明显，团聚体在圆柱体的上半部分将从左向右移动，反之亦然。朝向中心团聚体 J_i 的总通量是圆柱体一半的两倍，由：

$$J_i = 4Gn_i \int_0^{R_{ij}} z\sqrt{(R_{ij}^2 - z^2)}\,\mathrm{d}z = \frac{4}{3}Gn_i R_{ij}^3 \tag{4-58}$$

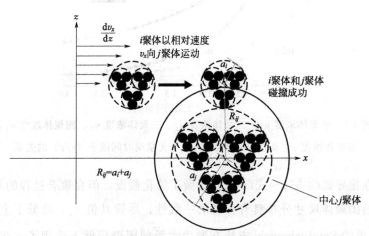

图 4-5　均匀层流剪切场中团聚体的同向碰撞模型（团聚体在流线上，流线之间的距离等于碰撞半径 $a_i + a_j$）

单位时间单位体积内 j 聚体和 i 聚体的总碰撞数可简化为：

$$J_{ij} = \frac{4}{3}n_i n_j G(a_i + a_j)^3 \tag{4-59}$$

与式(4-37) 相似，i 聚体和 j 聚体的同向碰撞速率常数是：

$$k_{ij} = \frac{4}{3}G(a_i + a_j)^3 \tag{4-60}$$

这一结果与相应的异向碰撞速率常数［式(4-44)］之间最重要的区别是对团聚体尺寸的依赖。如上一节所指出的，对于尺寸大致相同的颗粒，其异向团聚碰撞速率常数几乎与团聚体尺寸无关。在同向碰撞机制中，其速率与碰撞半径的立方成正比，这对总团聚率具有显著的影响。随着团聚的进行和团聚体大小的增加，碰撞聚合的概率变得更大。从本质上讲，在流动或搅拌的悬浮体中，大团聚体比小团聚体"扫出"更大的体积，并有更大的机会与其他团聚体相撞。在异向团聚情况下，较大团聚体的低扩散系数很大程度上补偿了增大的碰撞半径带来的影响。

速率常数对团聚体尺寸的极大依赖意味着在经过聚合过程的早期阶段后，k_{ij} 的常数值假设是不可接受的；如图 4-4 所示的聚合浓度不符合实际情况。在对团聚体的形式作假设的情况下，可以对团聚体粒径分布进行数值计算[12]。

为了便于与异向团聚情况进行比较，在同向团聚的初始阶段，考虑所有的碰撞都发生在单聚体之间，由于同向团聚的结果，总团聚体浓度的降低率可以推导出来。与 (4-51) 类比，对应的同向碰撞速率为：

$$\frac{dn_T}{dt} = -\frac{16}{3} n_T^2 G a_1^3 \tag{4-61}$$

假设速率常数根据式(4-60) 给出，初始单聚体半径为 $a_i = a_j = a_1$，团聚体总浓度可视为初始单聚体的浓度，这只适用于聚集的早期阶段。尽管有其局限性，将式(4-60) 与相应的异向团聚动力学表达式［式(4-51)］进行比较，得到聚合速率常数的比值为：

$$\frac{k_a(同向)}{k_a(异向)} = \frac{4G\mu a_1^3}{kT} \tag{4-62}$$

在室温下，水溶液中尺寸为 $1\mu m$ 的团聚体，剪切速率约为 $10s^{-1}$ 时其同向聚合速率常数与异向团聚速率常数相等（仅对应于轻度搅拌）。随着较高的剪切速率和（特别是）较大的团聚体，同向团聚动力学速率变得非常大。这就定性地解释了，为什么搅拌悬浮液能极大地提高聚合速率。

式(4-61) 的形式可以通过一个简单的变换 $\phi = 4\pi a_1^3 n_T / 3$ 就可以得到悬浮团聚体的体积分数：

$$\frac{dn_T}{dt} = -\frac{4G\phi n_T}{\pi} \tag{4-63}$$

如果假设 ϕ 在封闭系统的聚集过程中保持不变，则式(4-63) 给出了一个简单的一阶速率定律，可以将其积分为：

$$\frac{n_T}{n_0} = \exp\left(\frac{-4G\phi t}{\pi}\right) \tag{4-64}$$

因此，团聚体浓度应随时间呈指数下降（因此，平均聚合体尺寸 n_0/n_T 应该随时间呈指数增长）。这种类型的行为在某些情况下已经通过实验发现了[13]。虽然从质量守恒的观点来看，分散相的体积分数恒定的假设似乎是合理的，但事实并非如此。长大中的团聚体通常为相当开放的分形结构（见 4.2.3 节），这意味着有效占用体积可能远大于单聚体的总体积。一个聚集体的碰撞半径大于"团聚球"假设的计算半径，导致比式(4-64)预测的更快速的聚集[14]。

然而，式(4-64)的简便性使其在实际中得到了广泛应用。至少指出了剪切速率和固相浓度对絮凝速率的重要性。分散相浓度固定时，絮凝程度取决于无量纲数 Gt，常以 Tomas R. Camp[15] 的名字命名为"Camp 数"。原则上，在 Gt 值不变的情况下，短时间的高剪切和长时间的低剪切均可达到相同的聚集程度。通过增加体积分数，可以在 Gt 值较小的情况下达到相同的相对聚合度（n_0/n_T）。与聚集度有关的一个更令人满意的无量纲数是 $G\phi t$[16]，因为包括分散相浓度。到目前为止，我们一直假设团聚体处于均匀的层流剪切场中，但对于在紊流条件下进行的真实絮凝过程来说，这个假设不现实。解决这个问题的一种方法[17] 是根据单位流体质量的功率输入 ε 计算平均速度梯度 $\overline{G}$：

$$\overline{G} = \sqrt{\frac{\varepsilon}{\nu}} \tag{4-65}$$

式中，ν 为流体的运动黏度（$\nu = \mu/\rho$，其中 ρ 为密度）。

这个平均剪切速率可以插入如式(4-59)的近似 Smoluchowski 表达式，代替 G

$$J_{ij} = \left(\frac{4}{3}\right) n_i n_j \left(\frac{\varepsilon}{\nu}\right)^{1/2} (a_i + a_j)^3 \tag{4-66}$$

这个结果很像各向同性湍流中的粒子碰撞[18]，但数值因子略有不同（4/3 而不是 1.29）。这种明显的一致性很可能是偶然的。

湍流的特点是有不同大小的涡流。最大的涡流与容器或搅拌器的尺寸相当。大尺度涡旋中的能量通过不断减小尺寸的小涡旋级联，直到小于一定长度尺度时，能量以热量的形式耗散。著名的 Kolmogoroff 微尺度将惯性范围（在惯性范围内能量以非常小的耗散传递）和黏性范围（在黏性范围内能量以热量耗散）分开。

这个长度比例是：

$$\eta_K = \left(\frac{\nu^3}{\varepsilon}\right)^{1/4} \tag{4-67}$$

对于典型的平均剪切速率值（$50 \sim 100 s^{-1}$），Kolmogoroff 微尺度为 $100 \sim 150 \mu m$。小于 η_K 的团聚体的碰撞率可以用式(4-66)形式的表达式很好地近似，尽管在数值因子上有一些不确定性。对于较大的颗粒，惯性范围内涡流的输运是很重要的，碰撞率对输入功率的依赖性可能不同，即与 $\varepsilon^{2/3}$ 成正比而非 $\varepsilon^{1/2}$[19]。然而，在这个尺寸范围内的团聚体（$>100\mu m$）更容易在紊流中破碎，因此更难得出关于团聚体生长速率的结论。

4.2.1.5 差速沉降

当不同大小或密度的团聚体从悬浮物中沉降时，就会产生另一个重要的碰撞机制：较大的团聚体会比较小的团聚体沉淀得更快，并能在下落时捕获较小的团聚体。假设团聚体为球形，利用 Stokes 定律计算沉降速率，很容易计算出合适的沉降速率：

$$v_{s,i} = \frac{(\rho_p - \rho_1)ga^2}{18\mu} \tag{4-68}$$

$$Re_i = \frac{\rho_1 v_{s,i} a_i}{\mu} \tag{4-69}$$

式中，$v_{s,i}$ 为 i 聚体的沉降速率；$\rho_p - \rho_1$ 为团聚体与流体之间的密度差，通过给定单位面积的差异流量：

$$\pi(R_{ij})^2(v_{s,i} - v_{s,j}) = \pi\left(\frac{a_i}{2} + \frac{a_j}{2}\right)2(v_{s,i} - v_{s,j}) \tag{4-70}$$

式中，$v_{s,i} - v_{s,j}$ 为 i 聚体和 j 聚体之间的速度差；R_{ij} 为二者的中心距离。对于等密度的团聚体[20]，产生的碰撞频率为：

$$J_{ij} = \left(\frac{2\pi g}{9\mu}\right)(\rho_p - \rho_1)n_i n_j(a_i + a_j)^3(a_i - a_j) \tag{4-71}$$

$$k_{ij} = -\frac{2\pi(\rho_p - \rho_1)g}{9\mu}(a_i + a_j)^3(a_i - a_j) \tag{4-72}$$

显然，当团聚体较大且密度较大时，差速沉降将更为重要，在这种情况下，这种碰撞机制在促进聚集方面非常重要。即使对于一种最初均匀的、由相等团聚体组成的悬浮液，也会形成不同大小的团聚体，它们以不同的速率沉降。通常在絮凝的后期阶段，絮体通过沉降而增长变得显著。

4.2.1.6 迁移机制比较

由于我们现在已经涵盖了最重要的碰撞机制，比较典型条件下的碰撞速率是很方便的。最简单的比较是由式（4-37）定义的各种碰撞速率常数之间的比较：

异向团聚：

$$k_{ij} = \frac{2kT}{3\mu} \times \frac{(a_i + a_j)^2}{a_i a_j}$$

同向团聚：

$$k_{ij} = \frac{4}{3}G(a_i + a_j)^3$$

差速沉降：
$$k_{ij} = \left(\frac{2\pi g}{9\mu} \right) (\rho_p - \rho_l)(a_i + a_j)^3 (a_i - a_j)$$

这一结果适用于层流剪切，但也适用于比 Kolmogoroff 尺度更小的团聚体的湍流碰撞。为了比较这些结果，固定一个团聚体的大小很容易计算第二个团聚体的不同速率常数（其速率常数是团聚体尺寸的函数）。

这种计算的结果如图 4-6 所示，其中一个团聚体的直径固定为 250nm，另一个团聚体的直径在 $0.01 \sim 1 \mu m$ 之间变化。假设剪切速率为 $5s^{-1}$，团聚体密度为 $2g/cm^3$。其他值采用 25℃的水溶液分散体系。很明显，对于直径小于 350nm 的团聚体，异向碰撞机制给出了最高的碰撞率，但对于较大的团聚体，同向碰撞机制变得更加重要。对于尺寸相等的团聚体，异向团聚运动速率常数会达到一个最小值。当第二个团聚体的尺寸大于几微米时，由于沉降引起的碰撞率急剧增加，与剪切诱导率相关。

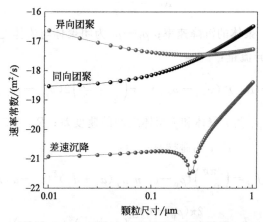

图 4-6　不同迁移机制下碰撞频率常数的比较

当然，图 4-6 中的结果很大程度上取决于假设的条件。例如，如果选择较低的团聚体密度，则会降低差速沉降的影响。此外，各种碰撞速率常数以不同的方式受到胶体和水动力相互作用的影响。然而，关于团聚体的不同迁移机制影响的相对重要性的结论基本上仍然是正确的。

4.2.2　浆料团簇间相互作用

两种最常见的胶体相互作用是范德华引力和双电层斥力，它们构成了众所周知的胶体稳定性的理论基础——DLVO 理论（由 Derjaguin、Landau、Verwey 和 Overbeek 分别独立提出）[21,22]。虽然该理论能够解释大部分的聚集实验和沉积数据（至少是半定量的方式），但在许多情况下，必须引入其他类型的相互作用来进行解释。最初，这些相互作用被统一在一个类目下，如"结构力"。在水溶液体系中，各种各样的水化效应很重要，特别是在接近表面的地方。这通常与团聚体表面的离子水化有关，并通常是斥力。团聚体之间还有一种吸引力，产生了疏水效应。还有一些其他重要的效应来自团聚体表面吸附聚合物的存在，产生的排斥力（空间位阻相互作用）或吸引力（聚合物桥联作用）。

下面将讨论这些相互作用，特别注意那些与团聚体聚集和沉降过程有直接关系并可以实现可控的相互作用。

4.2.2.1 范德华力

引力总是存在于同一材料的胶体粒子之间，这一事实早已被认识到，但对这些力的详细理解需要很长时间[23]。这种两个紧密的面之间的引力通常被称为朗道-范德华力。这种力来自自发的电磁极化，在介质内部和它们之间的间隙中产生波动的电磁场。从本质上讲，有两种评价朗道-范德瓦尔斯吸引力的理论方法。在经典（或微观）方法中，主要由于 Hamaker[24] 对两个宏观体之间的相互作用是通过所有分子间相互作用的成对求和得到的。用这种方法得到的所有表达式（表 4.1）可以分解为一个纯几何部分和一个常数 A，即 Hamaker 常数，它只与宏观晶体与介质相互作用的性质有关。通常，A 在 10^{-21}J 和 10^{-10}J 之间。Hamaker 的方法可以很容易地应用于不同的几何体。然而，完全可加性假设是一个相当严重的缺陷，其计算结果往往高于实际相互作用。

可加性假设的缺陷是通过使用由 Liftshitz[25] 提出的一种（宏观）替代方法来克服的。其中，相互作用完全来自对介质宏观电磁特性的考虑。尽管该理论十分严谨，但其广泛应用至今仍受到阻碍，原因如下：

① 胶体粒子和溶剂介质介电常数随频率变化的实验数据难以获得；

② 除了最简单的板-板排列外，它在几何体中的应用公式十分复杂。

Hough[26] 和 Prieve[27] 提出的某些简化方法，但一般来说，所需的计算和对应介电常数的缺乏限制了宏观方法的实际应用。两种方法得到的结果之间的差异不是太大（通常小于 60%）[23,28-30]，并且结果已经被云母片之间的范德华力的直接测量所证实[31]。因此，在实际应用中，更方便的方法是使用带有修正的 Hamaker 型表达式来解释迟滞效应。

在总结了上述范德华相互作用的主要特征之后，下面两部分将进一步描述与使用相关的细节，球-球相互作用的 Hamaker 方程，特别强调公式的实际含义，Hamaker 公式是建立在分子间力成对加和的假设上的。两个团聚体之间的相互作用通过对一个团聚体中所有分子与另一个团聚体中所有分子的相互作用能（$U_{A\text{-unretarted}}$）求和（表 4-1）。

表 4-1　球-球和球-板几何结构的非迟滞范德华相互作用能

表达式		应用范围
$V_{\text{A-unretarted}} = -\dfrac{A}{6}\left[\dfrac{2a_1a_2}{h^2+2a_1h+2a_2h}+\dfrac{2a_1a_2}{h^2+2a_1h+2a_2h+4a_1a_2}+\ln\left(\dfrac{h^2+2a_1h+2a_2h}{h^2+2a_1h+2a_2h+4a_1a_2}\right)\right]$	(4-73)	球-球
$V_{\text{A-unretarted}} = -\dfrac{Aa_1a_2}{6h(a_1+a_2)}$	(4-74)	球-球，$h\ll a_1$
$V_{\text{A-unretarted}} = -\dfrac{A}{6}\left[\dfrac{a}{h}+\dfrac{a}{h+2a}+\ln\left(\dfrac{h}{h+2a}\right)\right]$	(4-75)	球-板
$V_{\text{A-unretarted}} = -\dfrac{A}{12\pi}\left[\dfrac{1}{h^2}+\dfrac{1}{(h+2\delta_p)^2}-\dfrac{2}{(h+\delta_p)^2}\right]$	(4-76)	板-板，有限厚度
$V_{\text{A-unretarted}} = -\dfrac{A}{12\pi h^2}$	(4-77)	板-板，无限厚度

Hamaker[24] 用双重积分法代替求和计算，这使得表达式非常简单，特别是在间距很小的情况下。对于半径为 a_1 和 a_2 的两个球，距离为 h，其近距离 $[h\ll\min(a_1，a_2)]$ 的相互作用能由式 (4-74) 给出（表 4-1）。在这个表达式中，Hamaker 常量通常写成 A_{12}，这是和球体 1、2 之间的 Hamaker 常数，假设它们暂时处于真空中。这完全取决于相互作用介质的属性。对于半径为 a_1 的同等球体，结果为：

$$V_A = -A_{11}a_1/12h \tag{4-78}$$

这些表达式只适用于小间距时，在间距大于单聚体半径的 10% 时就变得非常不准确。然而，在许多情况下，相互作用能在长程范围是不重要的，因此式 (4-74) 和式 (4-78) 对于大多数实际目的是可接受的。Hamaker 表达式最重要的特征是相互作用能与间距成反比，并与单聚体尺寸直接建立联系。

原则上，这种引力在接近时应该非常强，在相互接触时应该是无限大的。然而，如 Born 斥力这样的短程斥力和其他效应，会在近距离接触时发挥作用使吸引力有限。

上述结果适用于研究对象在真空中的相互作用。对于在液体中的相互作用（如胶体稳定性和沉积问题），可以使用相同的表达式，但必须使用改性 Hamaker 常数，对于被介质 3 分开的介质 1 和 2，可以写成：

$$A_{132} = A_{12}+A_{33}-A_{13}-A_{23} \tag{4-79}$$

其中 A_{13} 是材料 1 和 3 的 Hamaker 常数。根据单个常数的相对大小，第三种介质的存在可以显著减少相互作用。

几何平均假设是计算不同材料 Hamaker 常数的一种近似方法：

$$A_{12} \approx (A_{11}A_{22})^{1/2} \tag{4-80}$$

结合 A_{13} 和 A_{23} 对应的表达式，式(4-79)改写为：

$$A_{132} \approx (A_{12}^{1/2} - A_{33}^{1/2})(A_{22}^{1/2} - A_{33}^{1/2}) \tag{4-81}$$

对于同质研究对象1与1在介质3间的相互作用：

$$A_{131} = (A_{11}^{1/2} - A_{33}^{1/2})^2 \tag{4-82}$$

由式(4-82)得出结论，液体中相似材料之间的范德华相互作用总是有吸引力的（即不管 A_{11} 和 A_{33} 的值是多少，Hamaker 常数总为正）。然而，对于不同的材料，具有负 Hamaker 常数和范德华排斥力的可能性，例如当 $A_{11} > A_{33} > A_{22}$。Van Oss 等[32]考虑了负 Hamaker 常数的一些实际后果，Visser[33]对这一问题进行了回顾。

Gregory[34]指出，材料的近似 Hamaker 常数可以根据其光学性质计算出来，即根据光学色散数据中的极限折射率 n_0 和特征色散频率 ω_v 计算。事实上，这种计算结果通常用相对介电常数（ε_0）表示，这种方式是通过麦克斯韦关系将 ε_0 与 n_0 联系起来（$\varepsilon_0 = n_0^2$）。为方便起见，下标 0 和 v 被省略了，因此对于材料1，相关的参数是 ε_1 和 ω_1。对于不同的材料1和2，则 Hamaker 常数为：

$$A_{12} = \frac{27}{32} \times \frac{\hbar \omega_1 \omega_2}{\omega_1 + \omega_2} \frac{(\varepsilon_1 - 1)(\varepsilon_2 - 1)}{(\varepsilon_1 + 2)(\varepsilon_2 + 2)} \tag{4-83}$$

其中 $\hbar$ 是约化普朗克常数，即普朗克常数除以 2π。对于相同材料，结果是：

$$A_{11} = \frac{27}{64} \hbar \omega_1 \left(\frac{\varepsilon_1 - 1}{\varepsilon_1 + 2} \right)^2 \tag{4-84}$$

比较公式(4-83)和公式(4-84)可以看出，"几何平均"假设式(4-80)只有在材料的色散频率相差不大的情况下才有效。式(4-83)和式(4-84)是基于对可加性的假设，并且对相互作用的主要贡献来自紫外中一组紧密间隔的频率（因此，光学色散行为可以用单个"弥散频率"）。Lifshitz 计算应该包括来自广泛频率范围的贡献，虽然 Hough[35]已经表明，在许多情况下，紫外线弛豫提供了大部分的相互作用，而红外的贡献比以前设想的要少得多。此外，他们发现，关于紫外线弛豫的准确信息可以从光学折射率数据中导出，这是在推导式(4-83)和式(4-84)时隐含的假设。

由于液态水的极性性质（从它的高介电常数可以看出），它有一个重要的"零频率"或"静态"Hamaker 常数，这个常数不包括在式(4-84)计算出的值中。因为光学色散数据不能提供低频项的信息。这一项对"复合"Hamaker 常数 A_{132} 有贡献，它取决于相互作用介质的静态介电常数 ε_0。在式(4-83)中，ε_1 等项是可见波长的极限值，仅与非极性物质（如碳氢化合物）的静态值相似。Hamaker 常数的零频率贡献近似为：

$$A_0 = \frac{3kT[\varepsilon_1(0)-\varepsilon_3(0)][\varepsilon_2(0)-\varepsilon_3(0)]}{4[\varepsilon_1(0)+\varepsilon_3(0)][\varepsilon_2(0)+\varepsilon_3(0)]} \tag{4-85}$$

零频率项是范德瓦尔斯相互作用中唯一与温度有关的贡献。因为水的介电常数约为80，非极性介质的介电常数在2～3范围内（就是折射率的平方），许多水溶液胶体的零频率项约为$3kT/4$或3×10^{-21}J左右。对于某些系统，这可能是对相互作用的主要贡献。更复杂的是，这一项受到溶解盐的影响，在高离子强度下，是由于一种"阻尼"效应[36]。溶液中离子的弛豫对微波振荡反应足够缓慢，但对Hamaker常数的高频贡献没有影响。

实际上对所有的水分散体，Hamaker常数都在这个范围内（0.3～10）×10^{-20}J。高密度矿物颗粒的值接近这个范围的上端，而低密度材料，特别是生物材料的值相当低。在后一种情况下，"零频率"项可能是主要贡献，因此有效的Hamaker常数可以通过增加离子强度而降低。Hamaker常数大于约10^{-20}J的材料，可以假设范德华相互作用基本上与离子强度无关。

4.2.2.2 静电力

两个带电粒子在电解质溶液中相互接近时，它们的扩散层相互重叠，在带电粒子相似的情况下，它们之间存在排斥。它们的排斥方式取决于许多因素。胶体稳定性理论认为恒定表面电位下的相互作用和恒定表面电荷下的相互作用是不同的，前一种情况对应于在颗粒接近过程中表面化学平衡的维持，由于胶体粒子之间的接触时间非常短（通常布朗碰撞大约10ps），可能不是一个现实的假设[37]。当粒子具有混合的表面电荷密度时（如带有束缚离子基团的乳胶粒子或具有一定离子交换容量的黏土），可以预期会出现恒定的电荷相互作用。然而，这些考虑适用于粒子表面的电位和电荷，而双层相互作用取决于Stern平面的电位，这可能会对另一个表面的接近有很大的不同反应。特别是，Stern层的平衡可能比颗粒表面的平衡建立得快得多。Lyklema表明[38]，在粒子相遇的时间尺度上，扩散层部分的弛豫总是非常快的。Dukhin和Lyklema[39]指出了双电层动力学和表面电导率之间的联系，他们还表明，这种效应可以显著减缓两个粒子的接近速度。尽管这样的考量意义重大，但其模型对于实际应用来说过于繁琐，因此在下面的讨论中不作考虑。

静电相互作用能可以用两种方法计算。一种是直接求解所考虑系统的泊松-玻尔兹曼方程，但这通常不能给出简单的解析解。另一种方法是从已知的表达式中构造出不涉及其他曲面的每个曲面的公式。用这种方法得到的近似解通常很简单且准确，因此具有更重要的实际意义，虽然球-球和球-板（平板）相互作用的表达式对颗粒沉降积和聚集过程更有意义，但它们中的许多实际上是由相应的板-板相互作用推导而来的。因此，将首先处理板-板之间的静电相互作用。

（1）板-板相互作用 Langmuir[40] 提出在对称（z-z）电解质中两个接近的平面双层之间单位面积力的一般公式：

$$f_R = n_\infty kT \left[2\cosh\Phi - \left(\frac{d\Phi}{\kappa dx} \right)^2 - 2 \right] \tag{4-86}$$

式中，n_∞ 为离子的体相粒子数浓度；$\Phi = ze\varphi / kT$，φ 为距离平板 x 处的电势。将力对距离积分，得到单位面积势能 v_R：

$$v_R = -\int_\infty^h f_R dx \tag{4-87}$$

式中，h 是两个表面的距离。达到平衡时，f_R 处处相等；因此，从式（4-87）开始，原则上可以在任意点计算力。用这种积分方法在各种条件下得到的一些近似表达式总结在表 4-2 中。表 4-2 和表 4-3 中离子的体相粒子数浓度用 n_∞ 表示，即每立方米离子的数量。它与更常见的盐浓度，或电解质的摩尔浓度 C_s 的关系是 $n_\infty = 1000 N_A C_s$，其中 N_A 是阿伏伽德罗常数。

表面电位通常是不确定的，一般假定为 Zeta 电位，它可以通过实验确定。此外，动态双电层相互作用仍然难以充分研究，其计算仍然经常基于"恒定势能"或"恒定电荷"的假设，尽管这两种极端情况都不太可能在实践中适用。一个简单的表达式代表了这两个极端之间的一种有用的折中，它就是所谓的线性叠加近似（LSA）法。该 LSA 假设在两个相互作用的表面之间存在一个势足够小且服从线性化的泊松-玻尔兹曼方程的区域，因此，每个表面的贡献都可以加上来得到整体的势能。在每个曲面附近，假定势仅由该曲面产生。显然，LSA 只有在粒子间距较大时才成立（即 $\kappa h \gg 1$）。

Gregory[41] 比较了他的"压缩"模型（4-91），根据恒势和恒荷的精确解，得到了一些表达式，在短分隔（如 $\kappa h < 3$）时变得最明显，LSA 总是给出中间值。由于在现实中，常荷近似（CCA）和常势近似（CPA）都不太可能是正确的，LSA 可能是更合理的解决方案。

表 4-2　板-板双电层静电能

表达式		方法	适用范围	参考文献
$V_R = \dfrac{64 n_\infty kT}{\kappa} \gamma_1 \gamma_2 \exp(-\kappa h)$	(4-88)	LSA	小 Φ_1、Φ_2，对称	[41]
$V_R = \dfrac{n_\infty kT}{\kappa} \left[(\Phi_1^2 + \Phi_2^2)(\coth\kappa h - 1) + 2\Phi_1\Phi_2 / \sinh\kappa h \right]$	(4-89)	CCA LPB	小 Φ_1、Φ_2，对称	[42]
$V_R = \dfrac{n_\infty kT}{\kappa} \left[(\Phi_1^2 + \Phi_2^2)(1 - \coth\kappa h) + 2\Phi_1\Phi_2 / \sinh\kappa h \right]$	(4-90)	CPA LPB	小 Φ_1、Φ_2，对称	[43]

表达式	方法	适用范围	参考文献
$V_R = \dfrac{2n_\infty kT}{\kappa}\ln\left[2\overline{\Phi}\left(\dfrac{Z+\overline{\Phi}\coth(\kappa h/2)}{1+\overline{\Phi}}\right)-\ln(\overline{\Phi}^2+\cosh\kappa h+Z\sinh\kappa h)+\kappa h\right]$ (4-91) 其中 $\overline{\Phi}=(\Phi_1+\Phi_2)/2Z=[1+\overline{\Phi}^2/\sinh^2(\kappa h/2)]^{1/2}$	CCA NLPB	$\|\Phi_1\|<2$、 $\|\Phi_2\|<2$，对称	[41]
$V_R = \dfrac{32n_\infty kT}{\kappa}\gamma^2(1-\tanh\kappa h)$ (4-92)	CPA	小Φ、等平面、对称	[22]
$V_R = 2\varepsilon\kappa^2\zeta^2\exp(-\kappa h)$ (4-93)	IPM	小Φ、等平面、对称	[44]
$V_R = \dfrac{32n_\infty kT}{\kappa}\left\{\gamma^2(1+\gamma^2+\gamma^4)[1-\tanh(\kappa h/2)]\right.$ $-\gamma^4\left[(1+\gamma^2)\dfrac{\sin(\kappa h/2)}{2\cosh^3(\kappa h/2)}+\dfrac{\kappa h/2}{2\cosh^4(\kappa h/2)}\right]$ (4-94) $\left.-\gamma^6\left[\dfrac{\sinh(\kappa h/2)}{4\cosh^5(\kappa h/2)}+\dfrac{5\kappa h/2}{4\cosh^6(\kappa h/2)}-\dfrac{(\kappa h/2)^2\sinh(\kappa h/2)}{\cosh^7(\kappa h/2)}\right]\right\}$	CPA NLPB	所有距离下的Φ达到5，等平面、对称	[45]
$V_R = \sigma\,\mathrm{sech}(\kappa h)+\left(\dfrac{2\sigma^2}{\varepsilon\kappa}-\dfrac{\varepsilon\kappa\varphi^2}{2}\right)(\tanh\kappa h-1)$ (4-95)	Mixed CPA & CCA LPB	弱相互作用、对称	[46]

(2) 球-球相互作用 在计算球-球双层相互作用时，最常用的是 Derjaguin[47] 的积分方法。这是基于相应的板-板表达式来构造两个间距较近的球体之间的相互作用能：

$$V_R = \frac{2\pi a_1 a_2}{a_1+a_2}\int_h^\infty v_R \mathrm{d}x \tag{4-96}$$

或者在相互作用的情况下：

$$F_R = \frac{2\pi a_1 a_2}{a_1+a_2} v_R(h) \tag{4-97}$$

式中，h 为两球体之间的间隔。该方法的主要缺点是只有在满足 $\kappa a_i > 5$ 和 $h \ll a_i$（$i=1$，2）的条件时才适用。在讨论板-板相互作用时。球-球双电层相互作用势能的一些表达式列于表 4-3。参数组 $\dfrac{n_\infty kT}{\kappa^2}$ 在表 4-3 中可用 $\dfrac{\varepsilon}{2}\left(\dfrac{kT}{ze}\right)^2$ 取代。这两种形式在文献中都很常见。

对于球-球相互作用，根据表 4-3 中（4-101）所示的限制条件，应用 LSA 可得：

$$V_R = 64\pi\frac{a_1 a_2}{a_1+a_2}\left(\frac{kT}{ze}\right)2\gamma_1\gamma_2\exp(-\kappa h) \tag{4-98}$$

式中 ε 为介质的介电常数；z 为离子的价（假设是对称的 z-z 电解质）；e 为元电荷；γ_1 和 γ_2 是表面电位的无量纲函数。

式(4-98) 中的指数项取决于粒子的 Zeta 电位，如果电位的符号是相似的，则总是正的（斥力），如果它们的符号是相反的，则总是负的（吸引力）。这与直觉的预期一致，但与假设恒定电位或恒定电荷时的结果不一致。在前一种情况下，具有相似符号但大小不等的表面电位的粒子之间可能会产生引力，而在电荷恒定的情况下，电荷相反的粒子可能会相互排斥。

对于相同的团聚体，式(4-98) 可简化为

$$V_R = 32\pi\varepsilon a (kT/ze)^2 \gamma^2 (-\kappa h) \tag{4-99}$$

对于较小的表面或 ζ 电位，这进一步简化为：

$$V_R = 2\pi e a \zeta^2 \exp(-\kappa h) \tag{4-100}$$

这更清楚地说明了 ζ 电位的影响。

添加的盐对斥力的影响将是加倍的：Zeta 电位的降低（特别是在特殊吸附反离子的情况下）和 κ 的增加。这两种情况都将导致在给定的间距下斥力的降低。

(3) 球-板相互作用 这三种近似（LSA、CPA、CCA）同样适用于板-球相互作用，可以通过修改表 4-3 中给出的球-球表达式，允许其中一个半径趋于无穷大来估计。

表 4-3 球-球双电层相互作用能

表达式		方法	文献
$V_R = \dfrac{128\pi a_1 a_2 n_\infty kT}{(a_1+a_2)\kappa^2} \gamma_1 \gamma_2 \exp(-\kappa h)$	(4-101)	LSA DIM	[41]
$V_R = \dfrac{128\pi a_1 a_2 n_\infty kT}{r\kappa^2} \gamma_1 \gamma_2 \exp(-\kappa h)$	(4-102)	CPA LPB LSA	[48]
$V_R = \dfrac{128\pi a_1 a_2 n_\infty kT}{(a_1+a_2)\kappa^2}(\Phi_1^2+\Phi_2^2)\left[\dfrac{2\Phi_1\Phi_2}{\Phi_1^2+\Phi_2^2}\ln\left(\dfrac{1+e^{-\kappa h}}{1-e^{-\kappa h}}\right)+\ln(1-e^{-2\kappa h})\right]$	(4-103)	CPA LPB DIM	[43]
$V_R = \dfrac{128\pi a_1 a_2 n_\infty kT}{(a_1+a_2)\kappa^2}(\Phi_1^2+\Phi_2^2)\left[\dfrac{2\Phi_1\Phi_2}{\Phi_1^2+\Phi_2^2}\ln\left(\dfrac{1+e^{-\kappa h}}{1-e^{-\kappa h}}\right)-\ln(1-e^{-2\kappa h})\right]$	(4-104)	CCA LPB DIM	[42]
$V_R = \dfrac{\pi a_1 a_2}{a_1+a_2}\left[\left(\dfrac{2\varphi\sigma}{\kappa}\right)\left(\dfrac{\pi}{2}-\tan^{-1}\sinh(\kappa h)\right)-\left(\dfrac{\sigma^2}{\varepsilon\kappa^2}-\varepsilon\varphi^2\right)\ln(1+e^{-2\kappa h})\right]$	(4-105)	Mied CPA & CCA LPB DIM	[46]

4.2.2.3 离聚物作用

传统的 DLVO 理论完全忽视了聚合物带来的其他力的作用，聚合物的行为是

由胶体体系的性质和粒子-聚合物相互作用决定的。而标度理论可以用来计算吸附的聚合物带来的作用力，它是通过最小化表面自由能达成这一目标的：聚合物的行为是由胶体体系的性质和粒子-聚合物相互作用决定的。虽然聚合物体系可以描述为具有静电效应的离子溶液，但它们之间的主要区别在于聚合物的内部自由度。因此，对粒子-聚合物相互作用的准确描述需要对聚合物溶液的热力学进行深入的考虑，标度理论被用来计算由于吸附的聚合物层，通过最小化在恒定离聚物覆盖约束条件下的表面自由能函数：

$$\gamma - \gamma_0 = -|\gamma_1|\Phi_s + \alpha_{Sc}k_BT\int_0^r \frac{1}{\xi^3(\Phi)}\left[1 + \left(\frac{\xi(\Phi)}{\Phi}\times\frac{d\Phi}{dz}\right)^2\right]dz \quad (4\text{-}106)$$

式中，γ 和 γ_0 分别为聚合物溶液和溶剂的表面自由能；k_B 为 Stefan-boltzmann 常数；$\Phi(z)$ 是聚合物浓度，它是到颗粒表面距离的函数；Φ_s 为到表面时的极限值。对于吸附表面，单位面积的聚合物-表面作用能为负值，α_{Sc} 和 m_0 都是常数。描述聚合物链与其他链的连续接触点之间平均距离的局部相关长度表达为 $\zeta(\Phi)$。右边第一项是指短程表面对表面能的贡献，第二项是指体相内部对表面能的贡献。短期相互作用主要取决于聚合物在表面的浓度，而后者包括熵项和排除体积相互作用。被积函数的第一项表示聚合物段相互作用能，第二段表示聚合物分子间相互渗透交叉，类似不同浓度聚合物的混合，从而引起熵变。当两个被聚合物覆盖的表面相互靠近时，可以预期在表面之间会形成一个对称的聚合物浓度分布，在表面处有一个最大值，在两表面之间的中点处衰减到最小值。离聚物浓度实际上为一个常数，即表面最大值等于中心最小值，等于总离聚物吸附量乘以单体有效尺寸的立方除以离聚物到颗粒表面的距离。

$$\Phi(z) \approx \Phi_s \approx \Phi_{mildpoint} \approx \Gamma a_m^3/r \quad (4\text{-}107)$$

式中，Γ 表示颗粒表面离聚物总吸附量；a_m 为单体有效尺寸；r 为离聚物到颗粒表面的距离。因此表面自由能之差可以表示为：

$$\gamma - \gamma_0 = -|\gamma_0|\Phi_s + \left(\frac{\alpha_{sc}k_BT}{a^3m}\right)r\Phi_{midpoint}^{9/4} \quad (4\text{-}108)$$

因此，中间位置的渗透压可以据此计算得出：

$$\Pi_d = -\frac{\partial(2\gamma)}{\partial(2r)} \approx \left(\frac{\alpha_{Sc}k_BT}{a^3m}\right)r\Phi_0^{9/4}\left[-\frac{32\Gamma}{\omega^2\Gamma_0} + \frac{5}{4}\left(\frac{8\Gamma}{\omega_{Sc}\Gamma_0}\right)^2\right] \quad (4\text{-}109)$$

对界面压力进行积分得到两个平面的相互作用能：

$$U_{polymer}^{plate} = \left(\frac{\alpha_{Sc}k_BT}{a^3m}\right)\Phi_0^{9/4}D_{Sc}\left[-\frac{16\Gamma D_{Sc}}{r^2\Gamma_0} + \frac{D_{Sc}^{5/4}}{(2r)^{5/4}}\left(\frac{8\Gamma}{\Gamma_0}\right)^{9/4}\right] \quad (4\text{-}110)$$

将 Derjaguin 近似应用于这个公式可以得到两个相等的聚合物包覆球的相互作用能。进一步，应用 Napper 提出的关系式，两个不等聚合物包被颗粒之间相互作用能可表示为：

$$U_{\mathrm{poly}}(r)=\pi a_i\left(\frac{\alpha_{\mathrm{Sc}}k_{\mathrm B}T}{a^3m}\right)\Phi_0^{\frac94}D_{\mathrm{Sc}}\left[-\frac{16\Gamma D_{\mathrm{Sc}}}{\Gamma_0}\ln\left(\frac{2\delta}{r}\right)+\frac{4D_{\mathrm{Sc}}^{\frac54}}{2^{5/4}}\left(\frac{8\Gamma}{\Gamma_0}\right)^{\frac94}\left(\left(\frac1r\right)^{\frac14}-\left(\frac{1}{2\delta}\right)^{\frac14}\right)\right]$$

(4-111)

4.2.3 浆料团簇的分形结构

4.2.3.1 团聚体结构

当催化剂颗粒聚集时形成的团簇具有多种聚集形式。在最简单的等量球体的例子中，二聚体一定是哑铃形。然而，三聚体可以有多种不同的聚集方式，在更多颗粒的多聚体中，可能的结构数迅速增加，如图 4-7 所示。在真正的催化剂浆料团聚过程中，可能出现含有成百上千单聚体的聚合体，其具体结构难以详细描述。因此需要一种简洁的方法对其结构信息进行描述，既能使聚合结构具有一般的特征，又能传递有用的信息。20 世纪 80 年代，由于团聚体建模以及团聚体生成的计算机仿真研究，这一领域取得了很大进展。

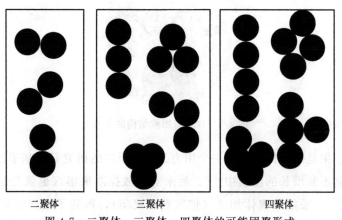

二聚体　　　　三聚体　　　　四聚体

图 4-7　二聚体、三聚体、四聚体的可能团聚形式

4.2.3.2 分形团聚体

催化剂浆料团簇被认为是分形物体[49]。质量与团聚体尺寸（如直径）的关系可以是线性的，但斜率是非整数的（对于规则的三维物体，斜率是 3）。对于团聚体，该直线的斜率 $d_{\mathrm F}$ 称为分形维数，可以远小于 3。还有其他几种定义分形维数的方法。严格地说，$d_{\mathrm F}$ 应该被称为质量分形维数，但这里将使用一般术语。分形维数越低，团簇聚合结构就越开放（或"松散"）。总质量 M 与尺寸 L 的关系为：

$$M\propto L^{d_{\mathrm F}}$$

(4-112)

"尺寸" L 可以用各种方法来表示，在基础研究中，它常被认为是团聚体的回转半径。然而，L 的精确定义并不影响式(4-112) 的形式，使用不规则团聚体的最大直径作为其尺寸的度量可能比较方便。如果式(4-112) 中的关系适用于广泛的团聚体尺寸范围，那么它意味着团聚体具有自相似的结构，这与观察尺度（或放大程度）无关。这一概念在图 4-8 中做了简要说明，其中基本单元假定为三个相等的球体。这个简单的二维图解并不是要代表真实的聚合体，而只是传达自相似性的概念。这让人想起了早期关于聚集的"分层"性质的观点，即小的聚集物结合起来形成更大的"团聚体"。这样的模型通常被限制在几个离散的聚合级别，类似于图 4-9 中的简单图片。自相似聚集的本质是，从高聚体到单聚体有一个连续的"分布水平"。

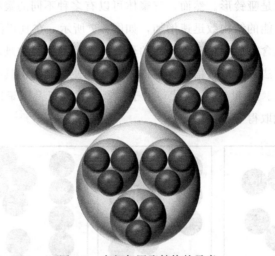

图 4-8　自相似团聚结构的示意

计算机模拟是团聚体研究的一个用力工具。早期的研究只是基于随机地将单个单聚体添加到不断增长的团簇中[50]。后来对扩散控制聚集（也就是快速的异向团聚）的模拟[49]，采用单聚体加法（扩散限制聚集），得到了相当密集的结构，d_F 约为 2.5。在许多情况下，单聚体加法并不是一个实际的模型，因为在大多数聚集过程中，团聚体长大是团簇-团簇碰撞的结果。在这种情况下，对一系列模拟胶体[51] 的计算机模拟和实验研究显示了更开放的结构，分形维数约为 1.8。有一个重要的前提是这些模拟是基于单聚体在第一次接触时永久地附着在其他聚体上。这个过程完全由扩散控制——因此称为扩散限制聚集（DLA）。

从直观上看，单聚体-团簇和团簇-团簇聚合产生的聚合结构的差异有一个简单的原因。如图 4-9 所示，在前一种情况下，一个单聚体在遇到另一个单聚体并黏附在一起之前，能够以某种方式渗透到团簇中。在两个团簇相遇时，可能在团簇相互渗透到一定程度之前就已经发生了接触与黏附，这将会导致一个更加开放的结构。

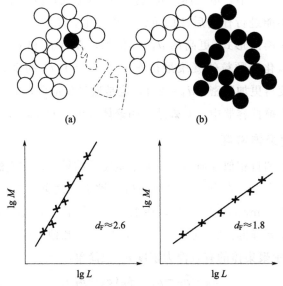

图 4-9　(a) 单聚体-团簇产生的团簇结构；(b) 团簇-团簇产生
的团簇结构（后一种方式产生的团簇结构更开放，分形维数更小）

　　当单聚体间存在斥力时，碰撞效率降低，聚集过程被称为"反应受限"，在此情况下可以得到各种聚集结构。在团簇-团簇聚集机制下，受反应限制的聚集体比 DLA 产生的聚集体更紧密，分形维数 $d_F = 2.1$。同样，要找到这种效应的解释并不困难。当碰撞效率较低时，单聚体（或团簇）需要多次碰撞才能发生黏附。这为探索其他可能的扩散路径和实现某种程度的相互渗透提供了更多的机会。

　　很少有由扩散以外的机制所产生的聚集。有证据表明，"弹射"聚集（即由于线性轨迹而发生的相遇）提供了更紧凑的结构，特别是在团簇-团簇的情况下，d_F 可以接近 3。在弹射聚集的模拟中，给出了 $d_F \approx 1.9$[52]。目前尚不清楚弹道聚集与剪切诱导碰撞和同向团聚动力学之间的关系。Torres 等[53] 模拟了黏性流动中的聚集现象，发现在剪切流和拉伸流中，团簇-团簇相遇产生的聚集物与 DLA 形成的聚集物非常相似，$d_F = 1.8$。对于单聚体-团簇聚集，d_F 值高达 2.9。

　　Hoekstra 等[54] 对羟基碳酸镍团聚体的分形维数进行了测量，包括异向团聚动力学和同向团聚动力学聚集体以及高和低胶体稳定性。尽管他们的系统远非"理想"，但结果与之前的模型研究和模拟大体一致。对于快速扩散控制的聚集体，分形维数为 1.7～1.8。在低电解质浓度下，聚合反应受到限制，d_F 在 2.0～2.1 范围内。对于高盐浓度下的同向动力学聚集（Couette 流），d_F 与剪切有关，从零剪切时的 1.7 增加到剪切速率为 $200s^{-1}$ 时的 2.2 左右。在反应受限（低盐）条件下，同向动力学碰撞的分形维数在 $200s^{-1}$ 时达到 2.7。

到目前为止的讨论中，单聚体之间的接触一旦形成，就会是永久性的，这意味着单聚体的聚集不能进行任何后续的重组。事实上，团簇结构的变化经常被观察到，总是给出更紧凑的形式（更高的 d_F）。例如，Aubert 和 Cannell[55] 发现，在扩散控制下，二氧化硅颗粒的凝聚最初产生了 $d_F = 1.75$ 的聚集体，但几个小时后，这些聚集体变得更加紧密，$d_F = 2.1$，这是通过反应限制聚集达到的。很有可能的是搅拌，如在搅拌容器中，有效地使团聚体（更高的 d_F）压实。

4.2.3.3 团聚体密度

团聚体的分形和自相似性质的一个非常重要的结果是，它们的密度随尺寸的增大而显著减小。事实上，在分形聚集体的概念被引入之前，这种行为已经被观察到。Lagvankar 和 Gemmell[56] 发现，在水处理条件下产生的团聚体的有效密度随着尺寸的增大而显著降低。20 世纪 60 年代，Tambo 和他的同事在日本也做了类似的观察[16]。液体中聚集体的有效浮力密度 ρ_E 很简单：

$$\rho_E = \rho_F - \rho_L = \phi_S(\rho_S - \rho_L) \tag{4-113}$$

式中，ρ_S、ρ_L、ρ_F 分别为固体颗粒、液体和团聚体（絮体）的密度；ϕ_S 为团聚体中固体的体积分数。

由于大多数团聚体密度的测量都涉及某种形式的沉降过程，因此浮力密度、ρ_E 是相关的性质。当 ρ_E 与团聚体直径以对数-对数形式绘制时，通常会发现线性减小，这意味着以下关系：

$$\rho_E = Ba^{-y} \tag{4-114}$$

式中，B 和 y 是常数，因为 ρ_E 和 ϕ_S 之间的比例关系，所以指数 y 与分形维数有关

$$d_F = 3 - y \tag{4-115}$$

对许多具有实际意义的悬浮物（包括采矿颗粒、污水污泥和氢氧化铝团聚体）的团聚体密度测量，y 值在 $1 \sim 1.4$ 范围内，对应的分形维数 $2 \sim 1.6$，与仿真和模型系统中得到的结果一致。这为团聚体聚集中的"普遍性"提供了相当大的支持[51]。

上面引用的 y 值表明，随着团聚体粒径的增加，密度显著降低。当 $y = 1.2$（$d_F = 1.8$）时，尺寸增加 10 倍会使得有效团聚体密度降低 16 倍。假设斯托克斯定律成立，相应的沉降速率将增加不到 6 倍，而不是在团聚体密度不变的基础上预期增加的 100 倍。因此，团聚体的分形特性对重力或离心分离过程具有非常重要的意义。

4.2.3.4 分形团簇的碰撞率

聚集动力学的 Smoluchowski 方法是基于碰撞团簇是球体的假设。即使是球形

的单聚体，它们的聚集也会很快形成如图 4-7 所示的形状，并且它们的碰撞率也无法精确计算。只有在液滴聚合的情况下，球形团簇的假设才成立。对于异向团聚机制，团聚体的增长使碰撞半径增大，扩散系数减小，这些影响趋于抵消，产生一个碰撞速率常数，对团聚体尺寸的依赖性不大。

在同向碰撞动力学的情况下，分形聚集体的有效捕获半径是最重要的，这在很大程度上取决于分形维数。与式(4-60)不同，i 和 j 聚体的同向碰撞动力学速率常数可以写成

$$k_{ij} = \frac{4Ga_0^3}{3}(i^{1/d_F} + j^{1/d_F})^3 \qquad (4\text{-}116)$$

式中，a_0 为单聚体半径，假设 i 聚体的半径为

$$a_i = a_0 i^{1/d_F} \qquad (4\text{-}117)$$

对于"聚结球体"的假设，$d_F = 3$，团聚体尺寸的增加相对缓慢（1000 倍团聚体的捕获半径增加了 10 倍）。d_F 值越低，团聚体粒径增长越快，这使得团聚体的聚合速率急剧增加。团聚体的分形性质的一个明显后果是，有效团聚体体积将不会固定。对于一定的 d_F 值，团聚体体积将大幅增加，这是碰撞频率增加的原因。

团聚体的分形特性的另一个非常重要的结果是，团聚体的水动力相互作用远不如固体颗粒，没有发现团聚体的水动力相互作用对于大小不等的颗粒预期的非常大的影响。粒子-团簇和团簇碰撞受到流体力学影响的程度要比涉及与团簇大小相等的固体粒子的类似碰撞小得多。

4.2.3.5 团聚体强度与开裂

在我们讨论聚集动力学的一开始就指出，聚集将被视为不可逆。这是一个方便的假设，因为团聚体的解体很难建模。然而，由于几乎所有的聚集过程都是在某种形式的搅动下进行的，所以解体过程也不容忽视。在实践中，经常发现团聚体具有一定的极限尺寸，这取决于外界施加的剪切或能量耗散以及团聚体的强度。经验上，尺寸可能取决于能量耗散[57]：

$$d_{max} = C\in^{-n} \qquad (4\text{-}118)$$

式中，C 和 n 是常数。对于紊流中团聚体的破碎有几种理论方法[58,59]，它们导致了式(4-117)形式的表达式。指数取决于相对于湍流微尺度的絮团大小；例如，对于与微尺度相比较大的团聚体，指数约为 -0.4，而对于小得多的团聚体，对能量输入的依赖就不那么大，$n = 0.3$。然而，这些值很难通过实验进行检查，而且可能是高度依赖于系统的。

即使在层流剪切中，也不容易预测最大团聚体粒径。Torres 等[60] 使用以下表达式来模拟大团聚体在简单剪切中的破碎，这是通过平衡两个粒子之间的范德华

力和作用于分离两个团聚体的水动力得出的：

$$(R_{Hi}+R_{Hj})=\left(\frac{A}{18\pi\mu Ga\delta^2}\right)^{1/2} \tag{4-119}$$

4.3 浆料中新物质的产生及影响

4.3.1 新物质的产生

催化剂浆料的质量对制备的催化层微结构具有重要影响，而催化剂浆料性质随时间流逝会发生变化。Uemura[61] 使用 X 射线计算机断层扫描技术检测得到玻璃容器内浆料的剖面图。如图 4-10 所示，随着时间流逝，浆料中气泡的数目显著增加，气泡的大小从微米级到毫米级，并且出现了第三相。通过使用计算机软件计算分析 CT 图片中气泡和第三相的体积，气泡和第三相的体积最终可达到浆料体积的 10%。

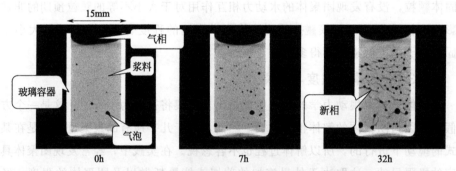

图 4-10　由 X 射线 CT 获得的催化剂浆料内部图像（空间分辨率为 $60\mu m$/体素）[61]

通过与相同配方下的炭黑分散体 CT 剖面图对比，发现不含 Pt 浆料在长时间静置后不产生气泡，因此，产生气泡的原因是 Pt 对溶剂的氧化作用，对催化剂浆料进行质谱分析，其结果如图 4-11 所示，结果显示检测出丙酸和丙醛，对玻璃样品容器上部的气相分析表明，CO_2 浓度随时间增加。结果表明，NPA 经铂催化剂分解后产生气体，并形成不同的液体组分。

Kameya[62] 通过磁共振技术对浆料制备过程各阶段的内部情况进行检测，发现浆料中的气泡由浆料混合阶段产生，并且由于浆料在低剪切下的高黏度特性使得通过静置脱出气泡难以完成。使用磁力搅拌器可以有效地脱除浆料中的气泡。

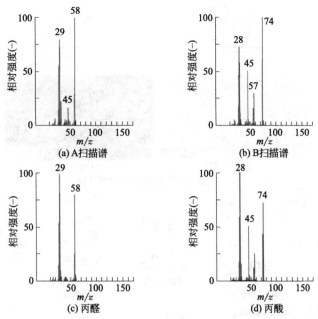

图 4-11　(a)、(b) 新浆料组分的典型质谱；(c)、(d) 从 NIST 库获得的匹配光谱[61]

Uemura 组[61-63] 发现了一系列的醇氧化杂质及其衍生物，主要包括有丙醇氧化得到的丙醛、丙酸，乙醇氧化得到的乙醛、乙酸，以及丙醛与丙醇发生缩醛反应生成 1,1-二丙氧基丙烷。具体反应如下：

$$CH_3(CH_2)_2OH + O_2 \longrightarrow 2CH_3CH_2CHO + 2H_2O \tag{4-120}$$

$$2CH_3CH_2CHO + O_2 \longrightarrow 2CH_3CH_2COOH \tag{4-121}$$

$$C_3H_6O_2 + C_3H_8O \longrightarrow C_6H_{12}O_2 + H_2O \tag{4-122}$$

$$C_3H_6O + 2C_3H_8O \longrightarrow C_9H_{20}O_2 + H_2O \tag{4-123}$$

4.3.2　新物质对浆料稳定性的影响

之前的研究报道了催化剂浆料的溶剂中醇的氧化是由于铂的催化作用而发生的，并生成了醛和酸。Uemura[63] 认为，催化剂浆料成分的变化影响催化层的形成过程，并决定催化层的最终结构和缺陷，影响着裂纹的形成与否。采用气相色谱-质谱联用（GC/MS）分析催化剂浆料中组分的变化，并采用光学显微镜研究催化剂浆料中生成的产物对催化层结构形成的影响（图 4-12）。

这些产物的形成会在亲水催化剂浆料中产生疏水效应，外生照度图像显示出靠近裂纹的焦点区域［图 4-12 (a)、(b) 中圆圈区域］。这些凸出的区域与催化层表面的平均高度相差 $10\sim20\mu m$，被认为含有微尺度团聚体。它的表面也显示出许多黑色的、线状的图案。图 4-12 给出了所提出的团聚体形成机制。如上所述，在 Pt 的催化作用下，NPA（正丙醇）产生了疏水化合物。从催化剂浆料的组成来看，

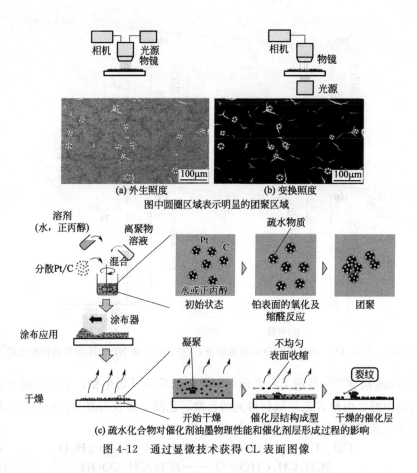

(a) 外生照度　　　　　　　(b) 变换照度

图中圆圈区域表示明显的团聚区域

(c) 疏水化合物对催化剂油墨物理性能和催化剂层形成过程的影响

图 4-12　通过显微技术获得 CL 表面图像

Pt/C 通过疏水化合物相互黏附，并在催化剂浆料中形成纳米至微米尺度的团聚体。如果颗粒间距离不均匀或混合了不同直径的团聚体，则作用在涂膜表面的颗粒间的毛细力不平衡。因此，在干燥过程中会形成裂纹，认为催化剂浆料干燥过程中 Pt/C 结块是产生裂纹的起始点。

4.4　浆料稳定性的调控

4.4.1　组分调控

4.4.1.1　水醇比

Kumano[64] 研究了不同水醇比和固含量对浆料沉降的影响，溶剂组分中水的

比例为 48%，67% 和 75%，催化剂含量为 1.1%，2.4%，3.7%，5%，6.6%。沉降情况通过上清液与沉降层界面高度与初始液面高度之比进行比较。催化剂含量低于 5% 的浆料在制备后 $1\sim5$ 天内发生了沉降，而催化剂含量为 5% 和 6.6% 的浆料在制备后 30 天都未发生沉降。浆料的屈服应力大于重力与浮力之差即可保证浆料中不发生沉降。如式（4-124）所示。

$$\sigma_y \geqslant \frac{2}{3}a(\rho_p - \rho_l)g \tag{4-124}$$

随着催化剂含量的增加浆料屈服应力增加，但是同一催化剂含量水平下随着水含量的增加浆料的屈服应力下降，这是因为在高水含量的浆料中离聚物紧密地吸附在催化剂上使得团聚体形成紧密结构、分形维数较大，在相同浓度下，低分形维数的 Pt/C 松散团聚体和三维网状结构比高分形维数的致密团聚体占有体积分数更高。此外，分散介质以伪固相形式被截留在 Pt/C 的松散团聚体中，自由分散介质体积的减小导致催化剂浆料中屈服应力的增加。根据式（4-124），可计算得到屈服应力应该大于 1.7Pa。

4.4.1.2　离聚物调控

时间依赖性的浆料微结构直接影响着催化层的微结构，在 MEA 制造过程中离聚物的形态和分布、催化剂团聚体的大小、孔隙结构等都影响着电池的最终性能。浆料体系中离聚物的存在显著提高了浆料的稳定性。离聚物在浆料稳定性中的作用可以从两个方面来解释。一是由于离聚物磺酸盐侧链中产生的表面电荷引起的静电斥力的增加。另一种是空间位阻效应，它使催化剂颗粒保持足够的距离，以克服导致团聚的范德华引力。Taning[65] 研究了高固含浆料［10%（质量分数）］中水与正丙醇的比例对浆料中离聚物的分布行为的影响，从而对浆料的粒径分布及沉降动力学产生影响。研究浆料中固体含量为 10.4%，溶剂为 NPA-水混合，溶剂中 NPA 含量为 1%、20%、50% 和 80%（质量分数），通过声谱学方法测量了催化剂浆料和离聚物分散体的粒径，这种方法可以避免动态光散射检测方法需要进行稀释的缺陷，浆料稳定性通过 LUM 公司的离心稳定性分析仪进行检测。

如图 4-13(a) 所示，离聚物团聚体的大小随 NPA 分数的降低而增大。富醇样品 NPA80 中颗粒分布呈双峰结构，峰对应尺寸分别为 80nm 和 200nm。NPA50 和 NPA20 呈单峰分布，离聚物聚集峰尺寸分别为 400nm 和 500nm。以水为主导的 NPA01 表现出 200nm 和 $8\mu m$ 的双峰。根据溶剂的组成，将离聚物的尺寸行为与之前使用 DLS 的研究进行了比较，如图 4-13(d) 所示。值得注意的是，本文引入了 DLS 的文献值，研究了离聚物尺寸随溶剂组成的变化趋势。此外，由于 DLS 文献中的分散体由不同的离聚物类型、溶剂性质和分散浓度组成，因此很难将粒径的绝对值与本研究的 AS 结果进行比较。图 4-13(d) 显示了一个统一的趋势，随着醇

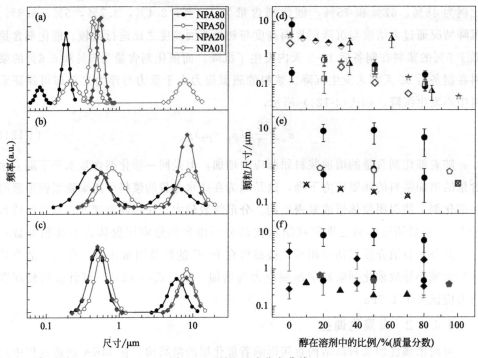

图 4-13　颗粒尺寸分布曲线

(a) 离聚物和 (b) 催化剂团聚体分散在不同溶剂组成中的颗粒分布；(c) 使用不同溶剂组成制备
的催化剂浆料颗粒分布尺寸；(d) 离聚物分散液的颗粒尺寸分布比较；(e) 催化剂分散
液的颗粒尺寸分布比较；(f) 带离聚物的催化剂浆料颗粒尺寸分布比较

比例的增加，离聚物聚集体的尺寸线性减小。在富醇混合物中，丰富的醇分子与离聚物的疏水主链具有良好的亲和力，这有助于离聚物在溶剂中良好的分散。相反，在富水环境中，离聚物通过疏水相互作用形成大的聚集体，疏水相互作用使疏水主链和水分子之间的界面最小化。

图 4-14 为四种不同催化剂浆料的浆料沉降动力学结果。拍摄的玻璃样品池视觉图像显示了离心条件下不同的颗粒沉降，表明浆料的稳定性取决于溶剂的组成 [图 4-14(a)]。从箭头标记区域的样品池颜色来看（黑色箭头表示浆料半月面，灰色箭头表示沉积物的上部），NPA20 呈暗黑色，表示浓度高，沉积少。而 NPA80 和 NPA01 为透明态，表明完全沉积。NPA50 的上半部分是清晰的，但下半部分仍是暗的，说明有颗粒沉积，也有颗粒仍在漂浮。图 4-14(b) 和图 4-14(c) 中的沉降时变图提供了浆料随时间变化的颗粒沉降动力学信息。在沉降时变图中，纵坐标表示样品池在 110～120.5mm 范围内的径向位置，也就是样品池中用黑色和灰色箭头表示的位置 [图 4-14(a)]。横坐标表示交流实验时间，图中的颜色梯度表示随时间通过样品池中的衰减透射值。NPA20 的透射图在 130min 内保持深色，250min

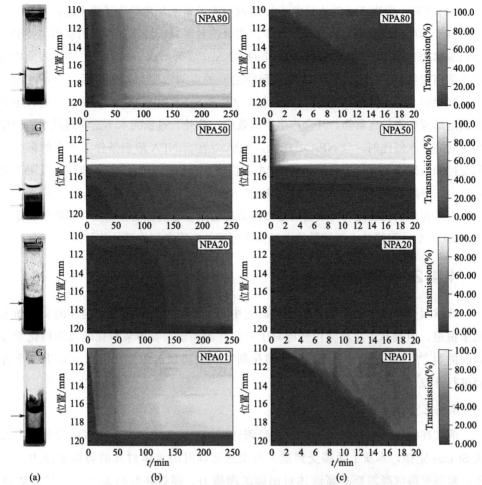

图 4-14　（a）沉淀法玻璃池实验后的照片；（b）250min 后制备
浆料的透射图；（c）20min 前制备浆料的透射图

后逐渐变浅。这表明 NPA20 在 2900r/min（1200g）离心后，仍然非常稳定，只有轻微的沉降。与 NPA20 不同，NPA80 和 NPA01 的颜色变化较快，粒子沉降速度较快。NPA80 和 NPA01 的颗粒沉降时间分别为 75min 和 50min，基本完成。沉降时变的早期实验［图 4-14（c）］显示，NPA80 和 NPA01 开始 2min 后开始沉积。迁移记录还显示连续粒子沉降之间的边界线（深色和浅色）继续下降直到约 16min。NPA50 迁移记录不同于其他。根据图 4-14（c），快速沉积前 1min 只发生在上层区域从 110～115mm，而其他区域的浆料显示稳定的行为（从 115～120.5mm），表明 NPA50 浆料包含至少两种不同类型的粒子与不同的聚集和沉降行为。

　　由离聚物表面电荷引起的静电相互作用取决于溶剂的组成。Nafion 在富水溶剂中的 pH 值低于在富 NPA 溶剂中的 pH 值。也有报道称，浆料中离聚物的类型

（吸附与游离）取决于溶剂的组成。水-醇混合物的富水环境导致了更多的离聚物在模型电极上的吸附，导致自由离聚物较少。离聚物对浆料中催化剂颗粒的吸附主要受碳表面疏水相互作用的影响。以水为主导的NPA20溶剂形成了吸附性更强、表面电荷更高的离聚物，促进了浆料中催化剂颗粒之间的空间效应和静电排斥。应该注意的是，NPA01与过多的水形成的离聚物太大（约 $8\mu m$），如图4-14(c)所示，这将不能有效地形成吸附的离聚物，并会产生空间效应。此外，过量的水不适合润湿本研究中采用的高疏水催化剂。与NPA01相比，NPA80在富NPA溶剂条件下产生的催化剂润湿性和离聚物尺寸合适。但在富NPA条件下，游离离聚物占主导地位，吸附离聚物较少，导致絮凝耗尽，浆料稳定性降低。NPA50比NPA01和NPA80在离聚物吸附程度、催化剂润湿性和离聚物尺寸方面表现出更稳定的性能。然而，浆料的稳定性比NPA20低，可能是由于较低的水组分所驱动的吸附离聚物量的差异。

4.4.2　添加剂调控

目前对于燃料电池催化剂浆料的研究中关于添加剂调控浆料稳定性的文献尚未见于报道，但是基于浆料使用性能对于稳定性的需求，参考浆料化学及涂料化学方面的助剂[66,67]，未来对于燃料电池催化剂浆料中添加剂的使用可以从以下几个方面进行开发。

4.4.2.1　增稠剂

前文在浆料团簇的沉降机理中已经阐述，团聚体在重力下发生沉降时其速度服从 Stokes 定律，本质上团簇受到重力与团簇运动时的流体对其的剪切摩擦力，因此，抑制浆料沉降需要提高流体对团簇的摩擦力，即提高浆料流变性中的屈服强度。增稠剂可以提高浆料分散介质的黏度防止浆料发生沉降。

(1) 纤维素醚及其衍生物　目前，纤维素醚及衍生物类增稠剂主要有羟乙基纤维素（HEC）、甲基羟乙基纤维素（MHEC）、乙基羟乙基纤维素（EHEC）、甲基羟丙基纤维素（MHPC）、甲基纤维素（MC）和黄原胶等。这些都是非离子型增稠剂，同时属于非缔合型水相增稠剂。它们的增稠机理是由于氢键使其具有很强的水合作用及其大分子之间的缠绕。还有疏水改性纤维素（HMHEC），它是在纤维素亲水骨架上引入少量长链疏水烷基，从而形成缔合型增稠剂。由于进行了疏水改性，在原来的水相增稠基础上具有缔合增稠作用。能与分散相、表面活性剂等疏水组分进行缔合而增加黏度。

(2) 碱溶胀型增稠剂　碱溶胀型增稠剂分为非缔合型溶胀增稠剂（ASE）和缔合型碱溶胀增稠剂（HASE），它们都是阴离子型增稠剂。第一种是聚丙烯酸盐碱溶胀型乳液，由不饱和共聚单体和羧酸等共聚而成。它的增稠机理是在碱性体系中发生酸碱中和，树脂被溶解，羧基在静电排斥作用下使得聚合物的链展开，从而使体系黏度提高。第二种是疏水改性的聚丙烯酸盐碱溶胀型乳液，其骨架是由约49％的甲基丙烯酸、约50％的丙烯酸乙酯和约1％的疏水改性的大分子构成。同时还有少量的交联剂，在中和膨胀时使聚合物保持在一起。其增稠机理是在第一种的基础上增加了缔合作用。

(3) 聚氨酯和疏水改性非聚氨酯类增稠剂　聚氨酯增稠剂是一种疏水基改性的乙氧基聚氨酯水溶性聚合物，属于非离子型缔合增稠剂。由疏水基、亲水链和聚氨酯基组成，疏水基起缔合作用，是增稠的决定性因素，通常有油基、十八烷基、十二烷苯基、壬酚基等。亲水链能提供化学稳定性和黏度稳定性。疏水改性非聚氨酯型增稠剂包括有疏水基改性的乙氧基非聚氨酯水溶性聚合物、疏水改性氨基增稠剂、疏水改性聚醚增稠剂和改性聚脲增稠剂等。

(4) 无机增稠剂　膨润土、凹凸棒土和气相二氧化硅。它们的特点是抗生物降解性好、低剪切速率下增稠效果好。

(5) 络合型有机金属化合物类增稠剂　这一类增稠机理也是通过氢键作用，抗流挂性好，流平性好。

4.4.2.2　消泡剂

前文已介绍在浆料的存储阶段会因为 Pt 对溶剂的催化氧化产生气泡，并且在浆料分散过程中由于机械搅拌等会把空气卷入浆料中。气泡的存在会导致涂层产生针孔、缩孔、橘皮等不良缺陷。所以消除浆料中的气泡已成为催化剂浆料研究中必须要考虑的重点问题。

气泡可以定义成空气在浆料中的一种稳定分散形式，从热力学上来看，气泡是一种热力学不稳定的两相体系，泡沫的比表面积越大，体系内的能量越大。当空气在含有表面活性剂的液体中填充时，表面活性剂就会在气/液界面处定向排布，疏水基朝向空气、亲水基面向液体。包裹着空气，产生大量气泡，由于气体的密度远远小于液体的密度，所以气泡会很快向液面迁移。但是如果液体的黏度很大时，迁移阻力很大。采用消泡剂去除浆料体系内的气泡是工业上的常用手段之一。

消泡剂通常由三种基本组分构成，包括载体、活性剂、扩散剂（主要是润湿剂和乳化剂，也可以不添加）。在水性体系中，使用矿物油体系的消泡剂较多，这类消泡剂的活性剂主要有脂肪酸金属皂、有机磷酸酯、脂肪酸酰胺、脂肪酸酰胺酯、多亚烷基二醇、疏水二氧化硅等。活性化合物可以是固体也可以是液体，固体必须是细微的颗粒，液体必须是乳液液滴，还可以加入少量的有机硅。扩散剂大部分是乳化剂和湿润剂，用以保证活性物质的渗透和扩散，典型的扩散剂有脂肪酸酯、脂肪醇、辛基酚聚氧乙烯醚、脂肪酸金属皂、磺化脂肪酸等。载体也可称为溶剂，通常是脂肪烃。以往多用芳香烃，但是因为环保因素而被限制使用。脂肪烃毒性较小但是在水相中溶解度较小。

4.4.3 制备工艺调控

催化剂浆料制备过程影响着催化剂颗粒在溶剂中的分散状态,从前文中的颗粒迁移机理与颗粒间相互作用机理分析发现,颗粒的初始尺寸对于浆料的稳定性具有很大的影响。分散是将颜料颗粒的聚集物或团聚物破碎或减少到所需粒度的过程。催化剂是以干燥的形式生产出来的。为了进一步加工,这些材料因此需要混合成液体配方。在这个润湿阶段,纳米颗粒通常会形成团聚。因此,需要采用有效的去团聚和分散方法来克服这些结合力。实验室和工业中最常用的机械分散技术是剪切搅拌、研磨和超声波。

Clayton Jeffery Jacobs[68] 探究了催化剂浆料制备工艺对浆料质量和催化层特性的影响,从而明确了制备工艺对 PEMFC 性能的影响。研究的浆料配方为:将 $0.9g$ 40%(质量分数)Pt/C 催化剂粉加入 100mL 烧杯中,然后滴加 10mL H_2O 将催化剂"润湿"使粉末完全浸入水中。这是为了防止在接下来的步骤中加入的有机溶剂燃烧。烧杯然后旋转,以确保没有干燥的催化剂粉末残留。随后,在混合物中加入 10mL NPA 和 10mL IPA。然后旋转烧杯使溶剂分散到浆料混合物中。最后加入 3.63mL 的 15%(质量分数)Nafion 溶液。这就产生了一种 I/C 比为 1 的浆料混合物。采用 2×2 因子设计研究了分散强度和时间的影响。对于球磨、高速剪切、超声三种混合方法,每种方法选取两个混合强度和混合时间点,使其代表极端情况。浆料通常分散 30min 后被认为是均匀的[69],混合浆料超过 30min 可能会对催化剂的 ECSA 有害。催化剂浆料配方是一个耗时的过程,缩短搅拌时间可以大大提高工艺效率。因此,一种极端情况下的混合时间选择为 30min,另一种极端情况下的混合时间选择为 5min(表 4-4)。

表 4-4　样品分散条件与缩写

样品缩写编号	含义
BM-200-5	球磨—200r/min—5min
BM-200-30	球磨—200r/min—30min
BM-3000-5	球磨—3000r/min—5min
BM-3000-30	球磨—3000r/min—30min
HSS-2000-5	高速剪切—2000r/min—5min
HSS-2000-30	高速剪切—2000r/min—30min
HSS-9000-5	高速剪切—9000r/min—5min
HSS-9000-30	高速剪切—9000r/min—30min
UH-1.10-5	超声脉冲模式周期 0.1s/0.9s,10%功率输入 5min
UH-1.10-30	超声脉冲模式周期 0.1s/0.9s,10%功率输入 30min

样品缩写编号	含义
UH-4.35-5	超声脉冲模式周期 0.4s/0.6s,35％功率输入 5min
UH-4.35-30	超声脉冲模式周期 0.4s/0.6s,35％功率输入 30min
ParSD	颗粒尺寸分布

催化剂浆料的粒度通过使用 Mastersizer 2000 进行检测，分散过程的差异最终导致不同的 PEMFC 性能。图 4-15 描述了使用不同的混合技术产生的分散的颗粒尺寸分布。

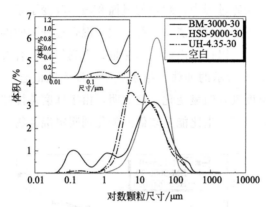

图 4-15　球磨、高速剪切和超声分散技术的催化剂浆料在 0.1～10000μm（主图）的粒径分布和 0.02～1μm（插入图）之间的粒径分布[68]

如 Özcan-Taşkin 等所述[70]，根据粘接强度和团聚体之间的相互作用应力，颗粒破碎可以通过三种不同的机制发生，可以使用颗粒尺寸分布进行说明。原理说明如下：①侵蚀：小碎片逐渐从大团聚体剪切下来，逐渐导致更多的小颗粒，由此产生的颗粒尺寸分布通常是双峰的；②破裂：大团聚体在逐步过程中被分解成较小的均匀团聚体，导致单峰颗粒尺寸分布；③粉碎：高能量分散可以导致大团聚体破碎成没有中等大小的微小颗粒导致双峰颗粒尺寸分布[70,71]。图 4-15 为 BM-3000-30、HSS-9000-30、UH-4.35-30 和空白浆料（手工搅拌浆料，代表未经分散工艺的催化剂浆料）的颗粒尺寸分布。在 0.02～500μm 粒径范围内，观察到催化剂浆料碳团聚现象。分散过的浆料曲线显示 30μm 处的峰向更小的颗粒尺寸左移。对比空白浆料与其他分散浆料曲线，可以清楚地看出粉碎减小了颗粒尺寸。BM-3000-30 曲线分布较窄，在 7μm 左右有一个峰。然而，HSS-9000-30 曲线也显示了类似的趋势，通过观测左侧的小尺寸分布，浆料中产生了更小的颗粒。单峰分布的特征是具有单峰的分布曲线。从图 4-15 中可以看出，球磨和高速剪切浆料中颗粒尺寸分布为单峰分布。单峰分布是分散能量分布很均匀的结果，这在整个浆料中产生处处相同的粉碎率。Lindermeir 等[72] 注意到单峰和窄的颗粒尺寸分布可以减少沉淀从而增加催化剂浆料的加工性能，形成稳定的悬浮液。球磨和高剪切在浆料分散过程中都使用接触机械力。因此，这可能意味着颗粒在粉碎过程中破碎机制相似，这可以解释两条曲线之间的相似性。另一方面，从 UH-4.35-35 颗粒尺寸分布曲线可以看出，在超声分散过程中高强度空化产生了非常小的粒子。三种分散方式中超声产生了最大的颗粒尺寸分布范围，表明在超声过程中产生的浆料不是很稳定。

　　每种混合方法都使用完全不同的技术来分散浆料。因此，量化每种技术的能量输入将是有用的。在粉碎过程中，颗粒的碰撞和破碎改变了系统的能量状态。计算能量输入的一种直接方法是进行能量平衡，记录混合过程中的温度。因此，使用浆料混合物的可行热容，可以计算出输入的能量。得到每种混合技术的温度随时间的变化，并绘制如图 4-16 所示的曲线。结果表明：温度随混合时间呈线性增加；而球磨浆料混合物的温度没有明显变化。这表明，由于球磨珠搅拌的结果，催化剂浆料的能量转移很低，从而产生比能量较低的催化剂浆料混合物。

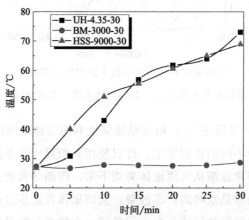

图 4-16　每种混合条件的温度-时间对比图[68]

参考文献

[1]　Marm B Dixit, Brice A Harkey, Fengyu Shen, et al. Catalyst layer ink interactions that affect coatability [J]. Journal of the Electrochemical Society, 2018, 165（5）: F264.
[2]　Shukla S, Bhattacharjee S, Weber A Z, et al. Experimental and theoretical analysis of ink

dispersion stability for polymer electrolyte fuel cell applications[J]. Journal of The Electrochemical Society, 2017, 164 (6) : F600.

[3] Shukla S, Bhattacharjee S, Secanell M. Rationalizing catalyst inks for PEMFC electrodes based on colloidal interactions[J]. ECS Transactions, 2013, 58 (1) : 1409.

[4] 赵振国, 王舜 . 应用胶体与界面化学[M]. 北京 : 化学工业出版社, 2017.

[5] 崔正刚 . 表面活性剂、胶体与界面化学[M]. 北京 : 化学工业出版社, 2013.

[6] Elimelech M, Gregory J, Jia X. Particle deposition and aggregation: measurement, modelling and simulation[M]. Butterworth-Heinemann, 2013.

[7] Crittenden J C, Trussell R R, Hand D W, et al. MWH's water treatment: principles and design[M]. John Wiley & Sons, 2012.

[8] Berg J C. An introduction to interfaces & colloids: the bridge to nanoscience[M]. World Scientific, 2010.

[9] Einstein A. On the theory of the Brownian movement[J]. Ann Phys, 1906, 19 (4) : 371.

[10] Smoluchowski M. Versuch einer mathematischen theorie der koagulationskinetik kolloider lösungen[J]. Zeitschrift für physikalische Chemie, 1918, 92 (1) : 129.

[11] Sonntag H. Coagulation and flocculation: theory and applications[M]. CRC Press, 1993.

[12] Wiesner M R. Kinetics of aggregate formation in rapid mix[J]. Water Research, 1992, 26 (3) : 379.

[13] Higashitani K, Miyafusa S, Matsuda T, et al. Axial change of total particle concentration in poiseuille flow[J]. Journal of Colloid and Interface science, 1980, 77 (1) : 21.

[14] Jiang Q, Logan B E. Fractal dimensions of aggregates determined from steady-state size distributions[J]. Environmental Science & Technology, 1991, 25 (12) : 2031.

[15] Camp T R. Flocculation and flocculation basins[J]. Transactions of the American Society of Civil Engineers, 1955, 120 (1) : 1.

[16] Tambo N, Watanabe Y. Physical aspect of flocculation process—I: fundamental treatise [J]. Water Research, 1979, 13 (5) : 429.

[17] Camp T R. Velocity gradients and internal work in fluid motion[J]. J Boston Soc Civ Eng, 1943, 30: 219.

[18] Saffman P G F, Turner J S. On the collision of drops in turbulent clouds[J]. Journal of Fluid Mechanics, 1956, 1 (1) : 16.

[19] Cleasby J L. Is velocity gradient a valid turbulent flocculation parameter? [J]. Journal of environmental engineering, 1984, 110 (5) : 875.

[20] Friedlander S K. Smoke dust, and haze j w. sons[J]. New York, 1977: 31.

[21] Deraguin B V, Landau L. Theory of the stability of strongly charged lyophobic sols and of the adhesion of strongly charged particles in solution of electrolytes[J]. Acta Physicochim: USSR, 1941, 14: 633.

[22] Verwey E J W. Theory of the stability of lyophobic colloids[J]. The Journal of Physical

Chemistry, 1947, 51（3）：631.

[23] Israelachvili J N. Intermolecular and surface forces[M].2nd ed. London: Academic Press, 1992.

[24] Hamaker H C. The London—van der Waals attraction between spherical particles[J]. physica, 1937, 4（10）：1058.

[25] Lifshitz E M, Hamermesh M. The theory of molecular attractive forces between solids [M]//Perspectives in Theoretical Physics Pergamon, 1992: 329.

[26] Hough D B, White L R. The calculation of Hamaker constants from Liftshitz theory with applications to wetting phenomena[J]. Advances in colloid and interface science, 1980, 14（1）：3.

[27] Prieve D C, Russel W B. Simplified predictions of Hamaker constants from Lifshitz theory[J]. Journal of Colloid and Interface Science, 1988, 125（1）：1.

[28] Gregory J. The calculation of Hamaker constants[J]. Advances in Colloid and Interface Science, 1970, 2（4）：396.

[29] Gregory J, O'Melia C R. Fundamentals of flocculation[J]. Critical Reviews in Environmental Science and Technology, 1989, 19（3）：185.

[30] Visser J. On Hamaker constants: A comparison between Hamaker constants and Lifshitz-van der Waals constants[J]. Advances in colloid and interface science, 1972, 3（4）：331.

[31] Israelachvili J N, Tabor D. The measurement of van der Waals dispersion forces in the range 1. 5 to 130 nm[J]. Proceedings of the Royal Society of London. A. Mathematical and Physical Sciences, 1972, 331（1584）：19.

[32] Van Oss C J V, Omenyi S N, Neumann A W. Negative Hamaker coefficients[J]. Colloid and Polymer Science, 1979, 257（7）：737.

[33] Visser J. The concept of negative Hamaker coefficients. 1. History and present status[J]. Advances in Colloid and Interface Science, 1981, 15（2）：157.

[34] Gregory J. The calculation of Hamaker constants[J]. Advances in Colloid and Interface Science, 1970, 2（4）：396.

[35] Hough D B, White L R. The calculation of Hamaker constants from Liftshitz theory with applications to wetting phenomena[J]. Advances in Colloid and Interface Science, 1980, 14（1）：3.

[36] Davies B, Ninham B W. Van der Waals forces in electrolytes[J]. The Journal of Chemical Physics, 1972, 56（12）：5797.

[37] Frens G, Overbeek J T G. Repeptization and the theory of electrocratic colloids[J]. Journal of Colloid and Interface Science, 1972, 38（2）：376.

[38] Lyklema J. Colloid stability as a dynamic phenomenon[J]. Pure and Applied Chemistry, 1980, 52（5）：1221.

[39] Lyklema J, Fleer G J. Electrical contributions to the effect of macromolecules on colloid stability[J]. Colloids and surfaces, 1987, 25 (2-4): 357.

[40] Langmuir I. The role of attractive and repulsive forces in the formation of tactoids, thixotropic gels, protein crystals and coacervates [J]. The Journal of Chemical Physics, 1938, 6 (12): 873.

[41] Gregory J. Interaction of unequal double layers at constant charge[J]. Journal of colloid and interface science, 1975, 51 (1): 44.

[42] Usui S. Interaction of electrical double layers at constant surface charge[J]. Journal of Colloid and Interface Science, 1973, 44 (1): 107.

[43] Hogg R, Healy T W, Fuerstenau D W. Mutual coagulation of colloidal dispersions[J]. Transactions of the Faraday Society, 1966, 62: 1638.

[44] Ohshima H, Kondo T. Approximate analytic expression for double-layer interaction at moderate potentials[J]. Journal of colloid and interface science, 1988, 122 (2): 591.

[45] Ohshima H, Kondo T. Comparison of three models on double layer interaction[J]. Journal of colloid and interface science, 1988, 126 (1): 382.

[46] Kar G, Chander S, Mika T S. The potential energy of interaction between dissimilar electrical double layers[J]. Journal of colloid and interface science, 1973, 44 (2): 347.

[47] Derjaguin B V. Friction and adhesion. IV. The theory of adhesion of small particles[J]. Kolloid Zeits, 1934, 69: 155.

[48] Bell G M, Levine S, McCartney L N. Approximate methods of determining the double-layer free energy of interaction between two charged colloidal spheres [J]. Journal of Colloid and Interface Science, 1970, 33 (3): 335.

[49] Meakin P. Fractal aggregates [J]. Advances in colloid and interface science, 1987, 28: 249.

[50] Vold M J. Computer simulation of floc formation in a colloidal suspension[J]. Journal of Colloid Science, 1963, 18 (7): 684.

[51] Lin M Y, Lindsay H M, Weitz D A, et al. Universality in colloid aggregation[J]. Nature, 1989, 339 (6223): 360.

[52] Tence M, Chevalier J P, Jullien R. On the measurement of the fractal dimension of aggregated particles by electron microscopy: experimental method, corrections and comparison with numerical models[J]. Journal de Physique, 1986, 47 (11): 1989.

[53] Torres F E, Russel W B, Schowalter W R. Simulations of coagulation in viscous flows [J]. Journal of colloid and interface science, 1991, 145 (1): 51.

[54] Hoekstra L L, Vreeker R, Agterof W G M. Aggregation of colloidal nickel hydroxycarbonate studied by light scattering[J]. Journal of colloid and interface science, 1992, 151 (1): 17.

[55] Aubert C, Cannell D S. Restructuring of colloidal silica aggregates[J]. Physical review

[56] Lagvankar A L, Gemmell R S. A size-density relationship for flocs[J]. Journal-American Water Works Association, 1968, 60 (9): 1040.

[57] Mühle K, Domasch K. Stability of particle aggregates in flocculation with polymers: stabilität von teilchenaggregaten bei der flockung mit polymeren[J]. Chemical Engineering and Processing: Process Intensification, 1991, 29 (1): 1.

[58] Tambo N, François R J, Amirtharajah A, et al. Mixing, breakup and floc characteristics[J]. Mixing in Coagulation and Flocculation. Denver (CO): American Water Works Association, 1991: 256.

[59] Muehle K. Floc stability in laminar and turbulent flow[J]. Surfactant Science Series, 1993: 355.

[60] Torres F E, Russel W B, Schowalter W R. Floc structure and growth kinetics for rapid shear coagulation of polystyrene colloids[J]. Journal of colloid and interface science, 1991, 142 (2): 554.

[61] Uemura S, Kameya Y, Iriguchi N, et al. Communication—investigation of catalyst ink degradation by X-ray CT [J]. Journal of The Electrochemical Society, 2018, 165 (3): F142.

[62] Kameya Y, Iriguchi N, Ohki M, et al. MRI and ^{1}H/^{19}F NMR investigation of dispersion state of PEFC catalyst ink[J]. ECS Transactions, 2017, 80 (8): 819.

[63] Uemura S, Yoshida T, Koga M, et al. Ink degradation and its effects on the crack formation of fuel cell catalyst layers[J]. Journal of the Electrochemical Society, 2019, 166 (2): F89.

[64] Kumano N, Kudo K, Akimoto Y, et al. Influence of ionomer adsorption on agglomerate structures in high-solid catalyst inks[J]. Carbon, 2020, 169: 429.

[65] Taning A Z, Lee S, Woo S, et al. Characterization of solvent-dependent ink structure and catalyst layer morphology based on ink sedimentation dynamics and catalyst-ionomer cast films[J]. Journal of The Electrochemical Society, 2021, 168 (10): 104506.

[66] 耿星. 现代水性涂料助剂手册[M]. 北京: 中国石化出版社, 2007.

[67] 张玉龙, 齐贵亮. 水性涂料配方精选[M]. 北京: 化学工业出版社, 2009.

[68] Clayton Jeffery Jacobs. Influence of catalyst ink mixing procedures on catalyst layer properties and in-situ PEMFC performance[D]. University of Cape Town, 2016.

[69] Pollet B G, Goh J. The importance of ultrasonic parameters in the preparation of fuel cell catalyst inks[J]. Electrochimica Acta, 2014, 128: 292.

[70] N Gül Özcan-Taşkin A, Gustavo Padron, Adam Voelkel. Effect of particle type on the mechanisms of break up of nanoscale particle clusters[J]. Chemical Engineering Research and Design, 2009, 87 (4): 468.

[71] Zhang J, Xu S, Li W. High shear mixers: A review of typical applications and studies on power draw, flow pattern, energy dissipation and transfer properties[J]. Chemical Engineering & Processing Process Intensification, 2012, 57-58 (none): 25.

[72] Lindermeir A, Rosenthal G, Kunz U, et al. On the question of MEA preparation for DMFCs[J]. Journal of Power Sources, 2004, 129 (2): 180.

第5章

催化剂浆料的建模方法

从原子、分子水平理解浆料中各组分的相互作用及对浆料内部团聚体的本体结构进行建模和数值计算对浆料的研究具有重要意义。随着近几十年来科学技术的迅速发展，计算机的计算能力快速提高，计算材料学得到了蓬勃发展。通过理论计算建立相关模型，对浆料的结构、性能进行分析和预测，成为浆料研究领域的一大热门方向。本章选择了在质子交换膜燃料电池催化剂浆料研究领域常用的几种模拟计算方法，主要围绕相关方法的基本内容及在燃料电池浆料研究中的应用展开介绍，包括基于第一性原理计算方法、格子玻尔兹曼法、分子动力学模拟法和颗粒离散单元法等。

5.1 密度泛函理论

5.1.1 基本理论

在密度泛函理论中，原子、分子、固体的基态物理属性特征，能够使用粒子密度数学函数来描绘，是一类根据量子力学的从头算原理，人们一般将密度泛函理论的运算称为第一性理论运算。专家学者们又发展出了局域密度近似（local density approximation，LDA）、局域自旋密度近似（local spin density approximation，LSDA）与广义梯度近似（generalized gradient approximation，GGA）模式[1]。进而由电子组成结构就能够推论多个层面的多个宏观特征，例如震动谱、热导比例、电导比例与光学介电数学函数等。

在第一性理论运算里，引进了 3 个基本近似与 2 个定理，从而证实了粒子数实际有效密度，是明确粒子体系基态物理变量的基础改变量，与此同时，明确能量泛函针对粒子实际有效密度函数的变分，是明确体系基态的渠道。随后要求明确的是粒子数的实际有效密度函数 $n(r)$、动能泛函 $T[n(r)]$ 与转换关联能泛函 $E_{xc}[n(r)]^{[2]}$。

在这之后，Kohn 引进了一个假想的无互相作用耗电子体系，阶段基态电子实际有效密度正好等同于所要计算求解的互相作用多电子体系的电子实际有效密度 $n(r)$，所以 $n(r)$ 能够划分为 N 个独立运行轨道的波数学函数的总和：

$$n(r) = \sum_{i=1}^{N} \varphi_i^*(r)\varphi_i(r) \tag{5-1}$$

式中，N 为独立轨道个数；r 为电子与原子核之间的距离；$\varphi_i^*(r)$ 为波函数；$\varphi_i(r)$ 为实际有效密度函数，与之对应的 Kohn-Sham(KS) 运行轨道，动能算符能够简易确定为各电子动能的总和：

$$T[n(r)] = \sum_{i=0}^{N} \int dr \varphi_i^*(r) + \nabla^2[\varphi_i(r)] \tag{5-2}$$

将能量泛函对 KS 运行轨道展开变分能够获取 KS 运算方程式：

$$\left[-\frac{1}{2}\nabla^2 + v_{ext}(\vec{r}) + v_H(\vec{r}) + v_{xc}(\vec{r}) \right] \Phi_i = \varepsilon_i \Phi_i \tag{5-3}$$

式中，$v_{ext}(\vec{r})$、$v_H(\vec{r})$ 与 $v_{xc}(\vec{r})$ 依次为外势、Hartree 势与转换互相势；Φ_i 为径向波函数。

5.1.2　交换关联近似与泛函

从上节能够得出，计算求解 Kohn-Sham 运算方程式，就要求了解运算方程式里的转换关联项的主要方式，此时就要求对转换关联项采用逐渐的近似。

最简单的模型，就是均匀电子气模型。在均匀电子气模型中，空间里所有点的电荷密度都是一个常量，所有的电子都运动在一个正电荷背景分布的背景中。虽然这个模型和真实情况相差非常大，但是均匀电子气模型提供了能够实际求解 Kohn-Sham 方程的方法。能够近似为系统里每一点的转换关联能，都是仅由该点的电荷实际有效密度决定的，也就是

$$E_{xc}^{LDA}[\rho] = \int \rho(\vec{r})\varepsilon_{xc}[\rho(\vec{r})]d\vec{r} \tag{5-4}$$

式中，ρ 为电子密度；$\vec{r}$ 为电子与原子核的向量表示；ε_{xc} 为交换相关能量密度。这类只是运用了局域的电荷实际有效密度，来明确转换关联能的泛函，称为局域密度近似（LDA）$^{[3,4]}$。经过运用 LDA，能够书写 Kohn-Sham 运算方程式并且展开计算求解。然而要求了解的是，由于还没有运用实际的转换关联泛函，运用这

样获取的运算方程式并不可以获取实际 Schrödinger 运算方程式的解。尽管 LDA 仅仅采用了局域电荷密度，而忽略了交换关联势的非局域性，但是对于一些电荷密度变化较为缓慢的体系而言，例如对于金属或者以 sp 轨道杂化成键的半导体体系，使用 LDA 可以获得较为准确的结果。除了上述系统之外，针对原子、分子包括电荷实际有效密度，都存在剧烈改变的系统，LDA 会显著高估系统的高效作用结合能。

为了处理 LDA 上述不足的地方，就指出了广义梯度近似（GGA）。GGA 泛函提出，因为真实系统里电荷实际有效密度并非均匀分布的，因此在建设的泛函里，包括少数电荷实际有效密度改变的分布作用空间数据信息，这样泛函才能更加适用于实际体系。在 GGA 泛函里，转换关联能是通过电荷实际有效密度，包括电荷实际有效密度的方向梯度决定的，其表达运算方程式能够写成：

$$E_{\mathrm{xc}}^{\mathrm{GGA}}[\rho_\alpha,\rho_\beta]=\int f(\rho_\alpha,\rho_\beta,\nabla\rho_\alpha,\nabla\rho_\beta)\mathrm{d}\vec{r} \tag{5-5}$$

在 GGA 的交换能可以写成：

$$E_{\mathrm{x}}^{\mathrm{GGA}}=E_{\mathrm{x}}^{\mathrm{LDA}}-\sum_\sigma F(s_\sigma)\rho_\sigma^{4/3}(\vec{r})\mathrm{d}\vec{r} \tag{5-6}$$

式中，F 为相互作用力；s_σ 是一个非局域化的电荷密度的参量，代表自旋为 σ 的电荷密度的约化梯度。与 LDA 相比，由于在泛函中引入了电荷密度的变化量，因此可以适用于电荷密度不均匀的体系。GGA 充分改善了转换关联能的运算最终结果，对价电子的电离作用能的估测和 LDA 差别比较小。GGA 常常会高估系统的键长包括分子晶格常量，而运算出的高效作用结合能，常常会偏小。针对较轻的基本元素，GGA 泛函常常存在与测试实验最终结果差距非常小，不只可以非常好地预计共价化学分子键与金属的特征，针对氢键与范德华力作用的运算，还存在了不同作用程度的完善。

GGA 包括很多不同的泛函，当前在催化方面最经常使用的是 Perdew-Burke-Ern-zerhof 泛函[5]，简称 PBE 泛函，其他例如 Perdew-Wang 泛函（PW91）[6] 也在固体领域得到了较为广泛的应用。PBE 泛函起源于 Perdue 和 Yue 提出的模型，泛函的交换关联能为：

$$E_{\mathrm{x}}^{\mathrm{GGA}}[\rho]=-\frac{3}{4}\left(\frac{3}{\pi}\right)^{1/3}\int\mathrm{d}r\rho^{3/4}F(s) \tag{5-7}$$

其中

$$F(s)=(1+1.296s^2+14s^4+0.2s^6)^{1/15} \tag{5-8}$$

式中，s 为电荷密度参量。

5.1.3 分子的构型优化

在了解分子的构象优化之前，有必要先了解分子的势能面。假设一个分子由

N 个原子组成，在其分子势能表面有一个作用点 x^0，该作用点被用作独立存在的所有原子核的空间坐标分布的参考点，这些空间坐标依次是 $\{x_i^0,\ i=1,\ 2,\ 3\cdots 3N-6\}$。将分子的能量在 $E=E(x_i)$ 在 x^0 点进行 Taylor 展开，就能够获取具体如下所示运算处理方程式：

$$E = E\big|_{x_i=x_i^0} + \sum_{i=1}^{3N-6}\left[\frac{\partial E}{\partial x_i}\right]_{x_i=x_i^0}(x_i-x_i^0) +$$

$$\frac{1}{2}\sum_{i,j=1}^{3N-6}\left[\frac{\partial^2 E}{\partial x_i \partial x_j}\right]_{\substack{x_1=x_i^0 \\ x_j=x_j^0}}(x_i-x_i^0)(x_j-x_j^0) + \cdots \tag{5-9}$$

将在上述计算方程式里的 x^0 明确为参照点之后，它是一个常数。让 x^0 等于零，在势能分布平面中，分子构型稳定的点——静止点和过渡态上的点是基于以下概念的，在上述计算方程式里的第 2 项，也就是能量的一阶微分应当恒是零；将在上述计算方程式里的高级进行项忽视，就是在 x^0 点处存在如下恒等式：

$$E = \frac{1}{2}\sum_{i,j=1}^{3N-6}\left[\frac{\partial^2 E}{\partial x_i \partial x_j}\right]_{\substack{x_1=x_i^0 \\ x_j=x_j^0}}(x_i-x_i^0)(x_j-x_j^0) \tag{5-10}$$

$$= \frac{1}{2}\sum_{i,j}K_{i,j}(x_i-x_i^0)(x_j-x_j^0)$$

式中，$K_{i,j}$ 为力常量分布矩阵。

将力常量分布矩阵正则转换，就能够发现一组恰当的分布坐标——正分布坐标或者内分布坐标 ξ_i $(i=1,\ 2,\ 3,\ \cdots,\ 3N\text{-}6)$ 将力常量分布矩阵对角化，获取如下运算方程式：

$$E = \frac{1}{2}\sum_i K_i \Delta\xi_i^2 \tag{5-11}$$

式中，K_i 是第 i 个简正分布坐标——对应的作用力常量，其代表一定的运动方式：

$$K_i = \frac{\partial^2 E}{\partial \xi_i^2}(i=1,2,3,\cdots,3N\text{-}6) \tag{5-12}$$

如果 x^0 满足一阶微分为零的基本控制条件，并且对于任何存在的 i 都存在 $K_i > 0$，那么 x^0 就是势能面上的作用点，它稳定存在。假设存在且只有一个 K_i，符合 $K_i < 0$，那么这个 K_i 对应的就是鞍点，也就是反应的逐步过渡态。这就是分子构型优化的数学条件。

分子构型的优化通常是这样进行：第一步，人为操作作业建立一组初始数值 x_0^0，参考依据所给初始数值运算分子能量，参照给定的初始值计算分子的能量，包括其相对于简单正分布的坐标一阶微分和二阶微分。如此一来，就能够参考依据，要求经过一定的运算处理方法推论出靠近稳定点的分布方向或靠近鞍点的分布方向。设立一定的步长，就能够明确下一点 x_0^1 的具体作用位置，将 x_0^1 代回原运算方程式再一次展开运算能够得 x_0^2，x_0^3，$\cdots$，x_0^n。设立一个精准程度，持续到最终两次的 x_0^{n-1}，x_0^n 的模低于所给精准程度，运算就暂停了。最终获取的 x 就是要求的稳定分子构型 x^0。

5.1.4 簇模型和周期平板模型

探究分析固体表层化学吸附效应，包括多相催化最为普遍的量子化学应用模式，就是簇标准仿真模型模式与平板标准仿真模型模式。

(1) 簇模型 目前已经形成了三种类型的团簇建模方法：裸团簇模型、全饱和团簇模型和嵌入作用团簇模型。裸团簇模型是最简单的一种，只从固体中挖出一小块团簇，不做任何处理。假设裸团簇边界现有的悬空键完全被氢原子或其他原子所限制并完全饱和，那么针对这种类型的团簇得到的标准模型就是全饱和团簇模型，全饱和团簇模型对裸团簇模型有一定改进，提高了运算的准确性。整个裸团簇被嵌入一个点电荷场中，模拟分子晶体的分布式点阵结构，这里得到的一类标准模型被称为嵌入作用团簇模型。由于团簇模型完全忽略了或不同程度地削弱了周围自然生态环境对所取原子团簇的作用，因此固体系统模拟的最终结果是相对不准确的。然而，假设只寻求最理想的吸附位点，或者对于一些简单的催化反应，只考虑被吸附的小分子和表层的化学活性位点之间的相互作用，团簇模型的应用是具有实际意义的。由于对操作方式和操作基本条件的严格限制，集群模型的操作没有充分考虑表面层结构松弛引起的影响，因此，簇模型运算得到的最终处理结果与测试实验的最终结果存在不同程度的有效偏差。导致应用原子团模拟大分子结晶材料，可能无法获得非常准确的最终结果。

(2) 平板模型 从分子晶体分布点阵的论点出发，周期平板模型是把整个系统看成为沿格矢工作周期性排布标准序列的。在应用周期平板模型的系统里，原子在元胞里分布坐标与其对应的某一镜像内部的分布坐标，能够使用如下运算方程式表示：

$$\vec{R}_{1\text{xla}\vec{R}} = \tau_{\text{1sla}} + \vec{R} \tag{5-13}$$

式中，τ_{1sla} 为原子在超元胞里的分布坐标；$\vec{R}$ 为统计表格矢。

由于在模拟系统中采用了工作周期性的基本条件，所以平板模型非常适用于金属和半导体体系的研究和分析，选择平行于分布平面的基底进行研究和分析，这样就可以把分子晶体三维分布空间群降解为有限的分布平面群进行研究和分析。在与分析的分布平面平行的方向上，可以采用平行作用移位对称，这样就可以研究和分析固体表面。以上是用平板模型研究和分析系统的主要框架。平板模型是一种标准的模型构造模式,在表面层计算和模拟中经常使用。它一般用几层分子晶体来简化整个表面层,并采用平行分布方向的平行作用移动组模型来完成全速运算。在一般的平板模型构建中,为了减少研究分析的复杂性,研究分析人员往往选择同一平板在上下分布平面上的作用模式。这样一来,平板模型的上层和下层就是研究分析的层,但在平行层分布方向上,其构成是无限延伸的,这样就不存在切断边界的问题了。假设选择了足够多的层数,平板模型的最终结果就非常接近于分子晶体的实际存在。

5.1.5 密度泛函理论的应用

本节利用密度泛函理论举例探究了铂表面的电子结构及硫酸根离子对其结构的影响。本示例中几何优化和结合能的密度泛函计算是使用 Material Studio 中的 CASTEP 程序套件中的真空版几何模型进行的。计算中使用的密度泛函理论(density functional theory,DFT)交换关联势是广义梯度近似(GGA)和 PW(Perdew-Wang)91 泛函[7]。核心和价电子相互作用使用即时产生(OTfg)超软赝势和截止能量为 381eV 的平面波基组。为了加快计算速度,能量会聚容差被设置为 5×10^{-5} eV/原子。

用 DFT 初步计算了磷酸盐离子与 Pt(111)表面结合能随 Pt(111)表面电荷积聚的变化。参照物是位于不带电荷的 Pt 表面的磷酸根离子,因此由于磷酸根离子的存在,真空平板系统的总电荷是 −1。然后,假定 PtCu 合金中的电荷从 Cu 转移到 Pt,电荷转移与合金中 Cu 的含量成正比。因此,电荷被认为是局部集中在 Pt 原子上的。通过密度泛函理论计算得到了体系总电荷变化时的结合能。图 5-1 显示

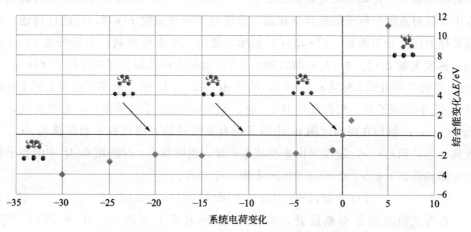

图 5-1 结合能相对于施加到系统的电荷变化

了结合能相对于施加到系统的电荷的变化趋势。对于基准状态，施加到系统（x轴）的电荷为零。当向系统添加电荷（x轴上的-1）时，系统的总电荷变为-2（来自添加的电荷的-1和来自磷酸根离子的-1）。增加的电荷分布在平板中的57个Pt原子之间。结果（y轴）由$\Delta E_{binding}$（参考点的$E_{binding}-E_{binding}$）表示。当从Pt(111)表面除去5个单位的电荷时，磷酸根离子与表面的结合更加强烈。相反，当一个电荷单位施加到表面时，磷酸根离子与Pt(111)表面的结合能降低了0.2eV。结合能在某一点达到平台点（-20电荷/57Pt原子＝每原子-0.35），然后显著下降。图5-1中的磷酸根离子的图像也呈现出这样的趋势。在参考点，磷酸根离子的非质子化氧与表面铂原子相互作用，形成单齿结合构象。当施加电荷时，非质子化的氧从表面撤退，两个未与氢原子键合的氧原子（一个非质子化的氧原子和一个去质子化的氧原子）平等地参与吸附，采用双齿结合构象。当加入过量电荷时，磷酸根离子的结构会从表面扭曲。

5.2 格子玻尔兹曼法

5.2.1 格子玻尔兹曼法的基础理论

格子玻尔兹曼（Boltzmann）法来源于玻尔兹曼输运方程。该方程是由物理科学家鲁丁·爱德华·玻尔兹曼提出的，他运用统计学的知识，将流体看作是停留在规则的格子点上的粒子，这些粒子依据某种法则发生迁移碰撞的模型，在微观层次上对原子和分子是如何决定物质的宏观性质做出了预测和解释。在玻尔兹曼输运方程中，针对系统中粒子的统计学状态，采用粒子分布函数$f(r,\xi,t)$进行描述，该函数称为速度分布函数。$f(r,\xi,t)$实际上是由三个参数控制：坐标矢量$r(x,y,z)$、速度矢量$\xi_i(\xi_x,\xi_y,\xi_z)$和时间t。当速度分布函数和位移速度相乘$f(r,\xi,t)dr d\xi$指的是在时间t时从r到$r+dr$单元$dr=dxdydz$中，速度变化从ξ到$\xi+d\xi$单元$d\xi$中的粒子数。当存在外力F_e时，假设m是粒子的质量，a为加速度，那么$F_e=ma$。假如在时间间隔dt中粒子没有发生碰撞，则该粒子的位移为dr，位置从r运动到$r+dr$，速度则由ξ变成$\xi+d\xi$，说明原来t时刻在$dr d\xi$中的粒子将会全部转移到$r+dr$，$\xi+a dt$的$dr d\xi$中，于是有：

$$f(r+dr,\xi+a dt,t+dt)dr d\xi = f(r,\xi,t)dr d\xi \tag{5-14}$$

对等式的左边作泰勒展开，再使用dt同时除上式两边，让dt趋向于零，则有：

$$\frac{\partial f}{\partial t} + \boldsymbol{\xi}\, \frac{\partial f}{\partial \boldsymbol{r}} + a\, \frac{\partial f}{\partial \boldsymbol{\xi}} = 0 \tag{5-15}$$

即：

$$\left(\frac{\partial f}{\partial t}\right)_{运动} = -\boldsymbol{\xi}\, \frac{\partial f}{\partial \boldsymbol{r}} - a\, \frac{\partial f}{\partial \boldsymbol{\xi}} \tag{5-16}$$

等号左边是因粒子的运动导致了分布函数 $f(\boldsymbol{r},\boldsymbol{\xi},t)$ 发生变化。粒子发生碰撞时应在等号右边增加由于粒子碰撞引起的粒子数量变化，所以

$$\left(\frac{\partial f}{\partial t}\right) = \left(\frac{\partial f}{\partial t}\right)_{运动} - \left(\frac{\partial f}{\partial t}\right)_{碰撞} \tag{5-17}$$

$$\frac{\partial f}{\partial t} + \boldsymbol{\xi}\, \frac{\partial f}{\partial \boldsymbol{r}} + a\, \frac{\partial f}{\partial \boldsymbol{\xi}} = \left(\frac{\partial f}{\partial t}\right)_{碰撞} \tag{5-18}$$

在粒子间发生碰撞过程中需要满足能量和动量守恒：

$$m\boldsymbol{\xi}_1 + m\boldsymbol{\xi}_2 \& = m\boldsymbol{\xi}_1' + m\boldsymbol{\xi}_2' \tag{5-19}$$

$$\frac{1}{2}m\boldsymbol{\xi}_1^2 + \frac{1}{2}m\boldsymbol{\xi}_2^2 = \frac{1}{2}m\boldsymbol{\xi}_1'^2 + \frac{1}{2}m\boldsymbol{\xi}_2'^2 \tag{5-20}$$

结合式(5-18)～式(5-20)能够推导出分布函数 $f(\boldsymbol{r},\boldsymbol{\xi},t)$ 的控制方程，即玻尔兹曼方程[8]：

$$\frac{\partial f}{\partial t} + \boldsymbol{\xi}\, \frac{\partial f}{\partial \boldsymbol{r}} + a\, \frac{\partial f}{\partial \boldsymbol{\xi}} = \iint (f'f_1' - ff_1)\, d_{\mathrm{D}}^2 \,|\,g\,|\cos\theta\, \mathrm{d}\Omega \mathrm{d}\boldsymbol{\xi}_1 \tag{5-21}$$

等号右边为碰撞项，一般使用 $J(f, f_1)$ 表示，但此项的存在使得求解玻尔兹曼方程十分困难。玻尔兹曼方程是气体动力学理论的根本方程。为此，科研人员发现了很多近似的求解方法，如希尔伯特法、线性化碰撞项和查普曼-恩斯科格展开等[9]。

如果能够把方程中碰撞项线性化，则式(5-21)就完全线性，基于此思想，Bhatnagar、Gross 和 Krook 发表了一种近似求解方法-BGK 近似[10]。该方法引入简单的碰撞算子 Ω_f 并且使用它替换掉 $J(f, f_1)$。首先提出麦克斯韦平衡态分布 f^{eq}，然后指出碰撞效应就是格子当分布函数 f 趋向 f^{eq} 时发生的变化，即碰撞算子就是该变化的大小。这里需要引入一个比例系数 v，用来表示碰撞算子 Ω_f 和分布函数到平衡态的差值。于是得到：

$$f^{\mathrm{eq}} = \frac{3\rho_{\mathrm{L}}}{2\pi}\mathrm{e}^{-1.5(\boldsymbol{\xi}-u)^2} \tag{5-22}$$

$$\Omega_f = v[f^{\mathrm{eq}}(\boldsymbol{r},\boldsymbol{\xi}) - f(\boldsymbol{r},\boldsymbol{\xi},t)] \tag{5-23}$$

将式(5-23)、式(5-24)代入式(5-22)，于是得到 Boltzmann-BGK 方程

$$\frac{\partial f}{\partial t} + \boldsymbol{\xi}\, \frac{\partial f}{\partial \boldsymbol{r}} + a\, \frac{\partial f}{\partial \boldsymbol{\xi}} = v[f^{\mathrm{eq}}(\boldsymbol{r},\boldsymbol{\xi}) - f(\boldsymbol{r},\boldsymbol{\xi},t)] \tag{5-24}$$

由二体碰撞过程的物理公式可以推导出：

$$\upsilon = \iint f_1 d_b^2 \mid g \mid \cos\theta \, d\Omega \, d\boldsymbol{\xi} \tag{5-25}$$

由此得出，υ 的物理意义是在某个格子处速度为 $\boldsymbol{\xi}$ 的粒子被碰撞的次数总和。取 υ 的倒数：

$$\tau_0 = \frac{1}{\upsilon} \tag{5-26}$$

τ_0 是碰撞频率 υ 的倒数，也即是弛豫时间，表示碰撞的时间间隔的均值。进一步可以将式 (5-27) Boltzmann-BGK 方程推导为：

$$\frac{\partial f}{\partial t} + \boldsymbol{\xi}\frac{\partial f}{\partial \boldsymbol{r}} + a\frac{\partial f}{\partial \boldsymbol{\xi}} = -\frac{1}{t}\left[f^{\mathrm{eq}}(\boldsymbol{r},\boldsymbol{\xi}) - f(\boldsymbol{r},\boldsymbol{\xi},t)\right] \tag{5-27}$$

格子 Boltzmann 方程是 Boltzmann-BGK 方程的特殊离散形式，包括对空间、时间、速度的离散[11]。对麦克斯韦平衡态分布函数使用泰勒展开：

$$f_i^{\mathrm{eq}} = w_i\rho_{\mathrm{L}}\left[1 + \frac{eu}{R_gT} + \frac{(eu)^2}{2(R_gT)^2} - \frac{u^2}{2R_gT}\right] \tag{5-28}$$

其中，w_i 为权系数；u 为格子声速；ρ_{L} 为当地格子密度；R_g 为气体常数；T 为热力学温度；e 为带电量。这两个参数的取值是根据速度离散格子类型。经过公式推导，最终可以得到在时间、空间和速度上完全离散化的格子 Boltzmann 方程。采用矩形法逼近：

$$f_i(\boldsymbol{r}+e_i\delta_t,t+\delta_t) - f_i(\boldsymbol{r},t) = \frac{1}{\tau}\left[f_i(\boldsymbol{r},t) - f_i^{\mathrm{eq}}(\boldsymbol{r},t)\right] + \delta_t F_i(\boldsymbol{r},t) \tag{5-29}$$

这就是格子玻尔兹曼 BGK 近似方程（LBGK），该方程中最后一项是外力项。方程中 δ_t 是单位时间步长，$\tau = \tau_0/\delta_t$ 则是无量纲形式的弛豫时间。该方程线性积分能够到达二阶计算精度。由于网格步长 $\delta_x = e_{ix}\delta_t$，时间、速度和空间的离散相关联，所以粒子的物理参量离散形式紧紧相关。该性质为粒子迁移和碰撞过程中物理计算提供了基础，使格子玻尔兹曼方程有着并行特性，方便编写计算机程序，实现大规模颗粒运动的仿真模拟，同时使该方法具备能够轻易处理复杂边界问题[12]。

5.2.2　格子玻尔兹曼法的作用力模型

对于构造格子玻尔兹曼方程来说，存在三个关键点：①分布函数 f 的控制方程式 (5-29)，②离散速度模型（discrete velocity model，DVM），③平衡态分布函数 f^{eq}，式 (5-22)。DVM 的构造与选择非常重要，不仅因为 DVM 关系着分布函数 f^{eq} 的具体形式，还因为 DVM 的速度太多导致模拟计算上的浪费，过少可能会影响某些物理量的守恒。一般 LBM 方程的构建是先基于某一约束条件，再选取合适的 DVM，然后推出 f^{eq} 的具体形式，最后推导出宏观物理量。

DdQm 模型是 Qian 等最早建立的 LBM 的基本 DVM[13]。其中，d 表示 DVM 中空间维度的个数，m 表示 DVM 中速度的个数。目前常用的 DVM 是二维 9 速度的 D_2Q_9 模型和三维 19 速度的 D_3Q_{19} 模型（图 5-2）。

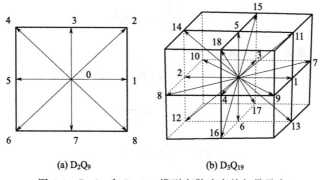

(a) D_2Q_9　　　　　　　　　(b) D_3Q_{19}

图 5-2　D_2Q_9 和 D_3Q_{19} 模型离散速度的矢量示意

对于 D_2Q_9 速度离散模型：

$$e_\alpha = \begin{cases} (0,0) & \alpha = 0 \\ c\left(\cos\left[(\alpha-1)\dfrac{\pi}{2}\right], \sin\left[(\alpha-1)\dfrac{\pi}{2}\right]\right) & \alpha = 1,2,3,4 \\ \sqrt{2}\,c\left(\cos\left[(2a-1)\dfrac{\pi}{4}\right], \sin\left[(2\alpha-1)\dfrac{\pi}{4}\right]\right) & \alpha = 5,6,7,8 \end{cases} \tag{5-30}$$

进一步的：

$$e_i = c \begin{bmatrix} 0 & 1 & 0 & 1 & -1 & -1 & 1 \\ 0 & 1 & 0 & 1 & 1 & -1 & -1 \end{bmatrix} \tag{5-31}$$

对于 D_3Q_{15} 速度离散模型：

$$e = c \begin{bmatrix} 0 & 1 & -1 & 0 & 0 & 0 & 0 & 1 & -1 & 1 & -1 & 1 & -1 & 1 & -1 \\ 0 & 0 & 0 & 1 & -1 & 0 & 0 & 1 & -1 & 1 & -1 & -1 & 1 & -1 & 1 \\ 0 & 0 & 0 & 0 & 0 & 1 & -1 & 1 & -1 & -1 & 1 & 1 & -1 & -1 & 1 \end{bmatrix} \tag{5-32}$$

式中，$c = \delta_x / \delta_t$，δ_x 和 δ_t 为别是网格步长和时间步长，且通常有 x 与 y 向的时间步长相同，即 $\delta_x = \delta_y$。

由 DdQm 离散速度模型导出平衡态分布函数 f^{eq} 具体形式：

$$f_i^{eq} = w_i \rho_L \left[1 + \frac{eu}{c_s^2} + \frac{(eu)^2}{2c_s^4} - \frac{u^2}{2c_s^2} \right] \tag{5-33}$$

式中，c_s 为格子声速；w_i 为权系数，对于 D_2Q_9 来说二者值为：

$$c_s = c/\sqrt{3} \tag{5-34}$$

$$w_i = \begin{cases} \dfrac{4}{9}, & c_i = 0 \\[2mm] \dfrac{1}{9}, & c_i = c^2 \\[2mm] \dfrac{1}{36}, & c_i = 2c^2 \end{cases} \tag{5-35}$$

对于 D_3Q_{15} 来说二者的值为：

$$c_s = c/\sqrt{3} \tag{5-36}$$

$$w_i = \begin{cases} \dfrac{1}{3}, & c_i = 0 \\[2mm] \dfrac{1}{18}, & c_i = c^2 \\[2mm] \dfrac{1}{36}, & c_i = 2c^2 \end{cases} \tag{5-37}$$

对 f^{eq} 使用查普曼-恩斯科格展开（Chapman-Enskog）[14] 能计算出 DdMm 的动量方程和连续性方程：

$$\frac{\partial \rho_L}{\partial t} + \nabla(\rho_L \boldsymbol{u}) = 0 \tag{5-38}$$

$$\frac{\partial \rho_L}{\partial t} + \nabla(\rho_L \boldsymbol{uu}) = -\nabla p + \nabla\left[\mu(\nabla \boldsymbol{u} + (\nabla \boldsymbol{u})^T) - \frac{v}{c_s^2}\nabla \cdot (\rho_L \boldsymbol{uu})\right] \tag{5-39}$$

在根据式(5-38) 和式(5-39)，可以将 LBM 方程式(5-29) 还原成相应的宏观方程：

$$\rho_L = \sum_i f_i$$
$$u = \frac{1}{\rho_L}\sum_i c_i f_i$$
$$p = \rho_L c_s^2 \tag{5-40}$$
$$v = c_s^2\left(\tau - \frac{1}{2}\right)\delta_t$$

在格子体系中，ρ_L 为当地格子密度；u 为当地流场微粒速度；p 为当地格子压力；ν 为运动黏度系数。

需要指出的是，与标准的可压缩 Navier-Stocks（N-S）方程组相比，通过 Chapman-Enskog 展开得到宏观方程，尽管连续性方程式(5-38) 是完全相同的，但是动量方程有一个偏差项$\nabla \cdot (\rho_L \boldsymbol{uu})$。对于低马赫数（Ma）且流体的密度为常数时，该偏差项$\nabla \cdot (\rho_L \boldsymbol{uu})$能够忽略不计。该情况下的宏观方程是：

$$\nabla u = 0$$

$$\frac{\partial u}{\partial t} + \nabla (\rho_L uu) = -\frac{1}{\rho_0} \nabla p + \nu \nabla [\nabla u + (\nabla u)^T] \qquad (5\text{-}41)$$

其中，当 $\nabla (\nabla u)^T = \nabla (\nabla u) = 0$ 时，式 (5-41) 就变成了标准不可压 N-S 方程组。

由于 LBM 的计算演化过程分为迁移过程和碰撞过程，所以一般在用 LBM 编写程序计算时，可以写成先碰撞后迁移形式还可以写成先迁移后碰撞形式。尽管计算的次序不一样，但是两种方法的本质是一致的。碰撞-迁移形式的计算过程：对于 LBM 的演变过程非常清晰，可以分解为碰撞和迁移两个子过程。通常 LBM 的程序结构有两种形式，即碰撞-迁移结构和迁移-碰撞结构，二者的本质是一样的[14]。下面给出前者的计算流程：

(1) 初始化分布函数

$$f_i(x,0)(i=1,2,\cdots,b) \qquad (5\text{-}42)$$

(2) 在时刻 t 执行碰撞

$$f_i'(x,t) = f_i(x,t) + \Omega_i(x,t), i=1,2,\cdots,b \qquad (5\text{-}43)$$

(3) 执行迁移

$$f_i(x+c_i\delta_t, t+\delta_t) = f_i'(x,t), i=1,2,\cdots,b \qquad (5\text{-}44)$$

(4) 计算宏观量

$$\rho(x,t+\delta_t) = \sum_i f_i(x,t+\delta_t), \rho u(x,t+\delta_t) = \sum_i c_i f_i(x,t+\delta_t) \qquad (5\text{-}45)$$

(5) 判断是否达到结束条件，如果没有则返回第 2 步。

将步骤 (2)、(3)、(4) 改变为 (2)、(4)、(2)，则是迁移-碰撞结构。

5.2.3　格子玻尔兹曼法的初始和边界条件

在计算流体力学中，初始条件和边界条件一直都是讨论的焦点之一。大多数计算方法中，依据一些真实的宏观物理量比如温度、速度、压力等，再给出仿真的初始条件和边界条件。然而通过上一节的介绍，知道对于 LBM 来说，其基本的变量就是速度分布函数 f。根据 Chapman-Enskog 展开求得宏观量很容易，但难于由宏观量推出分布函数 f。所以，在使用 LBM 实际计算时，首先应该依据某种已知的宏观初始条件和边界条件确定出合理的分布函数。很多研究都指出，LBM 中的初始条件和边界条件极大地影响着计算过程的稳定性、仿真的效率以及计算结果的精度[15]。

在 LBM 中，当流体流动是准稳态或者稳态的情况下，初始条件的形式影响很小，通常会把初始平衡态函数当作初始条件，也即 $f_i = f^{eq}(\rho_0, u_0, T_0)$，即 $f_i =$

$f^{eq}(\rho_0, u_0, T_0)$，其中，ρ_0，u_0，T_0 就是初始条件的值。当流体流动并非是稳态或者流动过程对初始条件非常敏感，初始条件的选择很重要。一般有两种初始化方法：非平衡态方法和迭代方法[11]。

与初始条件类似，LBM 在应用时也需要废除分布函数的边界条件。根据边界格式的处理方法，目前 LBM 的边界格式大致分为启发式格式、动力学模式和插值/外推格式。根据边界条件的类型，也可以分为速度边界和压力边界，其中速度边界又可以分为平直边界和曲面边界。此外，还有一些比较特殊的人工设定边界，如入口、出口、无穷远、对称边界等。下面将介绍几种平直边界用来对比。

在 LBM 应用发展过程中，由于其独特灵活的优势，逐渐形成了很多种边界格式。考虑边界的处理格式不同时，可以分为启发式格式、外推/差值格式和动力学格式；考虑边界具体形式的类型时，还可以分为压力边界和速度边界。在速度边界中根据边界的形状不同还可以分为曲面型和平直型。下面简单介绍一下几种平直边界的类型并做对比。

(1) 启发式格式 如图 5-3 所示，依据流体的流动形式直接确定的分布函数的边界，这类边界称为启发式格式，其中常用的是周期格式和反弹格式。

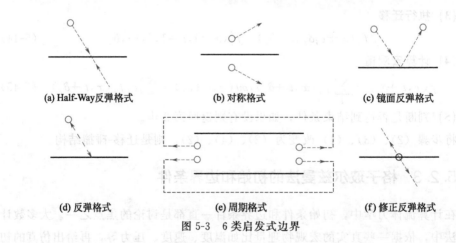

(a) Half-Way反弹格式　　(b) 对称格式　　(c) 镜面反弹格式

(d) 反弹格式　　(e) 周期格式　　(f) 修正反弹格式

图 5-3　6 类启发式边界

周期格式是令流体从一侧边界流出，但从另一侧边界流入，往往应用于某个特征方向很大的流场的模拟。如在 x 向流体流动周期 M，则该格式表示为：

$$f_i(0, y, z, t+\delta_t) = f_i'(M, y, z, t), f_i(M, y, z, t+\delta_t) = f_i'(0, y, z, t) \quad (5\text{-}46)$$

反弹格式是令流体粒子在壁面发生碰撞后速度直接反转，往往应用于处理无滑移静止的壁面情况。分布函数 f 中在壁面上发生碰撞后对应的速度分量直接发生逆转：

$$f_i'(x_b, t) = f_i'(x_f, t) \quad (5\text{-}47)$$

其中 $c_i = -c_i$，x_b 是壁面格点，$x_f = x_b - c_i\delta_t$ 是流体格点。

（2）动力学格式　动力学格式是根据宏观物理量和分布函数 f 的函数关系反推出边界的分布函数。等温情况下求解方程组为：

$$\sum_i f_i = \rho_w, \quad \sum_i c_i f_i = \rho_w u_w \tag{5-48}$$

式中，ρ_w 和 u_w 对应壁面上流体的密度和速度。由于 ρ_w 是一未知量，方程组求解是不定的。如图 5-2 所示，$D_2 Q_9$ 模型，计算迁移过程后分布函数 f_2、f_5、f_6 还有密度 $\rho(x_b)$ 是未知的，三个方程无法确定四个未知参量。

需要引入能量方程作为补充条件：

$$\frac{1}{2}\sum_i (c_i - u)^2 f_i = \rho_w e_w = \frac{1}{2}\rho_w D R T_w \tag{5-49}$$

式中，T_w 是壁面上的温度。如此，$D_2 Q_9$ 模型上的未知参量可以完全求解。动力学格式的优点是边界的处理精度更高，但是处理形式更加复杂（图 5-4）。

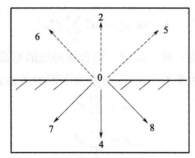

图 5-4　动力学格式边界（实线已知分布函数，虚线未知分布函数）

（3）外推格式　外推格式在处理一些非常规的边界时比前两种更具有优势。它从求解物理方程的角度出发构造边界上的分布函数。研究表明，该边界格式可以达到二阶计算精度[16]。如图 5-5 所示，在真实的物理流场的外部加入一层虚拟的边界。对真实边界实行迁移过程，在虚拟边界上执行碰撞过程。于是有：

$$f_i' = 2 f_i'(0) - f_i'(1), \quad i = 1, -1, 0 \tag{5-50}$$

式中，角标 $i = 1$，-1，0 各指的是流场内临近层格点、物理边界（壁面）和虚拟边界的格点上的取值。如此可以求得所有格点上经过碰撞后的分布函数，进而完成对所有节点（算上 -1 处的格子节点）执行迁移过程。

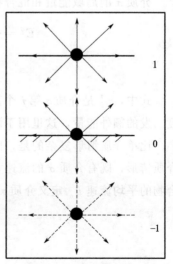

图 5-5　外推格式边界
（虚线 -1 表示虚拟边界）

5.2.4　多相和多组分流体的格子玻尔兹曼法

与宏观二流体、多流体模型相对应，DBM 也有二流体、多流体模型。流体模型用分布函数来描述系统的状态，每个分布函数描述一种介质。根据趋于平衡的顺序，有单步（弛豫）碰撞模型和多步（弛豫）碰撞模型（一般是二步碰撞模型）；根据弛豫时间的个数，有单弛豫时间模型和多弛豫时间模型。

对于多介质流体系统，引入速度空间和动理学矩相空间的离散分布函数 f_i^σ 和 $\hat{f}_i^\sigma$。这里的下标对应离散速度 $v_{i\alpha}^\sigma$，α 表示坐标分量，如在三维空间直角坐标系中代表 xyz。上标 σ 为流体系统中介质的编号。ρ^σ、n^σ、J_α^σ、u_α^σ 分别是介质 σ 的局域质量密度、（摩尔或）粒子数密度、动量和流速。

$$\rho^\sigma = m^\sigma n^\sigma = m^\sigma \sum_i f_i^\sigma \tag{5-51}$$

$$J_\alpha^\sigma = \rho^\sigma u_\alpha^\sigma = m^\sigma \sum_i f_i^\sigma v_{i\alpha}^\sigma \tag{5-52}$$

式中，m^σ 是（摩尔或）粒子质量。混合物局域的总质量密度 ρ、（摩尔或）粒子数密度 n、总动量 J_α 和平均流速 u_α 分别由下面的关系式得到：

$$\rho = \sum_\sigma \rho^\sigma \tag{5-53}$$

$$n = \sum_\sigma n^\sigma \tag{5-54}$$

$$J_\alpha = \rho u_\alpha = \sum_\sigma J_\alpha^\sigma \tag{5-55}$$

介质 σ 的局域能量和混合物总局域能量分别为：

$$E^\sigma = \frac{1}{2} m^\sigma \sum_i f_i^\sigma \left[(v_i^\sigma)^2 + (\eta_i^\sigma)^2 \right] \tag{5-56}$$

$$E = \sum_\sigma E^\sigma \tag{5-57}$$

式中，v_i^σ 是介质 σ 第 i 个离散速度的大小；η_i^σ 用于描述介质 σ 分子内部自由度引发的额外能量，这里用于调节模型的比热容比。

比单介质情形复杂的是，内能（温度）的定义依赖于作为参考的流速，而在多介质情形，既有介质 σ 的流速 u_α^σ，又有混合物的（平均）流速 u_α。首先，借助混合物的平均流速 u_α 定义介质 σ 的温度和混合物（系统）温度：

$$T^{\sigma *} = \frac{2E^\sigma - \rho^\sigma u^2}{(D + I^\sigma) n^\sigma} \tag{5-58}$$

$$T = \frac{2E - \rho u^2}{\sum_\sigma (D + I^\sigma) n^\sigma} \tag{5-59}$$

式中，D 为空间维数；I^σ 为介质 σ 的额外自由度数目。同时，定义介质 σ 相对于自己的流速 u_α^σ 的温度：

$$T^\sigma = \frac{2E^\sigma - \rho^\sigma (u^\sigma)^2}{(D+I^\sigma)n^\sigma} \tag{5-60}$$

至此，引入了三种温度。温度和压强之间由状态方程相联系。有几种温度，就有几种压强。鉴于问题的复杂性，在本节讨论中暂且忽略分子间作用力，使用理想气体状态方程，给出一种建模思路。对于理想气体情形，首先定义介质 σ 基于混合物（平均）流速的压强：

$$P^{\sigma *} = n^\sigma T^{\sigma *} \tag{5-61}$$

则混合物的压强：

$$P = \sum_\sigma P^{\sigma *} \tag{5-62}$$

同时，定义介质 σ 基于自己流速的压强：

$$P^\sigma = n^\sigma T^\sigma \tag{5-63}$$

可见，如果将混合物（平均）流速作为参考，则混合物的总压强等于各介质的分压强之和。

平衡态分布函数依赖于粒子数密度、流速和温度，温度的定义依赖于流速，而有两种流速——介质 σ 的流速 u_α^σ 和混合物的（平均）流速 u_α。所以，针对介质 σ，可以引入三种平衡态分布函数：

$$f_i^{\sigma,\mathrm{eq}} = f_i^{\sigma,\mathrm{eq}}(n^\sigma, u_\alpha^\sigma, T^\sigma) \tag{5-64}$$

$$f_i^{\sigma,\mathrm{eq}^*} = f_i^{\sigma,\mathrm{eq}}(n^\sigma, u_\alpha, T^{\sigma *}) \tag{5-65}$$

$$f_i^{\sigma,\mathrm{meq}} = f_i^{\sigma,\mathrm{eq}}(n^\sigma, u_\alpha, T) \tag{5-66}$$

与此对应，动理学矩空间的分布函数也有三种：

$$\widehat{f}_i^{\sigma,\mathrm{eq}} = \widehat{f}_i^{\sigma,\mathrm{eq}}(n^\sigma, u_\alpha^\sigma, T^\sigma) \tag{5-67}$$

$$\widehat{f}_i^{\sigma,\mathrm{eq}^*} = \widehat{f}_i^{\sigma,\mathrm{eq}}(n^\sigma, u_\alpha, T^{\sigma *}) \tag{5-68}$$

$$\widehat{f}_i^{\sigma,\mathrm{meq}} = \widehat{f}_i^{\sigma,\mathrm{eq}}(n^\sigma, u_\alpha, T) \tag{5-69}$$

在多介质流动中，分子碰撞的最终结果是使得 $f_i^\sigma = f_i^{\sigma,\mathrm{meq}}$，忽略中间动理学过程，只考虑这一最终结果的碰撞模型即为单步（弛豫）碰撞模型：

$$\partial_t f_i^\sigma + v_{i\alpha}^\sigma \partial_\alpha f_i^\sigma = -\frac{1}{\tau^\sigma}(f_i^\sigma - f_i^{\sigma,\mathrm{meq}}) \tag{5-70}$$

二步（弛豫）碰撞模型的思路是：介质内先平衡，介质间再平衡。演化方程可写为：

$$\partial_t f_i^\sigma + v_{i\alpha}^\sigma \partial_\alpha f_i^\sigma = -\frac{1}{\tau_1^\sigma}(f_i^\sigma - f_i^{\sigma,\mathrm{seq}}) - \frac{1}{\tau_2^\sigma}(f_i^{\sigma,\mathrm{seq}} - f_i^{\sigma,\mathrm{meq}}) \tag{5-71}$$

当 $\tau_1^\sigma = \tau_2^\sigma$ 时，二步模型回到单步模型。问题是，作为中间过渡的 $f_i^{\sigma,\text{seq}}$ 又有两种选择——$f_i^{\sigma,\text{seq}} = f_i^{\sigma,\text{eq}}$ 或者 $f_i^{\sigma,\text{seq}} = f_i^{\sigma,\text{eq}*}$。两种选择，在动理学细节描述上有一定差异[17]。更多细节参阅文献 [17]。

5.2.5 格子玻尔兹曼法的应用

燃料电池的核心组件——膜电极（MEA）的一致性、可靠性、耐久性严重制约着车用燃料电池的发展。碳载铂催化剂（Pt/C）、离聚物和溶剂混合制浆过程对于提升 MEA 性能有着关键性的影响。但制浆过程参数控制和浆料内部微观形貌的形成机制尚未清晰。可以应用格子玻尔兹曼方法研究浆料中各组分间的相互作用关系以及在混合分散过程中团聚体形成机理的案例来展示格子玻尔兹曼方法的应用过程。该示例通过建立催化剂颗粒的动力学模型，包含范德华力、静电斥力、流体拖拽力、布朗力、离聚物作用力，然后在模拟求解方法上提出了 LBM-Lagrange 方法并搭建了仿真模拟的计算流程。

基于第一节内容，在浆料胶体体系中催化剂颗粒主要受三部分的作用：催化剂颗粒之间的相互作用；离聚物对催化剂颗粒的作用；溶剂流体对催化剂颗粒的作用，结合目前成熟的理论，本文做出如下基本假设：

① 假设催化剂颗粒 Pt/C 为和其相同物性参数的球形刚性颗粒，如图 5-6 所示；

② 由于颗粒尺度很小，假设颗粒的质量集中在球心，即忽略颗粒的转动；

③ 在微观数值模拟中对于纳米流体常常忽略重力的作用，本文同样忽略重力的作用。

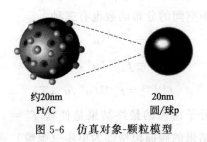

约20nm
Pt/C

20nm
圆/球p

图 5-6　仿真对象-颗粒模型

将上述三种作用转换成纳米颗粒的动力学特性，具体指的是：催化剂颗粒之间的范德华力、静电斥力；溶剂流体对催化剂颗粒的流体拖拽力；离聚物对催化剂离聚物作用力。最后需要考虑纳米级颗粒存在不规则运动即布朗运动的作用。从而建立了催化剂颗粒-离聚物-溶剂的相互作用下颗粒动力学模型：

$$F_p = \boldsymbol{F}_p^{(\text{drag})} + \boldsymbol{F}_p^{(\text{particle-pair})} + \boldsymbol{F}_p^{(\text{Brownian})} + \boldsymbol{F}_p^{(\text{ionomer})} \tag{5-72}$$

$$F_p^{(\text{particle-pair})} = \sum_{i=1}^{N} (F_p^{(\text{vdW})} + F_p^{(\text{edl})}) \tag{5-73}$$

式中，F_p 为颗粒受到的总作用力，第一项 $F_p^{(\text{drag})}$ 为溶剂流体作用即流体拖拽力（也称 Stocks 阻力、流体黏滞力），第二项 $\sum F_p^{(\text{particle})}$ 为颗粒间相互作用力，包括范德华力 $F_p^{(\text{vdW})}$、静电斥力 $F_p^{(\text{edl})}$，第三项 $F_p^{(\text{Brownian})}$ 为颗粒产生的布朗运动，第四项 $F_p^{(\text{ionomer})}$ 为离聚物对颗粒的作用力。该表达式也就是后续模拟研究中颗粒运动的控制方程。接下来详细叙述。

5.2.5.1 流体拖拽力

顾名思义就是指颗粒在流场中所受到的阻力，Stocks 阻力的概念来自 Stock 流动，也就是考虑流体的黏性流动问题。在流场体系中，根据颗粒和流场的相对速度大小和方向，呈现两种效果。促进微粒运动的作用称为拖拽力，抑制颗粒运动的作用称为黏滞力，其理论表达式即 Stocks 方程[18] 为

$$F_p^{(\text{drag})} = -C_d v_p \tag{5-74}$$

$$F_p^{(\text{drag})} = -n_V C_d v_p \tag{5-75}$$

$$C_d = 3\pi\mu d_p \tag{5-76}$$

$$n_V = \frac{V_p}{V_p} \tag{5-77}$$

其中，式 (5-75) 是式 (5-74) 的矢量形式，d_p 为颗粒的直径；C_d 为 Stocks 阻力系数，是根据颗粒的质量和迎流面积推导而来，在不同雷诺数下，为了更准确描述相应的流体特征，很多学者也推导出 C_d 不同的经验公式；v_p 是颗粒的速度（$v_p = u_p - u_o$）；n_V 是速度方向矢量；μ 是流体的黏度系数（也称动力黏度系数，单位 Pa·s），与流体的种类和温度有关。考虑到非静止流体，则 Stocks 方程表达为：

$$F_p^{(\text{drag})} = -n_V C_d (u_p - u_0) \tag{5-78}$$

$$n_V = \frac{u_p - u_0}{|u_p - u_0|} \tag{5-79}$$

式中，u_0 为颗粒所在当地流场的速度，当颗粒和流体的相对速度 $u_p - u_0$ 与颗粒速度 u_p 方向一致时候，则 Stocks 力 $F_p^{(\text{drag})}$ 表现为黏滞力，阻碍颗粒的运动；当颗粒和流体的相对速度 $u_p - u_0$ 与颗粒速度 u_p 方向一致时候，则 Stocks 力 $F_p^{(\text{drag})}$ 表现为拖拽力，促进颗粒的运动。注意加粗表示矢量。

5.2.5.2 布朗力

因英国植物学家布朗所发现而得名。由于液体或者气体分子的热运动，纳米级微粒受到来自各个方向的碰撞，因碰撞不可能平衡而运动。于是悬浮在液体或者气

体中的纳米级微粒所做的不静止且无规则的运动叫作布朗运动。布朗运动的剧烈强度与流体的温度相关。

目前布朗运动的研究是根据爱因斯坦扩散方程而来，对布朗运动的模拟多采用高斯白噪声。具体的布朗力表达式为：

$$F_p^{(Brownian)} = Gi \sqrt{\frac{6b\pi\mu d_p T}{\Delta t}} \qquad (5-80)$$

式中，b 为玻尔兹曼常数；μ 为流体的黏度；T 为热力学温度；Δt 为时间步长；Gi 为均值为 0，方差为 1 的高斯随机分布函数：

$$Gi(x) = \frac{1}{\sqrt{2\pi}} \int_{-\infty}^{x} e^{-\frac{t^2}{2}} dt \qquad (5-81)$$

5.2.5.3 范德华力

粒子之间在理想溶液中的范德华力与粒子距离及直径有关，以 Lennard-Jones 位能方程描述[19]：

$$V_{LJ} = 4\varepsilon \left[\left(\frac{\sigma}{l} \right)^{12} - \left(\frac{\sigma}{l} \right)^6 \right] \qquad (5-82)$$

式中，σ 为位能 V 是零时的间距；ε 为能井的深度；l 为粒子的中心距。

假如粒子较大，位能近似于间距的反比：

$$V_{vdw} = \frac{A d_p}{24(L_{p,n} - d_p)} \qquad (5-83)$$

式中，A 为 Hamaker 系数。作用力是位能对 L 的微分：

$$F_{p,n}^{(vdW)} = n_{p,n} \frac{dV_{p,n}^{(vdW)}}{dL_{p,n}} \qquad (5-84)$$

当无外力作用时，通常微粒由此力自然吸附团聚起来，当体系中存在离子时，将会因为静电斥力的作用维持体系的稳定。

5.2.5.4 静电斥力

静电势能的大小不仅和溶胶粒子的间距有关，还与其表面电势和混合液中的离子强度（离子的浓度和价位）有关。静电势能表达式为[20]：

$$V_{p,n}^{(edl)} = \frac{\zeta^2 \varepsilon_r \varepsilon_0 d_p^2}{L_{p,n}} e^{-L_{p,n}/K} \qquad (5-85)$$

式中，ζ 为溶液的 Zeta 电位；ε_0 为真空介电常数；ε_r 为颗粒的相对介电常数；K 为德拜长度：

$$1/K = \sqrt{\frac{2e^2 N_A C z^2}{\varepsilon_r \varepsilon_0 kT}} \qquad (5-86)$$

式中，e 为元电荷大小；N_A 为阿伏伽德罗常数；C 为电解质的浓度，这里指的是离聚物的浓度，同样 z 指的是磺酸根价态，离子强度 $I = Cz^2$。

故作用在颗粒上的静电势力表达式为：

$$F_{p,n}^{(edl)} = n_{p,n} \frac{dV_{p,n}^{(edl)}}{dL_{p,n}} \tag{5-87}$$

当溶液中不含有离子时，认为 $C \approx 0$，则 $1/K \to 0$，故德拜长度 K 是无穷大的，$e^{-L_{p,n}/K} \to 1$，得到的静电势能为：

$$V_{p,n}^{(edl)} = \frac{\zeta^2 \varepsilon_r \varepsilon_0 a_p^2}{L_{p,n}} \tag{5-88}$$

在后续的模拟浆料中没有离聚物时，静电斥力采用的就是式(5-88)。

5.2.5.5 离聚物作用力

本示例将采用 Magnus[21] 提出的离聚物作用力模型，是由实验结果建立的半经验模型。离聚物作用力根据下式求解：

$$\boldsymbol{F}_p^{(polymer)} = -\boldsymbol{n}_{p,n} k_1^{(polymer)} a_p a_n s_{p,n} f_\varepsilon \left(\frac{1}{L_{p,n} - a_p - a_n} - \frac{1}{2L_{p,n}^{(polymer)} - a_p - a_n} \right) \tag{5-89}$$

式中，$L_{p,n}^{(polymer)}$ 是离聚物作用截断距离；$k_1^{(polymer)}$ 是聚合力适应常数。当颗粒间的距离在 $L_{p,n}^{(polymer)}$ 内时，则为空间位阻作用，离聚物作用力表现为斥力，当超过这个区域时，离聚物作用力取决于转换参数 $s_{p,n}$，当离聚物膜发生重合时，$s_{p,n}$ 等于 1，否则为 0。第一种情况下，一旦具有两个重叠的离聚物薄膜的两个团聚体发生分离，就会产生吸引力。这个公式来源于对 Runkana[22] 和 Dixit[23] 等研究的简化，尽管在研究离聚物的作用力时常常依据离聚物膜的覆盖率和浓度，但是本示例专门讨论颗粒的动力学建模，不做具体的离聚物和颗粒间的覆盖率问题。基于此，Magnus[21] 开发了归一化离聚物力参数 f_ε 的函数，以使团聚物尺寸分布规律与实验结果相符。指出在溶剂介电常数 $\varepsilon = 18$ 附近存在最小的粒径分布，在最小值附近的粒径不对称增加，假定它具有对数形状正态分布函数，如图5-7所示。

参数 f_ε 的定义式为：

$$f_\varepsilon = \exp \left[-k_2^{(polymer)} \left(\ln \frac{\varepsilon}{\varepsilon_{crit}} \right)^2 \right] \tag{5-90}$$

式中，ε_{crit} 是介电常数临界值，即此处的聚合力最大，$k_2^{(polymer)}$ 是决定曲线形状的常量。

假设流体是不可压缩流体，采用单松弛格子玻尔兹曼模型（LBGK）来模拟二维浆料液相流场流动。对应的格子玻尔兹曼方程为：

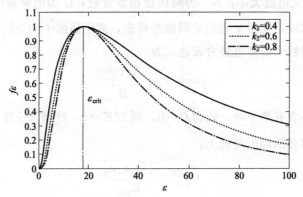

图 5-7 离聚物作用力参数 f_ε 对数形式函数

$$f_i(x+c_i\Delta t,t+\Delta t)-f_i(x,t)=-\frac{1}{\tau_m}[f_i(x,t)-f_i^{eq}(x,t)] \tag{5-91}$$

式中，$f_i(x,t)$ 为格子的分布函数；c_i 为离散格子某一个方向的速度矢量；i 表示矢量方向。松弛时间 τ_m 和黏度 ν 的关系是：

$$\nu=c_s^2\left(\tau_m-\frac{1}{2}\right)\Delta t \tag{5-92}$$

在 D_nQ_m 模型中，平衡分布函数 $f_i^{eq}(x,t)$ 可以统一表示为：

$$f_i^{eq}(x,t)=w_i\rho\left[1+3\frac{c_iu}{c_s^2}+4.5\frac{(c_iu)^2}{c_s^4}-1.5\frac{uu}{c_s^2}\right] \tag{5-93}$$

式中，w_i 为权系数；$c_s=\sqrt{RT}$ 与声速相关。

下面详细列出该模型参数：

$$c_i=\begin{cases}0 & i=0\\ c\left(\cos\left[\left[(i-1)\frac{\pi}{2}\right],\sin\left[(i-1)\frac{\pi}{2}\right]\right)\right. & i=1,2,3,4\\ c\sqrt{2}\left(\cos\left[\left[(i-5)\frac{\pi}{2}+\frac{\pi}{4}\right],\sin\left[(i-5)\frac{\pi}{2}+\frac{\pi}{4}\right]\right]\right) & i=5,6,7,8\end{cases} \tag{5-94}$$

$$c_s=\frac{c}{\sqrt{3}},c=\Delta x/\Delta t \tag{5-95}$$

$$w_i=\begin{cases}4/9 & i=0\\ 1/9 & i=1,2,3,4\\ 1/36 & i=5,6,7,8\end{cases} \tag{5-96}$$

根据 Chapman-Enskog 展开，流体的宏观参数计算如下：

$$\rho=\sum_i f_i,u=\frac{\sum_i c_i f_i}{\rho} \tag{5-97}$$

式中，ρ 为格子点宏观密度；u 为格子点宏观速度。

欧拉-拉格朗日法（Eulerian-Lagrange 方法）广泛应用于粒径较小的颗粒流体动力学中，这里同样引用 Lagrange 方法研究离散相运动，但是连续相使用 LBM 框架，原因在第 2 章已经详述。在 Lagrange 体系下，求取所有离散相颗粒的受力情况，并建立牛顿力学平衡方程，根据该方程可以计算出所有颗粒运动的物理量。换句话说就是统计所有运动颗粒的运动情况，进而完成对大规模运动的颗粒进行模拟。基于第一节的假设，纳米颗粒转动对于颗粒的位置状态和对流场的作用忽略不计，即忽略纳米颗粒的转动，认为纳米颗粒的质量集中在球心处，仅发生平动。因此，颗粒的速度更新遵循牛顿第二定律[24]：

$$\rho_{\mathrm{p}} \frac{\mathrm{d}\boldsymbol{v}}{\mathrm{d}t} = F_{\mathrm{p}} = \boldsymbol{F}_{\mathrm{p}}^{(\mathrm{drag})} + \boldsymbol{F}_{\mathrm{p}}^{(\mathrm{particle\text{-}pair})} + \boldsymbol{F}_{\mathrm{p}}^{(\mathrm{Brownian})} + \boldsymbol{F}_{\mathrm{p}}^{(\mathrm{ionomer})}$$

$$\frac{\mathrm{d}\boldsymbol{x}_{\mathrm{p}}}{\mathrm{d}t} = \boldsymbol{v} \tag{5-98}$$

式中，ρ_{p} 表示颗粒的密度；v 表示颗粒的运动；$\mathrm{d}\boldsymbol{x}_{\mathrm{p}}$ 表示 $\boldsymbol{x}$ 方向的位移。计算速度对时间求积分就是坐标 $\boldsymbol{x}_{\mathrm{p}}$。

所以，根据颗粒的上一个时刻的运动状态，计算受力，就可得到下一个时刻的运动状态。不难看出，此方法对每一个颗粒进行单独追踪，能够满足仿真中顾及纳米颗粒的粒子性特征，也能更直观地反映运动结果，同样可以获得更复杂的信息，包括颗粒团聚的大小，粒径分布，作用力大小，运动轨迹等。当分散相浓度较低时，可以忽略颗粒对流体的影响，当分散相浓度较高时，可以把流体对颗粒的作用反作用于流体格子的外力源项上，这也是选择使用 LBM 模拟流场的原因之一。本文采用最简单的碰撞方式，即反弹形式。值得一提的是，Derksen[25] 提出使用格子 Boltzmann 方法模拟液相流动，但是考虑固体颗粒时，看作是拥有真实物理边界的颗粒，重现了方形搅拌槽中固体颗粒的悬浮过程，但是固液相边界处理很复杂，不适于对大规模颗粒的运动进行模拟。

使用 D_2Q_9 速度格子模型，模拟中方腔网格数 128×128，即 $H = 128$，流场密度 $\rho_0 = 1$，顶盖驱动速度 $u = 0.5$，步长 $\Delta x = \Delta t = 1$，考虑五种不同的雷诺数 $Re = 50$、100、400、1000、2000，运动黏度可以根据 $Re = HU/v$ 逆推计算，收敛精度设为两个迭代时间间隔的速度均方差 $\theta = 1 \times 10^{-7}$。左右下三个界面采用反弹格式。

从图 5-8 可以清楚地看到雷诺数对顶端驱动流的影响。当 $Re = 50$ 时，方腔内出现一个主涡，左右下角出现不太明显的二级小涡。当 Re 在 $100 \sim 1000$ 的时候，左下角和右下角的二级越来越大。当 $Re > 1000$ 时，左上角的二级小涡越来越明显。这和相关文献的规律是一致的。

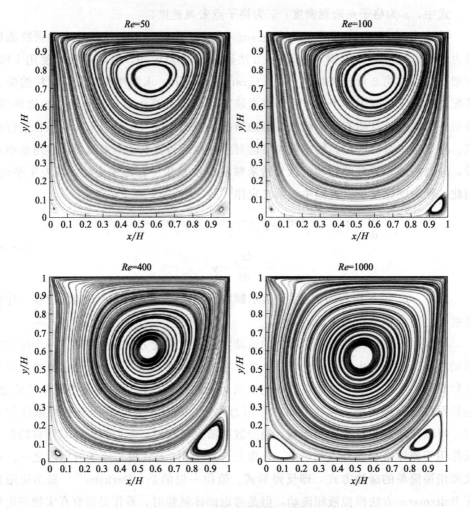

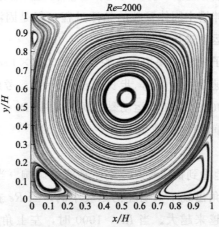

图 5-8 不同 Re 下顶端驱动流的流线分布

5.3 分子动力学模拟法

5.3.1 分子动力学模拟的基本理论

随着计算机计算能力的迅速提高，量子力学理论的不断完善和高效算法的提出，20世纪下半叶发展起来的分子模拟（MS）已经成为表征分子系统的最流行手段之一。分子模拟可以在原子-分子水平上直观地分析物质的微观结构和物理化学性质。分子模拟以实验结果为基础，计算模型和算法以理论原理为基础构建，既能印证实验结果，又能补充理论原理。

用于描述聚合物体系的最广泛的分子模拟技术是分子动力（molecular dynamics，MD）模拟和蒙特卡洛（monte carlo，MC）模拟。这两种技术都允许使用微观模拟数据来解释和预测基于统计力学的宏观现象。这两者之间的主要区别是，除了微观系统的构象信息外，MD还允许研究系统随时间变化的动力学，而MC计算不提供模拟系统的动力学特性。因此，通常选择分子动力学来研究PEMFC催化层浆料的结构和扩散动力学特性等。

分子动力学模拟的核心思想是利用牛顿经典力学来解决多原子系统在相空间中的运动轨迹。MD认为所研究系统中的基本粒子可以被视为球形粒子，粒子之间的相互作用由经验势函数描述——这种势函数通常被称为分子力场，而力场只是距离的函数。对于一个固定的系统，首先根据初始构型计算系统的分子或原子之间的相互作用，然后根据牛顿运动方程得到原子或分子在初始时刻的加速度，并确定系统原子在下一时刻的位置，为此，在一定时间内积累的原子或分子的坐标集就是分子系统随时间演变的微观过程（相位轨迹）。最后，可以对模拟的轨迹进行统计和力学分析，计算出系统的热力学平衡特性和动力学特性。目前大多数分子模拟通常基于平衡系统，即首先对系统的初始配置进行预平衡以达到热、机械、化学和相平衡。非平衡分子动力学模拟主要涉及微观过程的动力学，如蛋白质、气体和药物在细胞膜中的扩散。

5.3.2 分子动力学模拟常用的分子力场

分子力场是一套用于描述分子系统相互作用的势函数，包括势函数的形式和参数集。其中，势函数的形式只有几种，对应于不同类型的相互作用；此外，势函数的形式是通用的，适用于所有分子。势函数参数（简称势参数）与特定的分子和原子有关，不能泛化。然而，如果势能参数完全不能通用，必须为每个模拟分子制订一套单独的势能参数，那么分子模拟过程将变得非常复杂，以至于无法达到目前的普及水平。幸运的是，只要局部结构相同或相似，势能参数往往可以对不同的分子或同一分子的不同部分进行泛化。电势参数的这种特性被称为可转移性。

目前，有几十个广泛使用的分子力场，其适用范围相互重叠，但仍有明显不同。虽然同一力场中不同基团的力场参数是自洽的、连贯的，但同一基团、原子等不同力场的力场参数是不自洽的，不能相互连贯。因此，在 MD 模拟中，应避免在同一模拟系统中混合不同的力场参数，以保证模拟结果的可靠性。

(1) 全原子力场　在全原子力场中，系统的力点对应于分子中的所有原子，而质量则集中在原子核上。换句话说，力点与原子核的位置或原子的质量中心相重合。简单地说，在一个全原子力场中，分子由作为质量点的组成原子的集合组成。在更精确的模型中，更多的力点通常被添加到原子之外，以描述电荷点与质点的偏差。在描述水分子的力场中，TIP3P 是一个全原子的力场，质量点、力点和电荷点重叠在一起。相反，TIP4P、TIP5P 等，力点的数量超过了质点的数量或原子的数量。选择与分子中单个核的位置重叠的力点可以消除模拟中重新分布的力和力矩的计算。

(2) 联合原子力场　在描述碳氢化合物等有机分子时，氢原子的数量往往超过所有其他元素的原子数量之和。同时，氢原子的相对原子质量还不到有机分子（如C、O 和 N）经常包含的元素原子的 1/10。因此，氢原子的运动速度最大，在同一时间内可以移动较大的距离，这限制了 MD 模拟的时间步长，影响了 MD 模拟的效率。在联合原子力场中，直接与碳原子结合的氢原子的相对原子质量叠加在碳原子上，形成一个整体，称为联合原子（UA）。同时，氢原子上的其他原子的相互作用也叠加在联合原子上，这大大降低了力场的复杂性，减少了势参数。在联合原子力场中，力点的数量少于分子中原子的数量，这是对分子的不完整表示。

(3) 粗粒度力场　为了用相对有限的计算资源有效地模拟更大、更复杂的分子系统，并延长模拟系统在现实世界中的演化时间，往往需要对模拟系统进行有效的简化和抽象[26,27]。例如，当 MD 模拟蛋白质等生物大分子的结构和性质时，往往需要在模拟系统中包括大量的溶剂水分子，并要求系统有足够长的演化时间。一个常见的方法是简化模拟系统，创建一个更抽象的力场。例如，可以把苯环和它的键合氢原子作为一个整体的力点，甚至把一些水分子（如四个）作为一个整体的力点。这样的力场被称为粗粒度力场。应该指出的是，从全原子力场到联合原子力场，再到粗粒度力场，模型抽象度的增加和复杂性的降低，对于更有效地模拟更大的分子系统和实现更长的真实世界演化时间是有利的。同时，随着模型抽象水平的提高，越来越多的细节被丢失，与真实系统的距离越来越远，降低了模型的准确性，这是一个缺点。在实际的 MD 模拟中，应根据模拟系统的特点、对模拟结果的要求以及可用的计算资源量，合理选择最合适的力场。一方面，不能不顾条件地要求模型的精确程度，导致模拟不能正常进行或不能得到有效的模拟结果。另一方面，在保证获得有效仿真结果的基础上，应选择具有最高准确度的力场，以保证仿真结果的可靠性[28]。

(4) 反应性分子力场　无论是全原子力场、联合原子力场还是粗粒度力场，其中的成键相互作用往往采取谐振子形式或添加非谐项的谐振子形式。在这些模型中，当两个成键核之间的距离无限增加时，相互作用势也无限增加，没有上限。因此，这种模型不允许化学键的断裂或新键的产生，不能研究化学反应。

为了在经典的 MD 模拟中研究化学反应，有必要引入反应力场，它允许断裂和形成键。反应力场的核心是依赖键序的势，其中两个成键原子之间的相互作用势不仅与原子核之间的距离有关，而且与它们的成键水平有关。而键级又不仅与两个成键原子之间的距离有关，而且还与周围原子的存在有关。目前，最常用的反应性分子力场是 ReaxFF 力场[29]。

5.3.3　分子动力学模拟的技巧

5.3.3.1　力场

参考标准的作用分布力场数学函数，一般包括成键作用项 U_{bonded} 与非键作用项 $U_{\text{non-bonded}}$。为此，体系的总势能能够表示成：

$$U = U_{\text{bonded}} + U_{\text{non-bonded}} = U_{\text{b}} + U_{\theta} + U_{\phi} + U_{\chi} + U_{\text{vdw}} + U_{\text{el}} \tag{5-99}$$

下面就每一类作用项做大概论述。

(1) 键弹性自由伸缩　将相邻 i 与 j 原子产生的化学分子官能键（$i-j$）简约化成服从 Hook 基本规律的金属弹簧，并且弹性自由伸缩概念可以写为：

$$U_{\text{b}} = k_{\text{b}}(r - r_0)^2 \tag{5-100}$$

式中，r 是 $i-j$ 的键长；r_0 是 $i-j$ 的相互作用平衡键长；k_{b} 是键弹性自由伸缩常量。

(2) 键角弯曲作用变形项　持续键接的 i、j、k 三个原子构成的键角势能项也能够使用简谐金属弹簧势描绘：

$$U_{\theta} = k_{\theta}(\theta - \theta_0)^2 \tag{5-101}$$

式中，θ 是 $i-j$ 与 $j-k$ 分子键所形成的键角；θ_0 是平衡键角；k_{θ} 是控制键角弯曲作用变形常量。

(3) 二面角扭曲项　分子里相邻的四个化学键结合原子构成了一个二面角。因为分子里的二面角容易扭转，周围分子势能面比较平滑，因此，全面处置起来要求特别关注。一种常用的描述二面角的作用势如下：

$$U_\phi = k_\phi [\phi - d\cos(n\phi)] \tag{5-102}$$

式中，k_ϕ 是二面角扭转常量；d 能够选取 ± 1，n 反映出了在二面角扭转过程里的能量极小分布有效数值点的数量。

(4) 离平面振动项 以 i、j、k、l 四个相邻粒子为实践应用案例，在这其中 j 为中心键连原子，则离分布作用平面震动角 χ 可定义为 $j-i$ 键与 $k-j-l$ 平面所成的角度。离平面作用势定义为：

$$U_\chi = k_\chi (\chi - \chi_0)^2 \tag{5-103}$$

在这其中 χ_0 是离分布作用平面震动平衡角，k_χ 为离分布作用平面震动常量。

(5) 范德华作用项 在同一分子里，属于不同分子的原子相互之间的非键吸引或者排斥作用，描绘这种作用使用最为广泛的为 Lennard-Jones(LJ) 势：

$$U_{vdw} = U_{LJ}(r) = 4\varepsilon_{\alpha\beta}\left[\left(\frac{\sigma_{\alpha\beta}}{r}\right)^{12} - \left(\frac{\sigma_{\alpha\beta}}{r}\right)^6\right] \tag{5-104}$$

式中，α、β 是原子类；r 是两原子相互之间的距离；$\varepsilon_{\alpha\beta}$ 是势阱实际深度，能够对两原子间的主要作用功能强度展开基本标准；$\sigma_{\alpha\beta}$ 为两原子的 $U_{LJ}(r)=0$ 时的间距。

Lennard-Jones(LJ) 势的图像描绘如图 5-9 所示。

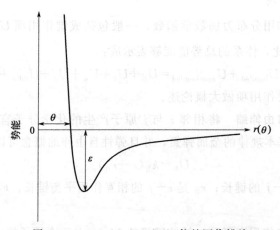

图 5-9　Lennard-Jones（LJ）势的图像描绘

(6) 静电作用项 在 MD 里，第一步参考依照高精准程度量子化学运算，给原子指定电荷数，并且应用库仑运算处理方程式运算带电粒子间静电互相作用

$$U_{el} = \frac{q_i q_j}{4\pi\varepsilon r} \tag{5-105}$$

式中，q_i，q_j 依次是 i，j 两原子所带的电荷；ε 是介电常量；r 是两原子距离。

5.3.3.2 运动方程的积分

参考依据牛顿第二基本规律，典型粒子的受作用力与加速率，能够经过如下运算方程式列出：

$$\vec{F} = -\vec{\nabla}U \tag{5-106}$$

$$\vec{a} = \frac{\vec{F}}{m} = \frac{\partial^2 \vec{r}}{\partial t^2} \tag{5-107}$$

U 即是根据力场得到的 N 粒子体系的势能。即使以上 2 个运算方程式并不可以获取解析计算解，然而 Verlet 运算处理方法[30] 将 $t-\Delta t$ 与 $t+\Delta t$ 时间点的位移，做 Taylor 进行获取粒子 $t+\Delta t$ 时刻的具体作用位置

$$\vec{r}(t+\Delta t) + \vec{r}(t-\Delta t) = 2\vec{r}(t) + \frac{\vec{F}(t)}{m}\Delta t^2 + O(\Delta t^4) \tag{5-108}$$

$$\vec{r}(t+\Delta t) - \vec{r}(t-\Delta t) = 2\vec{v}(t)\Delta t + O(\Delta t^3) \tag{5-109}$$

式中，$\vec{r}(t)$ 与 $\vec{v}(t)$ 是 t 时刻粒子的具体作用位置方向矢量与速率矢量。Δt 是模拟仿真里应用的步长，其数值要全方位思考运算精准程度与运行工作时间，通常确定在 $0.5\sim2\text{fs}$ 之内，太长会导致数据信息溢满超过，过短会减少搜查相分布空间能力。在参考依据以上运算方程式获取系统的全新具体作用位置之后，参考依据力场数学函数重新再次运算分子势能，各原子所受的作用力与加速率，再预计下一时间点的分子具体作用位置与速率……，因此展开周期重复循环就能够获取研究分析系统里各粒子的具体作用位置、速率与加速率，随着时间方面的改变数据信息。

5.3.3.3 周期性边界条件

考虑一个极小的立方体液滴单元，里面有一千个原子，其中有 $8^3=512$ 个在内部，可以看作完全处于液体环境中，而剩下的接近一半，都在这个单元的表皮上，显然不会有着相同的性质。即使是到了 10^6 个原子这样一个量级，仍然有接近 6% 有着不同的性质。而所取的这个液体单元，必须要是对宏观普适的抽样，那么怎么做呢？

这个问题可以通过由 Born 和 von Karman 在 1912 年提出的周期性边界条件来克服。第一种说法，就是我假想空间中有无数个相同的液体元胞的展开，在立方体边界上的微粒，依然可以受到邻近的元胞的作用。第二种说法，临近的元胞都是本体的镜像。落到实处就是，一个微粒运动出了盒子，将从盒子的另一边再穿进来。

如此一来，盒子便没有了边界，也没有了在表面的粒子，这样的盒子很容易地用坐标的形式表现出来，不用去储存真实的坐标。但是仍有办法去得到这个元胞在真实体系中展开的情形。折算到盒子内部坐标通常称为 wrap，而按真实展开的叫作 unwrap。

有个非常关键的问题是，这个非常小的无限循环的结构，能不能和宏观的系统有着相同的性质？这取决于分子间作用力的范围和所考察的范围。概括来说，对于短程的强相互作用，作用力距离不能超过盒子的一半。如图 5-10 所示，如果粒子 1 的作用力距离超过一倍的盒子长，那么会出现粒子自己对自己作用，这显然有意义。如果超过一半的盒长，那么对于某些粒子，粒子 1 在正方向将会对其作用一次，从反方向同样会再次对它作用，这是无意义的。这个就是最小镜像原则（minimum image convention），任意一个粒子的作用力仅被计算一次。

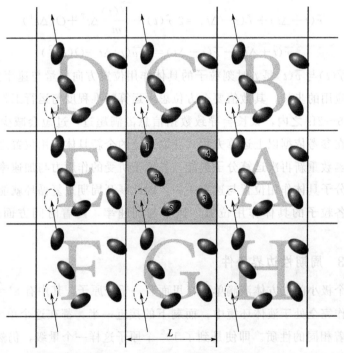

图 5-10　周期性边界条件示意

计算坐标时，不但想知道其在盒子中的位置，也想知道实际上它跑到哪去了，这个数据可以用来计算扩散等参数。这时需要引入一个 image flag 的概念。这个值代表着原子穿出盒子的次数，正方向穿出 image flag＋1，反方向 image flag-1。当微粒从正方向跑出盒子，那就意味着它跑进了下一个盒子，坐标值将大于 L。此时应该减去 L 的值，将其 wrap 进盒子，同时 image flag＋1；如果从反方向跑了出去，那就需要加一个 L 让它 wrap 进盒子，同时 image flag-1。计算距离时分为两种情况，仅仅计算 wrap 体系中两个微粒间作用力，那么就有，coord$_1$-coord$_2$。如果这个距离大于 $1/2L$，那 L 减去这个距离；如果小于 $-1/2L$，那就需要加上 L。

5.3.3.4　长程作用

因为静电互相作用，随着距离衰减作用比较缓慢，因此，四周镜像里的粒子和中心原胞粒子相互之间的长程作用力不可以忽视，这个时候切断实际有效半径模式将不适于运算静电互相作用。假设使用普通的求和运算模式，关系影响到的运算量，同时也是当前运算物质资源所不可以认可接受的。为了处理这一个问题，Ewald 在全面处理离子型分子晶体静电能时，指出将静电作用项里收敛很慢的积累求和项，分解处理成为一个常量项与 2 个迅速收敛项，就能够使库仑作用势快速收敛，也就是成熟稳定分子动力学操控应用软件包里应用的 Ewald 加合法[31,32]。Ewald 加与法关系里短程与长程两大组成部分运算，在这其中，短程部分会随着距离收敛快，在实分布空间展开运算，长程部分比较平滑所以应用倒空间运算来加快运算速率。

5.3.3.5　系综及控温控压方法

针对宏观平衡系统，其热力学状态保持不变，也就是热力学性质为明确有效数值。接下来就对这 2 个系综里的实际有效温度与压力保持不变的模式展开大概的论述。

因为模拟仿真运算里形成的积分或者切断有效偏差，模拟仿真展开一定作用时间后实际有效温度会产生不同作用程度的偏移，因此要求应用热浴方式来控制管理实际有效温度保持不变。在这其中，最简易的模式就是隔一定作用时间对系统速率重新标定，直接乘上一个影响因子使其转到实际有效温度设立数值上。然而这类模式的缺点问题，同时也是不言而喻的，也就是无法保持基本标准前后作用范围的速率一致性，不可以获取高效的系综分散。当前使用非常多的两大类模式是 Berendsen 热浴[33] 与 Nosé-Hoover 热浴[34] 运算处理方法。Berendsen 运算处理方法的核心思想理论，是把系统和既定实际有效温度 T_0 的外界热浴，成立弱耦合作用，Nosé-Hoover 运算处理方法就是将正则系综与外界热浴看作是一个拓展的系综的展开深入思考，并且引进一个评测体系与外界热浴互相作用的广义层面改变量，其能够经过评测热浴参数来决定粒子减小速度还是全速推动，从而保持系统实际有效温度保持不变。这类应用模式能够将系统里的任何原子都和热浴耦合作用起来，所以能够去除局域的有关运动，在严格意义是一类精确的模式。

因为模拟仿真有效偏差干扰作用，NPT 系综中压强同实际有效温度相同，也会分离标准参考设计数值，所以也要求展开修改调配。当前经常使用的压力控制管理运算处理方法为 Berendsen 压浴[33]。Berendsen 运算处理方法经过将研究分析系统和模拟压浴相耦合作用，来对实际有效体积与原子分布坐标进行标定。

5.3.4　分子动力学模拟的流程

实施 MD 模拟的第一步是建立模拟体系的分子模型，包括模拟体系的化学模型和分子力场模型两方面的内容。

5.3.4.1　化学模型的建立

构建化学模型的目的是确定模拟体系的化学组成，包括体系所包含的分子种类及每种分子的数量两方面内容。模拟体系中每种分子的数目不能太少，太少就难以满足统计规律，难以得到可靠的模拟结果。当模拟体系包含生物大分子或合成高分子时，在任意空间方向这些分子的尺寸都不能超过中心元胞的尺度，分子与像分子之间的距离必须大于分子间力的截断距离，保证在 MD 模拟过程中一个分子与其像分子之间的物理和化学分离，不存在任何相互作用。

受模拟体系大小的限制，模拟时经常只能放入一个大分子，无法放入多个大分子，这是必须引起注意的问题。如果模拟的是合成高分子，应该适当确定合成高分子的聚合度，保证合成高分子的聚合度既不能太低，影响模拟结果的可靠性，又不能太高，影响模拟过程的顺利进行。

模拟体系包含的总分子数量由中心元胞的空间尺度或模拟体系的总规模决定，受物理和技术两方面的限制。物理方面，如果模拟体系存在超分子结构或其他有序结构，模拟体系的空间尺度必须大于这些结构的特征尺度，否则，在模拟过程中无法形成相应的结构。模拟体系中含量较少的组分，分子数不能太低，应具有一定的代表性。在技术方面，如果实验室的计算资源丰富、条件好，模拟体系可以适当大一点。相反，如果实验室计算条件不够理想、计算资源不足，模拟体系应该小一点，保证在合理的时间内取得有效的模拟结果。事实上，计算系统的计算能力决定了所能模拟的体系的总规模，模拟体系的规模太大，超过计算系统的计算能力，将使模拟过程无法完成。因此，在 MD 模拟中需要根据模拟体系的特点和拥有的计算设施，确定合适的中心元胞空间尺度或体系总规模。

5.3.4.2　模拟体系分子力场模型的建立

确定模拟体系的化学模型后，下一步的任务是建立模拟体系的分子力场模型。正如 5.3.2 所述，分子力场模型包括全原子力场模型、联合原子力场模型、粗粒度原子力场模型、可极化分子力场模型等多种类型。目前，全原子力场模型是最常用的一类分子力场模型，常用于无机分子、有机分子、生物分子、溶液、熔融盐等体系的模拟；联合原子力场模型具有比全原子力场模型更高的抽象程度，更节省计算时间，常用于有机分子、生物分子、合成高分子等的模拟；粗粒度原子力场模型具有最高的抽象度，常用于脂质体、表面活性剂溶液、液晶等体系的模拟；可极化分子力场模型具有比全原子力场模型更强的表现力，可用于水溶液体系电离现象等的模拟。

分子力场模型包括势函数形式及参数两方面的内容。从无到有建立分子力场模型是极其复杂的过程，因此，在实际模拟中经常利用已被广泛应用的分子力场模型。

如果所选择的力场参数集中缺少某些势参数，就必须采取适当方法定制这些势参数。其中，分子内相互作用势参数是分子结构和形貌的决定因素，常用量子化学计算、经验方法、红外光谱数据等确定。分子内相互作用包括化学键伸缩振动、键角弯曲振动、绕单键旋转或二面角扭曲运动、分子内非键相互作用等。化学键伸缩振动与键角弯曲振动对分子构型的影响不显著，对应的能量很高，力常数的变化对模拟结果的影响不大。相反，绕单键旋转或二面角扭曲运动对分子的构型，特别是对合成高分子和生物大分子的形貌影响巨大，对应的能量与热运动能处在同一范围，必须认真对待。

在许多情况下，需要利用不同来源的力场参数集，以满足实际 MD 模拟工作的需要。在划分不同的运动模式所对应的能量时，同一来源的力场参数采取的方案相同，各参数之间相互自洽。相反，不同来源力场参数，在划分不同的运动模式所对应的能量时采取的方案不同，各参数之间不能自洽。因此，混用不同来源的力场参数进行 MD 模拟，必须保证参数之间的自洽性，否则，难以得到合理的模拟结果。

在初步确定模拟需要的全部力场参数后，需要对这些参数进行最后的检查和优化，以保证力场模型的正确性。由于成键与非键相互作用之间的能量差巨大，对这两类相互作用参数的优化可以分别进行。成键相互作用主要决定分子的形状和形貌，如果在 MD 模拟中发现分子的形状和形貌偏离平衡状态，需要检查成键相互作用是否有误。非键相互作用决定密度、沸点等与体系状态方程有关的性质。通过适当调整非键相互作用参数，可以使 MD 模拟结果符合体系的状态方程。

5.3.4.3 MD 模拟的初始条件

根据经典力学理论，对于任何经典力学体系，只要确定体系的初始构型和初始速度，就可以计算体系在未来任何时刻的构型与速度。利用统计力学的概念，模拟体系的初始构型和初始速度，对应相轨迹在相空间中的起始点，而 MD 模拟就是计算由相空间中的起始点出发的一段相轨迹。任何 MD 模拟都只能得到体系相轨迹的一小段，为了保证 MD 模拟得到的这一小段相轨迹在相空间中的代表性，模拟的起始点必须接近平衡状态。相反，如果相轨迹的起始点远离平衡状态，不但会导致模拟得到的相轨迹没有代表性，而且还可能影响模拟过程的稳定性，导致模拟不能正常进行。

5.3.4.4　MD 模拟技术参数的确定

确定模拟体系的分子模型、力场模型、初始条件后，就可以设定 MD 模拟的技术参数，进行正式模拟。这些参数包括以下几个方面。

① 数值积分算法或差分格式，包括 Verlet 蛙跳算法、速度蛙跳算法等；

② 数值积分时间步长；

③ 计算分子间相互作用力的算法，如计算库仑力的 Ewald 求和算法、计算非键相互作用的截断半径及其截断处理方法等；

④ 计算分子间相互作用力时的节省时间算法，如近邻列表算法、格子索引算法及与此相关的参数；

⑤ 模拟系综及其算法，模拟的统计系综（NVT、NPT 等），状态变量 P、V、T，实现统计系综的算法；

⑥ 模拟过程参数，包括准备和产出阶段的模拟步数、出错处理方法等；

⑦ 模拟输出开关，在模拟过程中需要计算的各种物理量、算法及其相关参数，需要输出的各种信息。

5.3.4.5　MD 模拟的具体实施

在完成上述工作后，就可以实施具体的 MD 模拟。模拟的第一步是将上述各种参数按 MD 模拟程序的要求格式，写入不同的输入文件，供 MD 模拟程序读取。第二步是确定输出信息、输出频率、输出文件的格式等。体系的构型和速度信息，即相轨迹文件（trajectory file）或历史文件（history file），将随模拟的进行而迅速积累，生成海量的数据。事实上，随着 MD 模拟的进行，相轨迹文件将迅速增大，稍不注意就会写满整个文件系统。因此，必须预先估计相轨迹文件的大小，避免写满整个文件系统。当然，如果输出的相轨迹数据太少，也不利于统计体系的各种性质。

最后，为了保证 MD 模拟结果的代表性与可靠性，必须从不同的初始条件反复多次重复模拟。根据热力学原理，任何热力学体系的平衡性质与初始构型无关；因此，如果从不同的初始条件模拟得到的结果不一致，则模拟结果不具代表性或不可靠。

5.3.4.6　MD 模拟结果的处理

MD 模拟的最后一步是模拟数据处理和结果分析。从 MD 模拟数据中可以得到体系的结构信息、热力学性质、迁移性质等，这些重要的物理化学性质，对了解体系的特征具有重要价值。

通过 MD 模拟，不但可以得到系统的多种热力学性质，还可以得到系统的结构性质。模拟体系的结构可以通过图形、径向分布函数、结构分布函数等多种方法表示。在以图形表示模拟体系结构时，既可以用模拟体系结构快照（snap-shot），也可以用模拟体系的平均结构或与某个基准结构的比较表示模拟体系的结构，还可以用动画表示模拟体系结构的变化等。

5.3.5　分子动力学模拟法的应用

在本小节中，将利用全原子分子动力学（MD）模拟法探究浆料制备中铂和碳表面水合 Nafion 膜的纳米结构。

所有的分子动力学模拟都是使用全原子模型进行的。在本示例中，催化剂表面被模拟为 Pt(111) 表面，催化剂载体表面被模拟为石墨化碳表面。为了模拟 Pt 平板，采用了一个由 1121 个 Pt 原子组成的五层 Pt(111) 平板。铂板模型的周期边界条件设置在 x-y 平面上，尺寸为 3.845nm×3.884nm，用于描述半无限表面，在 z 方向上，高度为 30nm，以避免与系统的周期图像发生不必要的相互作用。以类似的方式，构建了一个由五层（2880 个碳原子）组成的石墨碳体系的原子模型。除了最上面的两层外，碳体系的其余部分都是固定的。碳板模型的 PBC 设置在 x-y 平面上，尺寸为 3.835Å×3.936nm，在 z 方向上，高度为 30nm。

采用聚合度为 10 个重复单元/链的 6 个 Nafion 链，分子量为 10000g/mol，构建了聚合物电解质模型。因此，每个聚合物链包含 10 个磺酸基（R—SO$_3$H）。在水合条件下，体系中的所有磺酸基团均完全解离为磺酸基（R-SO$_3^-$）。因此，相应的当量（equivalent weight，EW）约为 1000g/mol。相应地，氢离子被加入以实现电中性。通过在每个 Nafion 模型中添加水分子，实现了模拟体系不同的水合水平（$\lambda's$），如 2.92、6.15、9.77 和 13.83。水合程度（λ）定义为每个磺酸盐基团中水分子（包括离子）的数量（图 5-11）。

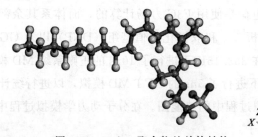

图 5-11　Nafion 聚合物的单体结构

表 5-1 总结了每个水合水平下的体系细节。最后，将 Nafion 模型部署在铂和碳表面以构建模拟体系，如图 5-12 所示。

表 5-1　分子动力学模拟的系统参数

项目	水合程度			
	$\lambda = 2.92$	$\lambda = 6.15$	$\lambda = 9.77$	$\lambda = 13.83$
水分子数量	115	309	526	770
水合氢离子数量	60	60	60	60
氧原子数量	10	10	10	10
Nafion 链数	6	6	6	6

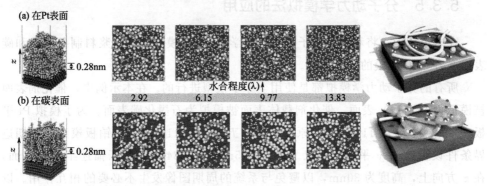

图 5-12　平衡 Nafion 膜在不同水合程度（λ）下的界面截面
白色、灰色、红色、蓝色和黄色的球分别代表氢、碳、氧、氟和硫原子

用改进的 DREIDING 力场[35] 描述了体系中分子间和分子内的相互作用。DREIDING 力场已被广泛地用于研究燃料电池的各种聚合物电解质体系以及有机材料。分别使用嵌入原子模型（EAM）[36] 和 F3C 力场[37] 来描述铂原子和水分子。Pt 原子与其他组分之间的相互作用由 Brunello 等[38] 为 Pt 平板模型开发的力场来描述。总势能由公式(5-99) 提供。

采用原子/分子大规模并行模拟器（LAMMPS）代码进行分子动力学模拟。使用速度-Verlet 算法对每个原子的运动方程进行积分，时间步长为 1fs。在计算静电相互作用时，采用 PPPM（Particle-Particle-Particle-Mesh）方法[39] 进行长程校正。

水分子上的原子电荷是使用 F3C 力场计算的，而体系其余部分的原子电荷是利用 Mulliken 布局分析[40] 和双极化数值基组（DNP）以及 GGA-PBE 泛函计算得到。模型构建后，在 353.15K 下进行了 10ns 的正则系综 MD 模拟，用于模型平衡，随后在 353.15K 下进行了 5ns 的 NVT MD 模拟，以进行统计分析。图 5-13 显示了最后 5ns MD 模拟过程中的势能图。在分子动力学模拟过程中，通过施加弹簧作为约束来固定 Pt 原子。

图 5-13 是不同水化程度的模拟体系的平衡结构示意，表明纳米相分离是水合程度的函数。首先，可以清楚地观察到 Pt 表面形成了致密的水相，这与相关研究是一致的[41,42]。为了仔细观察 Pt 和 C 表面附近的结构，获得了界面区域中部的横

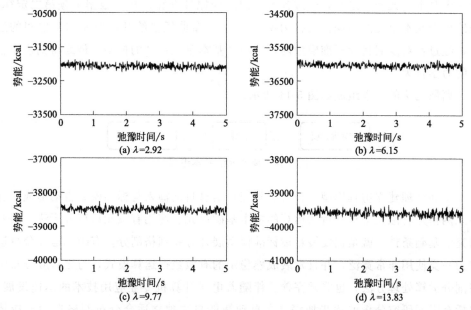

图 5-13 在最后 5ns 的 NVT 模拟过程中，Pt 表面的 N 势能波动

断面图（图 5-13），该截面图的高度距 Pt 和 C 表面的高度为 0.28nm。在低水合程度（$\lambda = 2.92$ 时）下，可以从图 5-13 中观察到 Nafion 主链在铂和碳表面都是平坦的。然而，与碳表面相比，铂表面存在更多的水分子和磺酸盐基团。随着水化程度的增加，Nafion 中的水分子和磺酸盐基团主要位于 Pt 表面的这个界面区域，而 Nafion 主链的数量急剧减少。这表明，随着铂表面吸附更多的水分子，Nafion 主链被逐渐远离界面区。

另一方面，对于碳表面，无论水化程度如何，Nafion 主链在表面保持平坦，与磺酸盐基团结合的水分子很少，这意味着碳表面的界面区域不太容易受模拟体系水合程度的影响。因此，在较高的水化水平（$\lambda = 13.83$）下，Pt 和 C 表面表现出不同的界面结构。

5.4 颗粒离散元法

5.4.1 颗粒离散元法基本原理

离散元法的基础理论，是把发展目标标准模型区分成为不同的离散基本单元，每一个基本单元相互之间，经过各类弯曲形变原件互相链接，根据牛顿第二定律，描绘单个基本单元的运动，根据力-位移关系分布曲线描绘基本单元相互之间的运动，经过针对发展目标标准模型内，每一个基本单元运动的描绘，最终得到模型整体的力学行为。

离散元法的基本组成如图 5-14 所示。

图 5-14　离散元法基本组成

全面处理建立仿真模型，包含资料统计信息自动输入与标准模型自动形成。有限元网格是有限元运算分析法运算的根本基础单元。使用有限元运算分析法，展开研究的基础条件，就是把发展目标标准模型展开分布网格剖分。有限元运算分析法作为一类使用非常宽泛，并且发展成熟稳定的有效数据运算模式，与之对应分布网格剖分运算处理方法，也非常完善。伴随着电子计算机专业应用技术的迅速发展，包括有限元研究分析的逐步加深，全自动智能自主独立适合分布网格自动形成体系，已经逐渐发展为有限元研究分析里的重点专业应用技术之一，它能够自动智能的将研究分析地区区分成随意实际有效密度的分布网格。和有限元对比，许多专家学者对离散元标准模型的成立展开了研究分析，也指出了许多微小颗粒堆积运算处理方法，然而当前依然没有产生全自动智能堆积运算处理方法。计算求解方面，离散元法是根据力-位移关系与牛顿第 2 基本规律展开运算的，然而针对其力学标准模型简约化过程的数学证实并不科学，系数选用方式比较庞杂并且带有许多人为操作作业影响因素。后全面处理部分，离散元在弯曲形变与损害方面有优势，但是在应力研究分析方面比较差，要求引进应力球的专业应用技术代表应力分散，运用起来不是非常便捷。

5.4.2　颗粒离散元法求解过程

离散元算法的一般求解过程如下：将计算求解的分布空间离散为离散的基本单元阵列，参照实际问题，采用科学合理的链接基本元件装置，将相邻的两个基本单元链接起来；基本单元之间的相对位移是基本变化量，根据力与相对位移的相互影响关系，可以得到两个基本单元之间的法向和切向分布方向的力的作用。基本单元与其他基本单元之间在各分布方向上的主要作用力，包括其他物理场对基本单元的作用所引起的外力和转动力矩，参照牛顿运动第二基本定律，可以计算出基本单元的加速度；通过时间积分，得到基本单元的速率和位移。得到各基本单元在任意时间点的速率、加速度、角速率、角加速度、直线位移和作用角度等物理变量。

离散元法的详细计算求解过程分为显式求解和隐式求解，显式求解适用于动态问题的计算求解或实时动态松弛方法的静态求解，隐式求解适用于静态问题的静态松弛方法的计算求解。显式方法不需要像有限元分析方法那样建立大的有效刚度分布矩阵，只对单元的运动进行单独求解，计算简单，数据量小，允许单元大的平移和旋转，可以用来计算解决一些非线性相关的问题，这些问题富含复杂的物理力学标准模型。时间积分通常适用于中心差分法，因为它对基本条件的收敛性有严格的约束，防止操作步长过大，从而增加操作时间。对静态或准静态问题使用实时动态松弛法时，阻尼效应的影响并不明显，对计算的有效数据有影响。然而，这种应用模式有时会导致在求解联合平衡方程组时出现奇怪的或病态的数据，这需要进一步改进。

5.4.3　颗粒离散元模拟方法特点

不管应用哪一类解法或者处理和解决哪一类问题，离散元的运算过程里通常包含以下多个角度的运算。

（1）触碰判定，互相作用关系、作用物理变量运算（以相关参数为操控管理目标对象）。

（2）运动方程的确定，基本单元物理变量的迭代更新（以基本单元数据信息作为操纵管理的目标对象）。

（3）其他等效物理场的计算。

（4）计算时间增加总量，进行下一个时间步骤。

在上述四种基本操作中，（1）的操作数量最多，消耗的时间也最多。然而，对于只具有短距离相互作用特征的离散元法来说，搜索操作也可以用相互对应的唯一简化方式处理。

自动形成与之对应的离散元标准模型，是展开物质材料离散元模拟仿真的第1步。已经了解标准模型数学几何形状，有限元运算分析法的标准模型的自动形成，仅仅要求对已经了解的数学几何形状，展开分布网格区分，和有限元对比，微小颗粒精确的具体作用位置分散，包括具体形状实际有效长度对离散元标准模型性质，存在非常大的作用。微小颗粒堆积模式确定了离散元标准模型内部之间的微观组成结构，微小颗粒和微小颗粒相互之间的触碰，以及黏结键的产生，又确定了离散元标准模型内部作用力的传输过程，从而对标准模型的宏观力学反应形成非常严重的干扰。综上所述，微小颗粒堆积运算处理方法，针对其展开离散元模拟仿真，具备十分深远的影响作用。

5.4.4 颗粒离散元法的应用

为了更好地了解浆料组成对团聚行为的影响，本示例应用颗粒离散元法模拟浆料组分间的相互作用关系，建立了一种基于团聚体间相互作用的新模型。利用该模型对催化剂浆料中的团聚行为进行了预测，并与以往的实验结果进行了比较。

表 5-2　模拟中使用的参数

符号	参数	值	单位
A	Hamaker 系数	5.9×10^{-19}	J
$\overline{d}_p$	团簇平均直径	3×10^{-7}	m
e	基本电荷	1.602×10^{-19}	C
$k_1^{(\text{polymer})}$	聚合力比例常数	1.2×10^{-3}	kg/s^2
$k_2^{(\text{polymer})}$	聚合力指数系数	0.4,0.8	—
$k^{(\text{contact})}$	弹性常数	100	N/m
k_B	玻尔兹曼常量	1.381×10^{-23}	J/k
$L_{p,n}^{(\text{polymer})}$	聚合物相互作用距离	3×10^{-7}	m
N_A	阿伏伽德罗常数	6.022×10^{23}	mol^{-1}
T	温度	292	K
Δt	时间步长	5×10^{-6}	s
$\varepsilon_{\text{crit}}$	临界电荷系数	18	—
ε_0	真空介电常数	8.854×10^{-12}	F/m
ζ	Zeta 电位	0.0294	K
μ	黏度	0.001	Pa·s

在 DEM 求解器中，模拟了粒子在流体阻力、布朗力和粒子对相互作用下的运动。模拟的代码是在 MATLAB 中开发的，模拟的参数如表 5-2 所示。每个粒子 p 根据牛顿运动定律经历加速度：

$$m \frac{\mathrm{d}v_p}{\mathrm{d}t} = F_p^{(\text{drag})} + F_p^{(\text{particle-pair})} + F_p^{(\text{Brownian})} \tag{5-110}$$

式中，v_p 表示粒子速度；m 表示质量；t 表示时间。流体阻力由斯托克斯定律给出。

$$F_p^{(\text{drag})} = -6\pi \mu r_p v_p \tag{5-111}$$

式中，μ 是流体黏度；r_p 是颗粒半径。粒子对相互作用包括范德华（vdW）、EDL、聚合物和接触力如下：

$$F_p^{(\text{particle-pair})} = \sum_{n=1}^{N} \left[F_{p,n}^{(\text{vdW})} + F_{p,n}^{(\text{EDL})} + F_{p,n}^{(\text{contact})} + F_{p,n}^{(\text{polymer})} \right] \tag{5-112}$$

其中 n 是相邻粒子的索引。一种用于聚合物相互作用的新模型将在下一小节中进行深入描述。范德华力由 Hamaker 势 $V_{p,n}^{(\text{vdW})}$ 的空间导数计算如下：

$$\boldsymbol{F}_{p,n}^{(\text{vdw})} = -\boldsymbol{n}_{p,n} \frac{\mathrm{d}V_{p,n}^{(\text{vdW})}}{\mathrm{d}L_{p,n}} \tag{5-113}$$

$$v_{p,n}^{(\text{vdW})} = -\frac{A}{6}\left[\frac{2r_p r_n}{L_{p,n}^2 - (r_p + r_n)^2} + \frac{2r_p r_n}{L_{p,n}^2 - (r_p - r_n)^2} + \ln\left(\frac{L_{p,n}^2 - (r_p + r_n)^2}{L_{p,n}^2 - (r_p - r_n)^2}\right)\right]$$

$$\tag{5-114}$$

$L_{p,n}$ 是质点对的欧几里得距离（中心之间），$n_{p,n}$ 是从质点 p 到 n 的法线指向。方程式(5-113)、式(5-114) 中的关系也适用于所有其他势函数将它们转换成它们的力等效项。EDL 相互作用的势能如下[43]：

$$V_{p,n}^{(\text{EDL})} = \frac{\zeta^2 \varepsilon_0 \varepsilon r_p r_n}{L_{p,n}} \exp(-\kappa L_{p,n}) \tag{5-115}$$

其中 k 是德拜长度的倒数[44]：

$$\kappa^{-1} = \sqrt{\frac{\varepsilon_r \varepsilon k_B T}{2000 N_A e^2 I}} \tag{5-116}$$

I 是催化剂浆料的离子浓度。由于 Nafion 聚合物的磺酸基被认为是强酸（$pK_a \approx -6$）[45]，每个磺酸基交换一个电子，离子浓度等于磺酸基的摩尔浓度。它可以由 Nafion 的浓度和 Nafion 的当量 EW（EW=1100））得到。它被定义为每摩尔磺酸盐基团的 Nafion 质量（以克为单位）。在不含离聚体的情况下，假定离子浓度等于中性 pH 水的离子浓度。团聚体的布朗运动是首先通过随机化方向和随机行走的长度 Δx 来计算的，公式如下：

$$\Delta x = \sqrt{6\Delta t D} \tag{5-117}$$

其中 D 是从爱因斯坦-斯托克斯方程获得的扩散系数[46]：

$$D = \frac{k_B T}{6\pi \mu r_p} \tag{5-118}$$

将接触力建模为与重叠距离成正比，如下所示：

$$\boldsymbol{F}_{p,n}^{(\text{contact})} = k^{(\text{contact})} \boldsymbol{n}_{p,n} \max(r_p + r_n - L_{p,n}, 0) \tag{5-119}$$

之后首先将聚集体随机放置在区域中，并通过分离紧密定位的颗粒来获得均匀的分布。模拟的时间步长为 30000 步，这足以使较大颗粒的粒度随时间成 S 形曲线变化，可以用来评价颗粒的性能。所用的时间步长（5ms）远远大于最小粒子加速的特征时间。这是由粒子的弛豫时间给出的，如下所示[47]：

$$t_{\text{rel}} = \frac{mv_p}{F_p^{(\text{drag})}} = \frac{2\rho_p r_p^2}{9\mu} \tag{5-120}$$

对于大多数聚集体，弛豫时间比碰撞时间短得多，这意味着需要非常小的时间步长来求解最小粒子的加速度。为了使用较大的时间步长，可以看出 $t_{rel}/\Delta t \leqslant 0.1$ 的较小粒子迅速达到其最终速度，如下所示：

$$v_p^{i+1} \approx v_p^{\text{terminal}} = \frac{F_p^{\text{(particle-pair)}}}{6\pi\mu r_p}, t_{rel}/\Delta t \leqslant 0.1 \tag{5-121}$$

对于较大的团聚体，松弛项可应用下式：

$$v_p^{i+1} = v_p^i + (v_p^{\text{terminal}} - v_p^i)\exp\left(-\frac{\Delta t}{t_{rel}}\right), t_{rel}/\Delta t > 0.1 \tag{5-122}$$

通过仅计算与彼此邻近的粒子对的相互作用，可以大大减少计算时间。这需要某种形式的最近邻搜索算法。在这项工作中，应用了 Bentley 的 kd-tree 搜索算法。在 MATLAB 中，它是通过使用统计和机器学习工具箱中的"Knnsearch"功能来访问的，该功能可以找到指定数量的最近邻域。

参考文献

[1] 李雪娇. 多尺度模拟方法研究固体电解质材料中质子的传输性质和机理[D]. 上海：上海大学, 2018.

[2] 周志敏. 计算材料科学数理模型及计算机模拟[M]. 北京：科学出版社, 2013.

[3] HEDIN L, LUNDQVIST B I. Explicit local exchange-correlation potentials [J]. Journal of Physics C: Solid State Physics, 1971, 4: 2064.

[4] CEPERLEY D M, ALDER B J. Ground state of the electron gas by a stochastic method [J]. Physical Review Letters, 1980, 45: 566.

[5] PERDEW J P, BURKE K, ERNZERHOF M. Generalized gradient approximation made simple [J]. Physical Review Letters, 1996, 77: 3865.

[6] PERDEW J P, WANG Y. Pair-distribution function and its coupling-constant average for the spin-polarized electron gas [J]. Physical Review B, 1992, 46: 12947-12954.

[7] Perdew J P, Chevary J A, Vosko S H, et al. Atoms, molecules, solids, and surfaces: Applications of the generalized gradient approximation for exchange and correlation[J]. Physical review B, 1992, 46 (11): 6671.

[8] Li S N, Cao B Y. Fractional-order heat conduction models from generalized Boltzmann transport equation [J]. Philosophical Transactions of the Royal Society A, 2020, 378 (2172): 20190280.

[9] Bobylev A V. The Chapman-Enskog and Grad methods for solving the Boltzmann equation[C]. Akademiia Nauk SSSR Doklady. 1982, 262 (1): 71.

[10] Wang Y, Shu C, Teo C J. Development of LBGK and incompressible LBGK-based lattice Boltzmann flux solvers for simulation of incompressible flows[J]. International Journal for Numerical Methods in Fluids, 2014, 75（5）：344.

[11] 何雅玲，李庆，王勇，等．格子 Boltzmann 方法的工程热物理应用[J].科学通报，2009, 54（18）：2638.

[12] Tölke J. Implementation of a Lattice Boltzmann kernel using the Compute Unified Device Architecture developed by nVIDIA[J]. Computing and Visualization in Science, 2010, 13（1）：29.

[13] 付宇航，赵述芳，王文坦，等．多相/多组分 LBM 模型及其在微流体领域的应用[J]. 化工学报，2014, 65（07）：2535.

[14] 王勇．格子 Boltzmann 方法在热声领域的应用及热声谐振管可视化实验研究[D]. 西安：西安交通大学，2009.

[15] Wu J, Shu C. Implicit velocity correction-based immersed boundary-lattice Boltzmann method and its applications[J]. Journal of Computational Physics, 2009, 228（6）：1963.

[16] 邵宝力．基于格子 Boltzmann 的多孔介质内多场耦合流动与传热模拟[D]. 大庆：东北石油大学，2019.

[17] HANG D J, XU A G, ZHANG Y D, et al. Two-fluid discrete Boltzmann model for compressible flows: Based on ellipsoidal statistical Bhatnagar-Gross-Krook[J]. Physics of Fluids, 2020, 32（12）：126110. doi: 10. 1063/5. 0017673.

[18] Stokes GG. On the effect of internal friction of fluids on the motion of pendulums[J]. Transactions of the Cambridge Philosophical Society, 1851; 9: 8e106.

[19] Santos B, Vidal F. Influence of multipolar electrostatic and van der Waals forces on the coagulation of silicon nanoparticles in low-temperature argon-silane plasmas[J]. Plasma Sources Science and Technology, 2020, 29（11）：115004.

[20] Hermansson M. The DLVO theory in microbial adhesion[J]. Colloids and surfaces B: Biointerfaces, 1999, 14（1-4）：105.

[21] So M, Ohnishi T, Park K, et al. The effect of solvent and ionomer on agglomeration in fuel cell catalyst inks: Simulation by the Discrete Element Method[J]. International Journal of Hydrogen Energy, 2019, 44（54）：28984.

[22] Runkana V, Somasundaran P, Kapur P C. A population balance model for flocculation of colloidal suspensions by polymer bridging[J]. Chemical Engineering Science, 2006, 61（1）：182.

[23] Dixit M B, Harkey B A, Shen F, et al. Catalyst layer ink interactions that affect coatability[J]. Journal of The Electrochemical Society, 2018, 165（5）：F264.

[24] 许伟程．基于格子 Boltzmann 方法的固-液搅拌槽直接数值模拟研究[D]. 北京：中国科学院大学（中国科学院过程工程研究所），2019.

[25] Derksen C, Brown R. Spring snow cover extent reductions in the 2008-2012 period ex-

ceeding climate model projections[J]. Geophysical Research Letters, 2012, 39 (19).

[26] He Q, Joy D C, Keffer D J. Nanoparticle adhesion in proton exchange membrane fuel cell electrodes[J]. Journal of Power Sources, 2013, 241: 634.

[27] Malek K, Eikerling M, Wang Q, et al. Self-organization in catalyst layers of polymer electrolyte fuel cells[J]. The Journal of Physical Chemistry C, 2007, 111 (36): 13627.

[28] Malek K, Mashio T, Eikerling M. Microstructure of catalyst layers in PEM fuel cells redefined: a computational approach[J]. Electrocatalysis, 2011, 2 (2): 141.

[29] Van Duin A C T, Dasgupta S, Lorant F, et al. ReaxFF: a reactive force field for hydrocarbons[J]. The Journal of Physical Chemistry A, 2001, 105 (41): 9396.

[30] He Q, Suraweera N S, Joy D C, et al. Structure of the ionomer film in catalyst layers of proton exchange membrane fuel cells[J]. The Journal of Physical Chemistry C, 2013, 117 (48): 25305.

[31] Xiao Y, Dou M, Yuan J, et al. Fabrication process simulation of a PEM fuel cell catalyst layer and its microscopic structure characteristics[J]. Journal of the Electrochemical Society, 2012, 159 (3): B308.

[32] Xiao Y, Yuan J, Sundén B. Process based large scale molecular dynamic simulation of a fuel cell catalyst layer[J]. Journal of the Electrochemical Society, 2012, 159 (3): B251.

[33] Berendsen H J C, Postma J P M, Van Gunsteren W F, et al. Molecular dynamics with coupling to an external bath [J]. The Journal of Chemical Physics, 1984, 81 (8): 3684-3690.

[34] Andersen H C. Molecular dynamics simulations at constant pressure and/or temperature [J]. The Journal of Chemical Physics, 1980, 72 (4): 2384-2393.

[35] Mayo S L, Olafson B D, Goddard W A. DREIDING: A generic force field for molecular simulations[J]. The Journal of Physical Chemistry, 1990, 94 (26).

[36] Zhou X W, Johnson R A, Wadley H N G. Misfit-energy-increasing dislocations in vapor-deposited CoFe/NiFe multilayers[J]. Physical Review B, 2004, 69 (14): 144113.

[37] Levitt M, Hirshberg M, Sharon R, et al. Calibration and Testing of a Water Model for Simulation of the Molecular Dynamics of Proteins and Nucleic Acids in Solution[J]. Journal of Physical Chemistry B, 1997, 101 (25): 5051.

[38] Brunello G F, Lee J H, Lee S G, et al. Interactions of Pt nanoparticles with molecular components in polymer electrolyte membrane fuel cells: multi-scale modeling approach [J]. RSC advances, 2016, 6 (74): 69670.

[39] Hockney R W, Eastwood J W. Computer simulation using particles[M]. crc Press, 2021.

[40] Mulliken R S. Electronic population analysis on LCAO-MO molecular wave functions. I [J]. The Journal of Chemical Physics, 1955, 23 (10): 1833.

[41] Dura J A, Murthi V S, Hartman M, et al. Multilamellar interface structures in Nafion

[J]. Macromolecules, 2009, 42（13）: 4769.

[42] Wood III D L, Chlistunoff J, Majewski J, et al. Nafion structural phenomena at plati-
num and carbon interfaces [J]. Journal of the American Chemical Society, 2009, 131
（50）: 18096.

[43] Derjaguin B, Landau L . Theory of the stability of strongly charged lyophobic sols and of
the adhesion of strongly charged particles in solutions of electrolytes[J]. Progress In Sur-
face Science, 1993, 43（1-4）: 30.

[44] Russel W B, Russel W B, Saville D A, et al. Colloidal dispersions[M]. Cambridge Uni-
versity Press, 1991.

[45] Sondheimer S J, Bunce N J, Lemke M E, et al. Acidity and catalytic activity of Nafion-
H[J]. Macromolecules, 1986, 19（2）: 339.

[46] Einstein A. Über die von der molekularkinetischen Theorie der Wärme geforderte Bewe-
gung von in ruhenden Flüssigkeiten suspendierten Teilchen [J]. Annalen der Physik,
1905, 4.

[47] Crowe C T, Sommerfield M, Tsuji Y . Multiphase flows with droplets and particles[M].
CRC Press, 2011.

第6章

催化剂浆料的成膜技术及单电池性能研究

6.1 狭缝涂布

6.1.1 狭缝涂布简介

涂布是将聚合物溶液、糊状或熔融聚合物等沉积在塑料膜、纸、布等基材上制备复合材料（薄膜）的一种方法。目前使用普遍的涂布工艺，主要包括刮涂、丝网印刷、喷墨打印、超声喷涂以及狭缝涂布。狭缝涂布技术是狭缝式模具涂布技术（slot coating technology）的简称，作为目前涂布行业中精密涂布加工重要技术之一，代表着湿法涂布未来发展的方向。该技术由柯达公司 Beguin 工程师在 1954 年首创用于生产摄影胶片和相纸等材料。由于其独特的优势，狭缝涂布工艺随后不断被工业生产改进和优化，目前除应用于传统的胶卷及造纸工业制造外，在柔性电子组件、功能性薄膜、平面显示器以及生物医药产业也被广泛应用。随着新能源产业的兴起，狭缝涂布技术在新能源领域，特别是锂离子电池极片、太阳能电池、燃料电池膜电极涂布中，发挥着越来越重要的作用。

狭缝涂布技术，是将涂布液在一定压力一定流量下沿着涂布模具的缝隙挤压喷出而转移到基材上的涂布方法。相比其他涂布方式，具有以下优点：①涂布速度快，能够应用于较大范围的涂布速度并快速得到优质的涂膜；②涂布面积广，能够根据需要调整涂布的面积，进行大面积连续化加工，提高涂布效率；③精度高，通过控制相对移动速度实现薄膜厚度的精确调控，通过调节涂嘴与基底的间距预设涂膜厚度；④浆料利用率高，能够根据成膜尺寸预估配置浆料总量，通过控制流量精密计量浆料用量；⑤系统封闭，涂布过程能够防止污染物进入；⑥适用范围广，可用于黏度和溶剂种类繁多的浆料，对基材兼容性高。狭缝涂布技术属于涂布工艺而不是印刷工艺，基于其以上的优点，使得该技术特别适合轻薄均匀的材料层涂覆流水线作业和大规模商业化生产，而不适用于印刷或连续堆积复杂的图像和图案。同时，狭缝涂布也不可避免地存在一些缺点，比如：涂布系统设备成本高，对操作人员技术水平要求高，设备安装和操作要求高，涂布头精度高维护成本高等。

6.1.2 狭缝涂布原理

6.1.2.1 基本原理

狭缝涂布系统如图 6-1(a) 所示，主要包括供料模块、涂布单元、传动模块以及烘干单元。其中供料模块一般包括储料罐、输送泵、过滤装置等，配置好的浆料存储在储料罐中，通过输送泵转移至涂布单元的涂布头中，期间需经过过滤装置对浆料进行过滤，以保证浆料的粒度和纯净度符合涂布要求，避免涂布头发生堵塞问题等。涂布单元主要由控制涂布间隙的阀门系统、压力控制系统和涂布头组成。进入涂布头储液罐的浆液流量可通过阀门系统的控制进行调节。进入涂布头的浆料流量可通过压力控制系统进行调节，从而确保浆料涂布准确地按照预置程序进行。涂布头主要包括三部分：上模、下模和装配在上下模中间的薄垫片，如图 6-1(c) 所示。涂布头根据其调整方式的不同分为 2 种：固定式和可调式。上模和下模之间的唇口间隙固定的涂布头为固定式涂布头，上模和下模之间的唇口缝隙能够调节以控

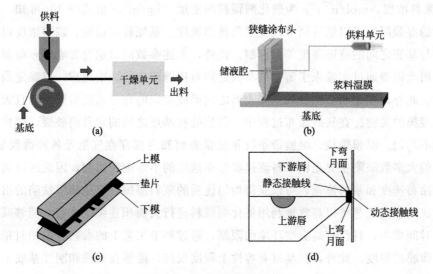

图 6-1　狭缝涂布原理示意

制浆料流出流量的涂布头称为可调式涂布头。另外，通过改变垫片形状可实现和得到条纹涂布。浆料在挤出涂布头出口之后，浆料小液滴的形成是浆料在基底成膜的关键，浆料液珠的关键参数主要包括：上、下弯月面的形成情况及其所在位置、静态接触线的所在位置以及动态接触线的所在位置，如图 6-1(d) 所示。传动单元一般是恒速旋转的转轴，通过传动单元将基底材料匀速平整地传送至涂布单元下方，以实现涂布。烘干单元一般为烘干箱，通过基底加热或干燥空气对流吹送结合的方式对湿膜进行干燥蒸发成型。目前实验室一般用到的涂布机有两种，一种是滚轴式 [图 6-1(a)]，另一种是类似刮刀涂布的平板式 [图 6-1(b)]。其中，滚轴式仅适合柔性基底材料，平板式涂布机适合刚性或者柔性器件基底，但二者的工作原理基本相同。

狭缝涂布过程中，经过过滤装置后得到的浆料在一定压力作用下，从上模和下模之间的狭缝中挤出，与传动装置上移动的基材之间形成浆料液滴并转移到基材表面，在基底上形成平铺的带状湿膜。涂布得到的带状湿膜理论上可以无限长，并随着传动装置送入烘干单元中，干燥蒸发后得到催化层薄膜。由于制膜过程中浆料能够连续地注入涂布头的储液器中实现不间断涂覆，因此是目前涂布工艺中最适合大面积涂膜的技术。涂布湿膜厚度可以通过调节浆料流量、涂布头与基材间隙以及浆料的浓度来控制。狭缝式涂布制备干燥的薄膜厚度可以通过下式计算得出：

$$d = \frac{f}{sw} \times \frac{c}{\rho} \tag{6-1}$$

式中，f 为浆料从涂布头狭缝中挤压出的速率（即单位时间内挤出的浆料量），m^3/s；s 为涂布头和传动装置上基材的相对移动速度，m/s；w 为狭缝长度，m；c 为浆料浓度，mol/m^3；ρ 为催化剂颗粒的密度，kg/m^3。由式(6-1) 可知，涂布得到的湿膜厚度可以通过调节改变浆料挤出速度、基底移动速度、浆料浓度以及涂布头与基底之间的缝隙高度等来控制。此外，上述参数同时也会影响涂布湿膜的形态，因此需要通过实验来了解这些参数之间对狭缝涂布的影响规律，以确定最佳的参数。此外，在涂布头狭缝和基底表面之间形成稳定的弯月面是得到均匀且无缺陷浆料湿膜的关键。在狭缝涂布过程中，若狭缝和基底之间的弯月面破裂，则将出现厚度不均匀、湿膜带棱、湿膜带条纹和湿膜表面和内部存在气泡等各种薄膜缺陷。以上的大多数缺陷主要是由浆料流速和涂布速度的不匹配所引起，因此通过调整和匹配涂布速度和浆料流速，可以获得均匀优质的浆料湿膜，避免薄膜缺陷的出现。

狭缝涂布工艺可以高效地利用催化剂浆料进行大面积连续化成膜，能够减小大量的时间成本，且没有高真空环境的限制，通过调节工艺上的参数可以相对精确地控制薄膜的厚度。此外，在基材兼容性上程度很高，能够在柔性和刚性基底上涂布以制备薄膜，是目前最具有实现产业化生产潜力的一种加工工艺。

6.1.2.2　技术对浆料的要求

在浆料的制作过程中，需要对浆料进行合理的设计，以匹配和满足不同浆料沉积技术对浆料性质的要求。狭缝涂布作为一种精密的湿式涂布技术，其能够获得较高精度的涂层，同时对浆料的一些重要性质具有较强的兼容性，可用于较高黏度和固含量的浆料流体涂布，具有较广的适用范围。为了沉积得到性能良好的催化层薄膜，狭缝涂布工艺不仅要保证浆料的基本性质（温度、浓度等）满足标准要求，浆料的分散性、稳定性以及流变性质也应有利于狭缝涂布制膜过程的顺利和高质量完成。以下将重点介绍狭缝涂布工艺在浆料温度与固含量、分散性、流变性质以及稳定性方面对浆料性质的要求。

(1)　浆料基本性质要求

① 温度。温度是影响浆料涂布的一个重要因素。在配置浆料的过程中，原材料组分按照一定的比例，经过混合以及高速分散之后，形成流动性良好的浆料。在组分高转速的分散阶段，催化剂浆料组分之间的摩擦会产生大量热量，由于浆料浓稠度较高，热量较难释放并在浆料内部积累留存，从而引起浆料的温度变化，并且浆料内部温度存在分布不均匀的特点。

浆料温度会影响狭缝涂布工艺中涂膜面密度状况，因为温度对于浆料的其他性质具有关联性，温度的差异会影响浆料内部黏度和密度等的分布，因此在涂布前和涂布过程中需要对浆料的温度进行测量，尽量保持浆料内部温度的一致性，并与环境温度大致相同，以确保浆料涂布过程中整体的一致性和稳定性。如果进入涂布头的浆料温度存在差异，则对浆料黏度的整体一致性具有严重的影响，在涂布过程中涂膜可能出现厚度不均匀和缺陷。另外，如果浆料温度与涂布头狭缝嘴温度不同，涂布头狭缝嘴将变成热交换器并与到达涂布口的浆料发生热交换作用，将会使得涂布浆料从涂布头的分配腔进口流动到狭缝出口过程中，温度发生较大变化，从而导致涂布后得到的湿膜出现面密度不一致。因此，如果浆料内部温度一致性较差且与环境温度存在较大不同，则需要通过浆料控制系统来使得浆料涂布前内部温度达成差不多一致，才不会影响涂布的稳定性和均一性；或者通过自然降温使浆料温度与环境温度达到差不多一致，但是这种方法需要耗费较长的时间来使浆料冷却，而且在静置等候过程中，浆料的分散性和稳定性可能发生变化，影响涂覆过程和催化层的形成。

② 固含量。催化剂浆料的固含量是浆料的一个关键参数，在实际生产过程中，浆料的固含量对狭缝涂布的过程具有重要的影响。浆料的固含量是指催化剂颗粒在浆料的比例，浆料的固含量和浆料黏度与稳定性息息相关，浆料固含量越高，黏度越大，反之亦然。在一定范围内，黏度越高，浆料稳定性越高。狭缝涂布工艺所需的浆料固含量相对较大，虽然其对浆料固含量的适用范围较大，但对浆料固含量进

行测定仍然对狭缝涂布过程十分重要,这关系到涂布口与基底接触之后形成的涂覆湿膜的形态。一般地,过大的固含量在导致高黏度的同时,可能引起涂布湿膜表面不光滑和其他薄膜缺陷问题。因此,在具体的涂布生产中需要根据浆料的性能特性和涂布设备的性能,对浆料的固含量进行分析和调整。

(2) 浆料的流变性要求 催化剂浆料的流变性主要指在外力作用下,浆料的流动状况和变形状况的变化,其主要表现在浆料的稳定黏度、剪切性质、触变性质以及黏弹特性。流体根据其剪切性质的不同一般可分为牛顿流体和非牛顿流体,具有恒定黏度而不受剪切速率影响的流体被定义为牛顿流体;反之,随着剪切速率的变化,流体的黏度发生变化的流体称为非牛顿流体。非牛顿流体根据流体黏度随剪切速率和剪切时间变化而具有的不同表现,又可分为震凝性流体、胀流型流体、假塑性流体、触变性流体,如图 6-2 所示。震凝性流体和胀流型流体具有随着剪切速率提高,流体黏度增大的特点,即发生剪切变稀现象。其中,震凝性流体随着剪切力的逐渐减小,具有逐步恢复原始较低黏度状态的能力。假塑性流体和触变性流体具有随着剪切速率提高,流体黏度减小,即发生剪切变稀现象。其中,触变性流体在随着剪切速率的逐渐减小,具有逐步恢复原始较高黏度状态的能力,而假塑性流体在剪切力撤出后将立即恢复流体黏度。因此触变性流体表现出更好的抗流挂性,而同时兼具较好的流变性和流平性能。

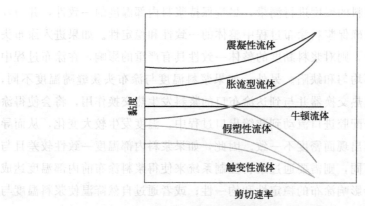

图 6-2 流体根据其剪切性质的分类

① 黏度。催化剂浆料黏度是流体黏滞性的一种量度,是剪切力和剪切速率的比值,表示在受外力作用时,由于浆料内部摩擦产生的流体流动阻力,反映了流体流动力对其内部的摩擦程度。由于 Pt/C 颗粒、离子聚合物以及溶剂等组分的种类和配比不同会影响催化剂浆料的黏度。浆料黏度较高时,内部组分作用较为强烈,浆料内部的分散状态长久维持,使得浆料稳定性较好;但是流动性差,在基底上的流平表现以及浸润效果都不好,不利于涂布成膜,并且容易出现湿膜拉丝和紧缩等

外观异常问题。浆料黏度较低时，浆料虽然流动性较好，但是浆料稳定性较差，导致浆料分散性受时间影响，在长时间静置的状况下容易发生固体颗粒沉降，且容易出现边缘效应等导致膜厚度不一致。低黏度的催化剂浆料湿膜在烘干过程中需要更多的时间成本和经济成本，容易造成烘干困难而形成湿片，这极大地降低了干燥效率，从而影响膜电极的大规模生产。不同的沉积工艺对浆料黏度有着不同的要求，其中狭缝涂布对浆料黏度的适用范围较广，能够满足大部分催化剂浆料的涂布。

② 剪切变稀要求。剪切性质是指随着剪切速率变化，流体的黏度会发生变化的性质。剪切速率、剪切应力以及流体黏度之间的关系通过下式表示：

$$\frac{F}{A} = \eta \left(\frac{\mathrm{d}u}{\mathrm{d}r} \right) \tag{6-2}$$

式中，F/A 是剪切应力，Pa；$\mathrm{d}u/\mathrm{d}r$ 是流体在剪切作用下的速度梯度，称为剪切速率，s^{-1}；η 是流体的黏度，Pa·s。如前所述，流体的剪切性质一般分几种，一是随着剪切速率的变化，流体的黏度不发生变化，属于典型的牛顿流体；二是随着剪切速率提高，流体的黏度发生增大的现象，属于膨胀性流体；三是随着剪切速率提高，流体的黏度发生降低的现象，属于假塑性流体。

狭缝涂布工艺要求催化剂浆料具有剪切变稀的性质：随着剪切速率的增大，浆料的黏度逐渐降低，达到一定的剪切速率之后，黏度降低速度逐渐缓慢，最后达到一定的稳定状态。实际上绝大多数的催化剂浆料都具备剪切变稀的特征，这是由于浆体中的颗粒易发生局部团聚，颗粒团聚程度与浆料的黏度相关，团聚块越大，浆料黏度越高，团聚块越小，表观黏度越小。因此，当浆料随剪切作用流动时，团聚块被剪切力打开，而剪切速率越大，团聚块的解离程度越大，从而使浆料的表观黏度不断降低，呈现出剪切稀化的现象。催化剂浆料在满足剪切变稀性质的同时，另一个重要的实用特征是：如果浆料能够在较小的剪切速率下达到黏度稳定或者趋于稳定的状态，说明浆料剪切性质越好，则越适合狭缝涂布工艺。这是因为在挤出压力的作用下，浆料从涂布头唇口喷出的过程将受到较大的剪切速率，如果催化剂浆料能够在较小的剪切速率下迅速达到稳定，则能够保证浆料在此期间黏度的变化率较小，则浆料的稳定性和分散性将保持较好，得到的涂布湿膜厚度均一性也将更高。

③ 黏弹性。浆料的黏弹性是浆料黏性和弹性的综合表征，黏性是当流体受到外力时产生形变，应力松弛后能量消耗，等外力撤除时产生永久性形变，服从牛顿黏性定律；弹性则正好相反，当流体受到外力产生形变后，流体储存能量，等外力撤除时能量释放恢复形变，用胡克定律来表征。根据弹性的是否存在，一般可将流体分为黏弹性流体和纯黏性流体。仅存在黏性的流体称为黏性流体，而流体既存在黏性又具有弹性特征称为黏弹性流体。通常，真实的流体都是具有黏性特征，对于

催化剂浆料而言，若浆料仅是黏性流体而不具备弹性的特征，则在狭缝涂布的过程中，浆料的流变性能恢复较差，在基底上容易出现流变失控，难以得到可观的薄膜涂层。因此工艺要求催化剂浆料需要保证有一定的黏弹性特性，从而保证涂布口挤压而出的浆料在经历一定的拉应力之后能够迅速回弹，保持浆料的稳定性和均匀性，得到结构优良的催化剂浆料湿膜。

进一步地，催化剂浆料黏弹性的特征是弹性模量（储存模量，G'）和黏性模量（损耗模量 G''），G' 和 G'' 之间的关系在一定程度上反映了浆料中的 P/C 颗粒网络和微观结构。浆料的黏弹性一般具有浓度依赖性：在低浓度下，G' 和 G'' 都随着频率的增加而增加，表明浆料内部发生了凝胶化转变；随着浓度的增加，弹性模量 G' 逐渐变得与频率无关，表明浆料从凝胶化过渡到有序填充的网络结构。浆料的黏弹性对狭缝涂布过程中浆料的稳定性和内部微观形状的保持具有十分重要的意义。应用于狭缝涂布的浆料在受到剪切力作用之前应满足弹性模量（储存模量，G'）大于黏性模量（损耗模量 G''），即浆料具有类固性。浆料的这种固相行为有利于狭缝涂布过程中浆料在涂布头储液器内的稳定维持。在狭缝挤出时的高剪切应力作用过程中，浆料应表现出弹性模量（储存模量，G'）小于黏性模量（损耗模量 G''）的关系，即浆料表现为类液性，浆料的这种液相行为将使得催化剂浆料在挤出过程中以黏性特性为主，使得浆料能够连续挤出完成基材涂覆。催化剂浆料平铺于基底上，剪切应力去除，浆料应恢复弹性模量（储存模量，G'）大于黏性模量（损耗模量 G''）的关系，即浆料重新表现出类固性，浆料的这种固相行为表明催化剂浆料在基底上以弹性特性为主，浆料内组分保持原有形态和分散度，从而保证浆料在基底上稳定沉积和快速成膜。

(3) 浆料的分散性要求 催化剂浆料在流变性能（包括：黏度、剪切性质、黏弹性等）满足狭缝涂布工艺的要求之后，还需要考虑浆料的均一性质，即浆料的分散程度。催化剂浆料不是单一的由一种固相和一种液相混合的产物，而是由多组分（Pt/C 颗粒、离子聚合物、溶剂等）相互混合的多元固液悬浮体系，因此需要考虑固相 Pt/C 颗粒在液相介质中的分散状况和黏附状态。催化剂浆料必须具有良好的分散性，对分散性的要求不仅包括浆料体内部的空间分散状态的均匀性，也包括在涂布过程中浆料均匀分散状态的长久维持，这将在浆料稳定性要求中主要阐述。

粒度和粒度分布是影响催化剂浆料分散性的重要参数，在狭缝涂布沉积过程中，需要对这两个参数进行测定。虽然狭缝涂布工艺相对于其他涂布技术具有更强的兼容性，对浆料的粒度的适应性也更加广泛，但浆料的粒度和粒度分布对于狭缝涂布工序以及膜电极性能有重要影响。理论上来说浆料粒度分布范围应相对集中且粒度应足够小，以保证涂布头不发生堵塞，但是当浆料粒度过小时，也将更加容易发生团聚，造成涂布面密度不稳、涂层裂纹等问题。当颗粒粒径过大时，浆料的稳定性会受到影响，容易出现沉降、浆料一致性不良等，在狭缝涂布过程中会发生出料堵塞、涂层表面不平滑、涂层干燥后出现裂纹等情况。阴阳极催化剂浆料组分材料粒径大小不一，密度不同，在搅拌过程中会出现混合、挤压、摩擦、团聚等多种不同的接触方式。在催化剂颗粒被逐渐混合均匀、被溶剂润湿分散、大块 Pt/C 颗粒破裂和浆料逐渐趋于稳定这几个阶段中，会出现组分混合不匀、离子聚合物分布不均、细催化剂颗粒发生团聚等情况，将会导致粒度较大的催化剂颗粒产生。通过改变和调控制浆过程中各阶段的固含量、分散时间、转速等参数可以提高浆料的分散程度，避免浆料中大颗粒团聚的产生。

催化剂浆料的分散程度也与溶剂类型与用量、离子聚合物用量以及混合方式与时间相关，在浆料配置过程中，通过对浆料规律的掌握从而采取一定的手段能够保证浆料具有优异的分散性能。比如，采用低疏水性的溶剂，能够使离子聚合物在 Pt/C 表面呈吸附状态，从而减小 Pt/C 颗粒团聚概率，提高浆料均一性。又如，防止分散剂在组分混合过程中发生额外的化学反应生成疏水性更高的组分，能够减小 Pt/C 颗粒团聚概率，提高 Pt/C 颗粒的分散性和浆料均一性。此外，通过加入沸点较高的溶剂，能够使得在蒸发干燥后期，浆料湿膜中并非只剩下水，而仍然存在溶剂成分，从而延缓了干燥后期 Pt/C 颗粒发生快速团聚的时间和概率，保持了浆料湿膜中 Pt/C 颗粒分散状态和均一性，减少了催化层中裂纹的形成。在实际生产中，一批催化剂浆料的制备需要满足成百上千个膜电极的制作，如果催化剂浆料分散度和均一性很差，一方面会影响催化剂浆料湿膜在干燥蒸发过程中的裂纹产生，影响催化层性能；另一方面将导致单电池之间的性能存在较大差异。因此，浆料的分散程度不仅仅影响涂布过程，也对燃料电池的制造和使用过程产生深远影响。

(4) 浆料的稳定性要求 通过狭缝涂布工艺进行催化剂浆料的涂布，由于工艺能够连续且大面积成膜，涂布过程一般会持续较长一段时间，涂布时间的长短是由涂布的面密度所决定。如果涂布速度足够快，将能够快速消耗完制备完成的浆料；如果涂布速度很慢，将造成催化剂浆料一直处于静置状态，此时便需要考虑浆料的稳定性。浆料稳定性表征浆料内部分散性在时间维度上维持的能力，需要考虑浆料宏观上的稳定性和微观上的稳定性。宏观上的稳定性要保证浆料在初始分散度较好的情况下，能够在足够长的时间内不会发生沉降，或者在再加工后能够快速恢复到之前的分散均匀状态。如果浆料快速发生沉降，则说明浆料的固液悬浮体系稳定性较差，没有达到良好的分散状态，或未能在时间维度上保持浆料较好的分散状态。浆料在微观上的稳定性是指在微观尺度内，浆料 Pt/C 颗粒之间不发生团聚。催化剂浆料宏观和微观的稳定性是相互关联的，微观上的催化剂颗粒严重团聚将会造成宏观上固体颗粒粒径的增大而发生沉降。狭缝涂布持续时间较长，因此需要浆料具有较好的稳定性，保证浆料在时间维度上的分散性。

6.1.2.3 沉积过程中浆料结构演变

狭缝涂布之后，在基底上形成了催化剂浆料湿膜，一般通过在大环境下或真空环境中基底加热的方式使催化剂浆料湿膜涂层逐渐蒸发干燥。催化剂浆料的蒸发干燥过程中湿膜将经历一系列变化最终得到有效的催化层，为后续的膜电极装配做准备。在干燥过程中，湿膜通常需要经历三个阶段的变化，包括涂层预热阶段、涂层恒速干燥阶段、涂层减速干燥阶段，如图 6-3 所示。

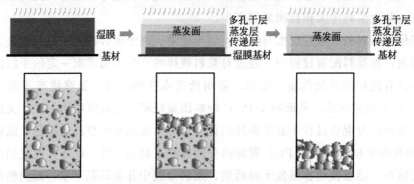

图 6-3　沉积过程中浆料结构演变

涂层预热阶段：在湿膜涂层预热阶段，基底作为热源为涂层提供热量输入，热量通过热传导的方式使涂层逐渐升温，并在涂层内部形成温度梯度。热量传导至涂层表面后，表层溶剂的压力超过饱和蒸气压后开始蒸发，溶剂分子进入大气环境或真空环境中。随着溶剂分子的不断蒸发，涂层中的溶剂质量分数逐渐减小，湿膜层的液面也逐渐下降，并在表层开始形成半月形液面。随着溶剂蒸发的持续进行，半月形液面逐渐向下扩展，与此同时，Pt/C 固体颗粒逐渐裸露出来，并由于毛细应力的作用，表层固体颗粒逐渐收缩形成多孔干层，近表面层的溶剂也将由于毛细应力的作用发生流变。

恒速干燥阶段：随着溶剂的不断蒸发，当基底热源的热量输入等于湿膜表层溶剂蒸发吸热带走的热量时，蒸发干燥过程进入恒速干燥阶段。此时，涂层温度稳定，并达到相对平衡状态，在涂层中形成稳定的温度梯度和湿度梯度。基底的热量通过固定温度梯度作为驱动力传递至蒸发表面，到达蒸发表面的热量等于表面溶剂蒸发吸热带走的热量。湿膜中的溶剂通过固定的湿度梯度作为驱动力传递至蒸发表面并蒸发至大气环境中，蒸发层溶剂蒸发速率等于湿膜层溶剂扩散至蒸发表面的速率。在恒速干燥过程中，溶剂逐渐蒸发，半月形液面逐渐向下扩展，直至溶剂完全被蒸发消耗，多孔干层的裸露区域也逐渐向湿膜区扩大。

降速干燥阶段：当涂层中湿膜层溶剂通过湿度梯度扩散完全被表面蒸发消耗后，原有的平衡状态被破坏，稳定的温度梯度和湿度梯度发生变化。此过程中，剩余在传递层的溶剂被逐渐蒸发，但蒸发速率逐渐降低，蒸发表面溶剂蒸发吸热带走的热量逐渐减小，此时基底热量输入将逐渐大于热量消耗。由基底输入的过剩热量将被存储在涂层中，使得涂层温度逐渐上升。在降速干燥阶段，湿膜层消失，蒸发面随着溶剂的蒸发逐渐下移，传递层和蒸发层也将逐渐下移直至消失，最后仅剩多孔干层，并得到有效的催化层结构。

蒸发干燥过程中主要涉及的过程包括：溶剂蒸发、空隙间半月形液面的形成、固体颗粒收缩成多孔干层、蒸发表面下流体的流动行为等。溶剂蒸发过程主要涉及多组分相变及相律的问题，需要气体热力学和动力学方面的知识来解释。空隙间半月形液面的形成是一种毛细现象，表面的液体受到毛细力的作用使得液面出现半月形凹陷。固体颗粒收缩成多孔干层是由于蒸发过程中形成的半月形液面的表面张力，使得固体颗粒发生了位移上的改变和相对运动。同样地，蒸发表面下流体的流动行为也是随着蒸发的进行，由于表面张力的变化和作用，使得流体发生一定程度的流动。下面对浆料表面的表面张力和毛细作用进行解释，胶体的表面张力和毛细原理可参见胶体或涂料界面原理相关书籍等。

众所周知，在分子之间存在着相互吸引的作用力，处于表面层的分子与内部分子的受力状况存在差异。对于液体内部的分子，受到来自其邻近四周其他分子不同方向的作用力，这些作用力总体是对称的，得以使得内部分子受力相对平衡；而对于表面层的分子，它所存在的环境与内部分子不同，由于其一面相邻的是气体，气体对液体表面层分子的引力极小可忽略不计，因此液体表面层的液体分子的受力主要来自液体内部分子的吸引力。反之，如果液体表面受到意图扩展拉伸表面的力，则液体会产生一个反抗的力，这个力便是表面张力。由于表面张力的作用，在弯曲表面下的液体与在平面下的情况不同，表面张力会对弯曲表面产生一个指向曲率中心的附加压力，如图 6-4 所示。因此随着溶剂的蒸发，在形成的多孔干层中的狭小孔隙内，将产生毛细现象，形成半月形液面以及催化剂固体颗粒收缩移动和液面下流体的流动行为。

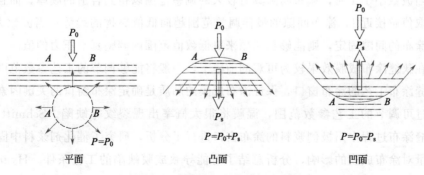

图 6-4　弯曲液面下的附加压强

6.1.3 狭缝涂布的影响因素

狭缝涂布工艺可以高效地利用催化剂浆料进行大面积连续化成膜，对柔性和刚性基底材料具有极为广泛的兼容性，能够减小大量的时间成本，且没有高真空环境的限制。随着狭缝涂布技术和工艺的不断优化，该工艺上的调节参数可以更加精确地控制薄膜的厚度，目前越来越多地被应用到质子交换膜燃料电池催化剂浆料涂膜工艺中，是最具有实现产业化生产潜力的一种加工工艺。

6.1.3.1 过程影响因素

狭缝涂布过程中，存在许多的因素将影响狭缝涂布工艺的进行，狭缝涂布装置的开机过程对整个涂布能否顺利进行十分关键，所谓的开机过程主要包括设备开机至能够达到稳态涂布这段时期。许多研究学者对开机过程进行了实验和软件仿真的研究，研究了浆料性质、操作条件等对其的影响，探究了开机过程浆料从涂布口挤出后在基材上的扩展行为等。Yang 等[1] 的研究结果表明，在狭缝涂布设备能够进行稳态涂布时，通过迅速提高浆料的流速能够明显减弱狭缝涂布的边缘效应，得到厚度一致、表面均匀的优质薄膜涂层。Yi-Rong Chang 等[2] 对狭缝涂布过程进行了监测，他们使用显微镜实时观察了狭缝涂布在开机过程催化剂浆料在基底上的形态变化和成膜过程。研究发现，通过预润湿基底材料，提高浆料黏度，增加涂布头缝隙以及涂布头与基底之间的间隙，减小涂布头唇口宽度等方法，能够有效地缩短狭缝涂布装置的开机时间，提高狭缝涂布的效率和质量。

由于狭缝涂布装置的原因，在狭缝涂布过程中经常会出现涂布间隙波动，涂布间隙的波动将对涂布薄膜的厚度均一性和平整性产生较大的影响。许多研究学者对狭缝涂布过程进行了数值仿真计算，从涂布间隙周期振动的角度探究了其对涂布形成的湿膜厚度的影响。他们的研究结果表明：湿膜厚度与涂布间隙周期振动幅度的比值（即放大因子）和波数（与涂布速度满足 $k = 2\pi f/u$ 的关系）具有一定的相关性；当波数小于 1 时，涂布间隙具有较大的调整范围以得到合适的膜厚，而且呈现波数取值越接近 1，涂布间隙的最佳调整范围越向低值靠拢的趋势；当波数大于 1 时，涂布的间隙固定，则能够在比原来更低数值范围内调整真空压力的值。

在狭缝涂布成膜效果较为可观的前提下，一般将能够调节的工艺参数范围定义为狭缝涂布工艺的涂布窗口，保证涂布成膜的品质是确定涂布窗口的关键因素，一旦超过可调节的工艺参数范围，湿膜将很大概率出现裂纹等缺陷。Schmitt 等[3] 对狭缝涂布过程中阳极侧浆料的涂布窗口进行了分析，研究了催化剂浆料中固体颗粒含量对涂布成膜的影响，分析总结了可能导致成膜缺陷的工艺条件。Hyunkyoo 等[4] 采用统计与实验相结合的研究方法，分析了狭缝涂布过程中操作条件与涂布薄膜厚度和薄膜条纹宽度之间的关系。他们的研究发现，浆料涂布厚度和薄膜条纹宽度最显著的影响因子是涂布嘴与基底的相对移动速度，此外，研究还指出催化剂浆料的供料流量比和涂布间隙，与薄膜的条纹宽度不存在影响关系，但有时会影响成膜厚度。Yu-Rong Chang 等[5] 研究了狭缝涂布过程最小湿膜厚度，他们观测到了明显的可涂布区域，并计算出了相应可涂布区域的临界雷诺数，他们的研究结果表明，涂布区域的类型取决于涂布过程中下游弯月面的位置，而涂布缺陷的类型则取决于涂布过程中上游弯月面的位置，这对涂布工艺的优化具有十分重要的意义。

6.1.3.2　涂布头结构的影响

除了涂布过程中流体的变化、涂布间隙波动以及涂布窗口对涂布的影响外，涂布头的几何结构以及安装角度对涂布过程和成膜效果也具有显著的影响。Soonil Hong 等[6] 针对伸出型垫片的狭缝涂布，探究了垫片长度、基底温度和涂布速度对涂布湿膜样貌的影响，他们的研究得到了能够计算具有伸出型垫片形式的狭缝涂布厚度的公式。Danmer 等探讨了不同的涂布头结构设计对狭缝涂布过程的影响，他们总结提出了狭缝涂布过程中可调节的操作参数范围。Oldrich 等研究了涂布头角曲率半径与静态接触线稳定性以及流体稳定性的相关性，他们的研究结果给出了静态接触线的最小曲率半径。Danmer 等分析了双层狭缝涂布过程中涂布头结构设计以及工作环境和运行参数对涂膜的影响，他们的研究结果表明，外部的周期性扰动因素对涂布头的结构设计有一定的影响，可以通过优化对涂布头的结构设计避免周期性外部扰动对涂布的影响。Romero 等[7] 建立了狭缝涂布过程的数值仿真模型，通过仿真研究了涂布头结构设计对狭缝涂布过程的影响，并定性和定量地提出了优化建议。Ahn 等[8] 采用 VC 模型和频率响应分析法，研究了不同的涂布头上唇结构和不同的催化剂浆料流量对狭缝涂布过程的影响，他们的研究结果显示：上游液珠弯月面的位置随着涂布头上唇口结构的不同而变化，并对狭缝涂布过程具有显著的影响，当涂布头上唇口角度增大时，涂布系统的外加周期性扰动敏感度会降低。Jaewook 等[9] 研究了涂布头结构对张力调控的影响，他们通过数值仿真方法得出：通过改良和优化涂布头结构能够有效地扩大涂布窗口，从而更加容易得到高性能的催化剂薄膜。

6.1.3.3　涂布头安装角度的影响

涂布头安装角度也对涂布过程和涂布效果存在一定的影响。一般地，涂布的安装角度是 6 点方向或者是 12 点钟方向，目前较多地采用 4 点方向或者 5 点钟方向的安装角度，其本质目的是为了能够对涂布过程进行更加便利的操作，与此同时，可以有效地防止浆料的流出。涂布头唇口的外轮廓、涂布头与基底之间的间隙尺度以及催化剂浆料自身的性质也会影响涂布头安装角度的选择，因此需要理解它们相互的影响关系。Chang 等[10] 研究了涂布头安装角度的影响，他们的研究结果表明：狭缝涂布工艺的最大涂布速度与涂布头的安装角度和方式密切相关，涂布头垂直安装时的最大涂布速度远大于涂布头水平安装时。涂布头的不同安装角度和方式在涂布时产生不同影响的主要区别在于，涂布头出口形成的液珠长度的差异。此外，涂布头的安装方式和角度还将影响涂布的最小湿膜厚度。最小湿膜厚度受到涂布时雷诺系数的影响，根据雷诺系数，当涂布头水平安装时，最小薄膜厚度区域呈现先逐渐增加随后逐渐趋向于平坦的趋势，而当涂布头垂直安装时，则呈现出先趋向于平坦而后再急剧下降的趋势。

6.1.3.4　涂布缺陷产生

在涂布过程中，应尽可能地消除涂布缺陷，从而得到高质量的薄膜，减少浆料浪费从而降低成本，这是涂布工艺中必须考虑和解决的重要问题。虽然狭缝涂布出现的缺陷具有不确定性和随机性，并且导致缺陷出现的机制相对较为复杂，但经过大量的研究和总结，主要原因可以概括为以下几个方面：①浆料组分原料被污染；②基底材料存在缺陷；③浆料在涂布前未根据涂布设备进行优化；④涂布工艺或设备的不稳定，周边硬件配置不足；⑤湿膜涂布之后，干燥程序设定不合适；⑥操作不规范及人员培训欠缺；⑦随着机器使用时间的变长，硬件损耗导致涂布缺陷，等等。狭缝涂布形成的缺陷种类繁多，以燃料电池催化剂浆料涂膜为例，在涂布过程中常见的涂布缺陷主要包括点状缺陷、边缘效应等，下面针对以上两种常见的缺陷进行讨论。

(1) 点状缺陷　很多因素会引起涂布薄膜的点状缺陷，其形成的原因总结概括为以下两个方面：一方面是在搅拌过程、输运过程和涂布过程中产生气泡，引起薄膜出现点状缺陷；另外一方面是灰尘、胶团以及油污等颗粒对浆料产生污染导致点状缺陷的出现。由于气泡的存在导致针孔点状缺陷的现象较为容易解释，其本质是在涂布和干燥过程中浆料湿膜里的气泡会从内部逐渐向湿膜的蒸发表面转移，在到达蒸发表面后将会破裂从而容易在湿膜表面产生针孔形的点状缺陷。而由于浆料被外来颗粒污染所致的点状缺陷，其本质是由于外来颗粒的存在使得浆料湿膜内部颗粒周围出现低表面张力的区域，湿膜内部的浆料流体将围绕颗粒周围呈发射状流平移动，从而形成点状缺陷。

(2) 边缘效应　在狭缝涂布过程中经常出现厚边的问题缺陷，所谓厚边是指涂布后的浆料薄膜经常会出现中间薄边缘厚的现象。狭缝涂布得到的湿膜出现中间薄边缘厚的原因是浆料薄膜表面张力差异的存在，使得浆料内部的组分和流体发生物质迁移行为。其本质是：起初，浆料在基底形成的薄膜具有边缘处较中间略薄的特点，随着溶剂的不断蒸发，浆料薄膜上溶剂挥发过程具有边缘蒸发速度略大于中间蒸发速度，从而使得湿膜边缘处的催化剂颗粒固含量率先升高，导致浆料薄膜中间的表面张力远小于边缘表面张力，在表面张力差的作用下，将使得浆料湿膜表面张力小的中间流体向表面张力大的边缘处迁移，在薄膜被送至烘干单元烘干处理后便出现厚边的问题。在燃料电池催化剂浆料狭缝涂布的实际工业生产中也常常出现厚边缺陷，研究学者也一直尝试减缓和消除狭缝涂布过程中边缘效应的产生。Schmitt 等[11] 通过监测涂膜截面的初始位置轮廓，探究了水基阳极催化剂浆料狭缝涂布过程的边缘效应，他们的研究发现，调节狭缝涂布的速度不能减缓薄膜的边缘效应，通过减小涂布间隙与膜层厚度之间的比值，可以有效地缓解边缘效应导致的中间薄边缘厚的情况。Schmitt 等[12] 通过实验测试探讨了狭缝涂布过程的边缘效应，他们的研究发现通过预调整压力改变浆料挤出的状况，能够显著地减缓边缘效应。

6.1.4　狭缝涂布制备催化剂涂敷膜

根据催化剂支撑体的不同，传统膜电极制备方法可以分为两类：气体扩散电极（gas diffusion electrode，GDE）制备法和催化剂涂敷膜（catalyst coated membrane，CCM）制备法。GDE 法即利用喷涂、刮涂、丝网印刷等方法将催化剂浆料涂覆到气体扩散层表面，然后将搭载催化层的气体扩散层与质子交换膜热压完成膜电极制备，如图 6-5(a) 所示。另一类是 CCM 法，利用沉积法、转印法、喷涂等方法分别将正负极催化剂浆料涂覆搭载到质子交换膜两侧，再将气体扩散层通过热压的方法粘接到正负极催化层外侧制备得到膜电极，如图 6-5(b) 所示。CCM 法制备出的膜电极相较于 GDE 方法，其催化剂利用率更高，催化层与质子交换膜之间的黏附力更大，催化层中催化剂更不易发生脱落，机械稳定性更加，从而能够大幅度降低质子交换膜与催化层之间的质子传递阻力。使用 CCM 法制得的膜电极循

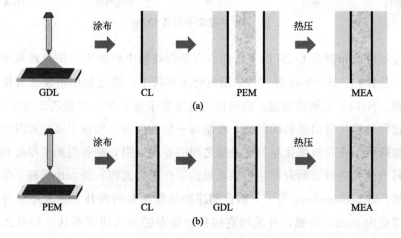

图 6-5　膜电极制备流程示意

环寿命较长，耐久性明显提高，是当今主流的燃料电池膜电极商业制备方法[13]。

CCM 制备方法的基本原理是将正负极催化剂浆料分别搭载到质子交换膜两侧表面，然后通过热压等工艺将正负极气体扩散层、正负极催化层、边框以及质子交换膜组合成一个整体，完成膜电极的制备。CCM 技术发源于 20 世纪 90 年代初，随着技术后期的不断推广和优化，主要朝着两个方向发展：一个是先制备催化剂浆料，将催化剂与溶剂、离子聚合物一起分散加工好后，再使用工具或者通过转移介质涂附到质子交换膜上，通常把这种先在转移介质上成膜，再通过转移介质将催化层转移到质子交换膜上的方法叫作间接法；另一种 CCM 制备方法是直接法，顾名思义是将催化剂浆料直接涂布到质子交换膜上或直接在膜上制备催化剂，把催化剂的制备和膜电极的制备联系起来。目前，已被用来进行 CCM 制备的方法有狭缝涂布法、超声喷涂法、丝网印刷法、喷墨打印法、电化学沉积法等，本小节针对常用的狭缝涂布制备 CCM 进行介绍。

由上所述，CCM 制备方法主要有两种方式，而狭缝涂布制备 CCM 主要通过间接法实现。因为狭缝涂布直接在质子交换膜上沉积，难以得到较好的三相界面催化层结构，将极大地影响膜电极性能，因此直接涂布法难以实现 CCM 制备。狭缝涂布的间接法 CCM 制备是先将催化剂浆料涂覆于转印基底上，然后经过烘干形成催化层三相界面，再通过机械热压的方式贴附至质子交换膜支撑体两侧，实现催化层由转印基底向质子交换膜表面的转印，随后通过一定的方法将转印基底移除得到高性能的膜电极结构，如图 6-6 所示。

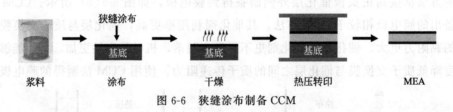

图 6-6　狭缝涂布制备 CCM

通过狭缝涂布制备 CCM 的方法能够有效提高膜电极的生产质量和效率，显著提升了产品性能。Staehler 等[14] 采用狭缝涂布技术，通过使用槽模工具依次将阳极催化剂、Nafion 电解质溶液、阴极催化剂涂覆于聚对苯二甲酸乙二醇酯底膜上，他们通过调整槽模挤出浆料的组成，控制每一层的涂布，实现了多层同时涂布，从而有效地降低了正负极催化层与交换膜之间的界面电阻，制备得到了厚度和尺寸可控的燃料电池膜电极，研究简化了膜电极的生产工艺流程，极大地提高了生产效率和生产推广性。Steenberg 等[15] 结合刮涂和狭缝涂布两种技术，采用卷对卷方法制备了厚度为 40mm 的膜，并采用直接狭缝涂布的方式将薄膜从二甲基乙酰胺溶液涂覆至塑料载体基材上，在经过长度为 1m 的 140℃ 热风炉蒸发干燥后得到膜电极结构。结果表明，制备的聚合物薄膜与传统薄膜具有相同的性能，而生产速度相较于传统薄膜则提高了近 100 倍，极大地提升了制膜效率。Bodner 等[16] 通过使用狭缝涂布技术制备 CCM 的方法，实现了膜电极的工业化批量生产，他们从膜电极性能、薄膜均匀性、再现性和耐久性的方面评估对比了包括狭缝涂布、喷墨打印以及刮刀刮涂法在内的三种膜电极制造工艺，研究发现狭缝涂布制备 CCM 的方法具有最大的产业化生产潜力，能够减少浆料的浪费并且可以多层、连续涂布成膜。

6.2 超声喷涂

6.2.1 超声喷涂简介

在喷涂工艺中，对液体的雾化过程十分关键，雾化的程度和效果也是评判喷涂工艺优劣性的重要指标。液体的雾化过程是指在外部压力和流体内部湍流扰动的作用下，流体的连续状态被破坏并变成一系列雾状小液滴。外部压力和内部湍流带来的动力将破坏液流的连续性和完整性，当作用力超过液体的表面张力时，液体将会破裂并碎裂成无数微小液滴，该过程将显著地扩大原始液体的表面积。当给定的外部压力或者内部湍流初始能量不够，连续的液体或者液膜将不能直接变成雾状小液滴，而是先碎裂成液膜片、液线或者破裂成众多颗粒尺度较大的液滴；当给定的外部压力或者内部湍流初始能量足够大时，液体会直接撕裂雾化成微小液滴，达到良好的雾化效果。雾化液流的传统方式是让液流以足够大的流速经过孔径尺度足够小的喷嘴，在此过程中液流由于高压环境从而被撕裂成微小液滴，并同时具备一定的初始速度。足够高的喷射速度是液流雾化成小液滴的关键，而雾化滴液的尺寸则取决于喷嘴的孔径尺寸。但是如果喷嘴的孔径尺寸过小，在液流中存在杂质或者固体颗粒时，喷嘴极易发生堵塞的问题，因此喷嘴的孔尺寸不能太小，因而使用传统的雾化方式很难产生粒径均匀且尺度足够小的液滴，雾化效果受到较大的限制，阻碍了对雾化工艺的进一步改良和推广使用。

随着科技的发展，许多领域都涉及如何将功能性薄膜快速且大面积制备。因此，超声喷涂（ultrasonic spray coating）作为一种新兴技术便应运而生。超声雾化技术的液滴尺寸主要由超声频率所决定，可以在流体流速很低时得到极佳的雾化效果，雾化得到的小液滴尺寸可低至几微米。超声雾化技术对流体的供给流速要求较低，且液体喷涂时带来的动能更小，雾化后的小液滴尺寸小、粒径均匀、一致性高、粒径分布集中，还具有喷嘴结构相对简单、使用方便以及雾化过程不易发生堵塞等优点,因此在功能性薄膜制备领域具有广泛的应用前景。目前,超声喷涂技术广泛应用于工业和研发领域,在薄膜喷涂领域,如:太阳能电池、锂电池、触摸屏等;医疗领域,如:心血管支架、真空采血管等都大量应用超声喷涂技术。拓展超声喷涂技术在新能源燃料电池催化剂浆料喷涂领域的应用,有利于超声喷涂技术的发展和燃料电池催化层制备领域技术的革新。

6.2.2 超声喷涂原理

6.2.2.1 基本原理

与气流或压力喷涂等其他传统喷涂技术相比,超声波喷涂技术的优势在于能够显著提高雾化尺寸的均匀性,且有助于促进溶质溶解,保持分散体系的稳定性,从而提高喷涂和成膜的均匀性。超声喷涂技术的薄膜制备工艺流程主要包括以下几个过程,如图 6-7 所示:液体雾化、小液滴喷射至基底、小液滴在基底聚合成膜、湿膜溶剂挥发及多孔薄膜形成等过程。在超声喷涂的工艺流程中,催化剂浆料在超声波振动的作用下雾化成尺寸为微米级别的小液滴,随后被赋予一定的动能,并从喷嘴射而出被均匀地喷涂到基底表面,一系列的雾状小液滴在到达基底表面后会自发地进行聚合行为以降低小液滴的表面能,从而会自发地形成连续的液膜,在液膜稳定后通过基底的加热作用以及表面的对流蒸发作用,湿膜中的溶剂逐渐挥发,湿膜逐渐干燥并析出溶质形成多孔薄膜。

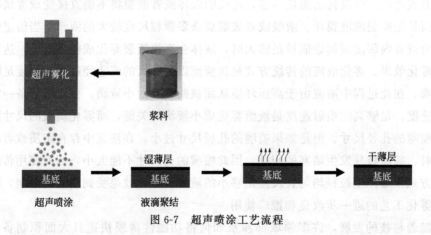

图 6-7 超声喷涂工艺流程

雾化过程是超声喷涂技术的关键步骤,超声雾化的实质是通过超声波换能器产生的高频超声波在液体介质中传播,在气液体的交界处形成一定的表面张力波,使液体物质在超声波的作用下破碎成雾状小颗粒,达到雾化的效果。喷嘴处的雾化过程如图 6-8 所示。超声波喷嘴内的压电换能器将施加的高频电信号转换为相同频率的机械振动,从而形成矩形网格结构,当液体进入雾化表面时产生驻波。随着振幅的增加，这些波的波峰和波谷变得越来越高和越来越深，从而达到毛细作用无法保持稳定的临界点，这使得在较为集中的液滴尺寸分布内出现低速和超细的喷雾，随后这些雾化的小液滴从波峰的顶端喷射出来。

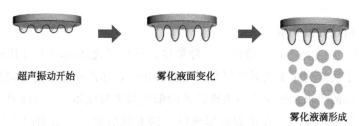

超声振动开始　　　　雾化液面变化

雾化液滴形成

图 6-8　超声雾化表面处的雾化原理示意

6.2.2.2　技术对浆料的要求

超声喷涂技术作为一种可控精准的喷涂技术，其能够获得高精度和高稳定性的涂层。超声喷涂工艺通过精确地超声控制将催化剂浆料雾化成浆料小液滴并将其喷涂到相应基板上。该技术不仅对催化剂浆料浓度、固含量、分散性、稳定性以及润湿性等具有较高的要求，由于小液滴在基底上的聚合以形成连续液膜是实现薄膜沉积的必要条件，因此超声喷涂工艺对浆料的流变性质也具有很高的要求。浆料温度与浆料的其他性质密切相关，因此在超声喷涂中至关重要，其对工艺过程有与狭缝涂布工艺相同的要求，即需保证浆料内部温度的一致性，并与环境温度保持大致相同，以保证浆料雾化和喷涂过程中一致性和稳定性。本小节将重点介绍超声喷涂过程在浆料分散性、流变性以及润湿性方面的要求。

(1) 浆料的分散性要求　尽管浆料在进入超声雾化器后能够进一步地对催化剂浆料进行分散和均一化，但对于配置好的催化剂浆料，应尽量保证初始催化剂浆料的分散性和均匀性，这样能够保证在进入超声雾化器的浆料具有相同的高分散度和均一性。从时间维度上，浆料还应具有一定的稳定性，以保证在较长的时间内，原始催化剂浆料在进入超声雾化器之前维持其高分散性。除浆料组分配比及分散方法以外，催化剂浆料的粒度和粒度分布也是影响浆料分散程度的重要参数。超声喷涂工艺理论上要求浆料粒度分布集中且足够小以保证雾化效果并能够匹配喷嘴尺寸以防止喷嘴堵塞。当颗粒粒度普遍过大时，浆料的稳定性会受到影响，催化剂固体颗粒在分散完全之后容易出现沉降，这表现为较差的浆料稳定性，此外也会导致浆料在喷涂之后形成一致性较差的湿膜。浆料的浓度和固含量也将在一定程度上对浆料分散度产生影响，超声喷涂工艺要求浆料具有较低的浓度和固含量。固含量和浓度较高的浆料一般不适合采用超声喷涂的成膜工艺，这主要考虑到雾化效果和喷涂的顺利进行。在实际生产过程中，超声喷涂的浆料一般为较稀的流体，其固含量一般不会很高，一方面低固含量能够保证浆料较低的黏度，使得超声雾化效果更佳，提高浆料在涂膜过程中的分散性和均一性；另一方面，较低的固含量能够防止浆料在喷嘴处拉丝和黏附，使得雾化后的催化剂小液滴能够符合喷嘴的尺寸，避免喷涂过程的堵塞。

(2) 浆料流变性要求

① 黏度。黏度是流体黏滞性的一种量度，反映了流体流动力对其内部的摩擦程度。相较于狭缝涂布工艺对浆料黏度的高适用性，超声喷涂工艺对催化剂浆料的黏度具有较高的要求，使用超声喷涂技术的催化剂浆料流体一般要求具有较低的黏度，低黏度的浆料能够在雾化表面形成较好的雾化效果，小液滴的均匀性相对较高。此外，低黏度的浆料能够在基底上表现出较好的流平性，有利于小液滴的聚合成膜，在快速蒸发之后得到厚度均匀、质地均一的催化层薄膜。浆料黏度太高时虽然稳定性较好，但是不利于超声雾化的产生。为了综合考虑浆料的分散性能，浆料黏度也不能过低，低黏度虽然有利于浆料雾化和小液滴在基底上的聚合，但其储存性能较差容易发生沉降，在浆料内部可能出现分层的现象。浆料的许多参数会影响悬浮液的黏度，如溶剂种类、颗粒大小和形状、浆料浓度、浆料剪切速率和温度等。一般情况下，随着催化剂浆料固含量和颗粒尺寸的增加，黏度会逐渐增加。不过，目前还没有相关的理论公式可以很好地预测浆料的黏度，使得沉积过程中难以对浆料的黏度进行精确控制。

浆料黏度随剪切力作用而变化的性质称为浆料的剪切特性，超声喷涂工艺要求催化剂浆料在受剪切力后，能够尽量维持初始的黏度或具有剪切变稀的特征，即随着剪切速率的增大，浆料的黏度保持不变或呈现略微降低的趋势。这种性质能够匹配和满足喷嘴喷射带来的高剪切力作用，使得浆料在经过高剪切后能够保持初始的低黏度状态以保证在基底上的液滴聚合，这将使浆料的稳定性和分散性保持较好，有利于喷涂后薄膜的成型和干燥。

② 触变恢复能力。如前所述，一般的催化剂浆料都具有剪切变稀的特征。因此，超声喷涂工艺要求催化剂浆料具有一定的触变性。触变性是指流体黏度在剪切力作用下发生变化，在剪切力停止作用后又将逐渐恢复至与原来黏度相近的特性，即表现出一种黏度可逆特性。超声喷涂工艺对催化剂浆料触变性要求主要表现在：在超声雾化过程以及小液滴喷射过程都将使得浆料表现剪切变稀的特征，从而使得基底上的薄膜黏度降低，如果在经过高剪切后，基底浆料薄膜黏度无法恢复到最初的适宜黏度水平，则形成的薄膜由于黏度过低而不利于浸润和流平，将可能出现火山效应和边缘效应等，形成均一性极差的催化层薄膜。因此应用于超声喷涂的催化剂浆料必须具备一定的触变恢复能力，以保证催化剂浆料在喷涂后恢复原来的黏度特性。综合以上分析，结合图 6-2，触变性流体符合超声喷涂技术对浆料触变性质

的要求。

③ 黏弹性质。在超声喷涂过程中，催化剂浆料通过喷嘴将受到较高的剪切速率作用，如果催化剂浆料只具备黏性而不具备弹性，则会导致催化剂颗粒在受剪切应力后发生不可逆的结构损坏，因此应用于超声喷涂的催化剂浆料在具备低黏度的同时，还必须具备一定的抵抗变形的弹性。催化剂浆料的黏弹性质包括内部流体的黏性和固体的弹性，催化剂浆料黏弹性的特征通过弹性模量（储存模量，G'）和黏性模量（损耗模量 G''）进行表征。当储存模量远大于损耗模量时，浆料主要发生弹性形变，此时浆料呈现类固性；当损耗模量远大于储存模量时，浆料主要发生黏性形变，此时浆料呈现类液性。在喷嘴高剪切应力作用过程中，浆料应呈现类固性，浆料的这种固相行为能够使得浆料中的固体颗粒在高剪切下发生形变防止内部结构发生不可逆的损坏。基底上的小液滴在聚合成膜过程中，浆料应呈现类液性，浆料的这种液相行为能够满足浆料的流平性能，保证小液滴在基底上聚合和均匀稳定沉积。

(3) 浆料润湿性要求　除了浆料的分散性和流变性之外，浆料和所选基材之间的润湿性对超声喷涂工艺也是至关重要的。在超声喷涂工艺中，只有在催化剂浆料具备能够完全润湿基底的条件下，随着干燥蒸发过程中溶剂的不断挥发，喷涂至基底的雾化小液滴才能在基底均匀聚合并形成一致性稳定的液膜，最终才能获得均匀的固态催化层薄膜。因此对于喷涂工艺，需要保证催化剂浆料的表面张力小于基底的表面张力，使得浆料和基底之间具有足够的附着力。通常，当基材的表面能大于浆料的表面张力 $7\sim10\text{mN/m}$ 时，认为浆料与基材之间的润湿性是合适的。在这种情况下，浆料可以湿润基质以形成连续的流动。图 6-9 显示了常见的基材表面能与常见的流体表面张力。

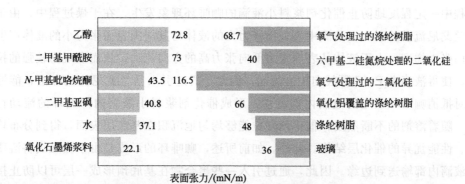

乙醇	72.8	68.7	氧气处理过的涤纶树脂
二甲基甲酰胺	73	40	六甲基二硅氮烷处理的二氧化硅
N-甲基吡咯烷酮	43.5	116.5	氧气处理过的二氧化硅
二甲基亚砜	40.8	66	氧化铝覆盖的涤纶树脂
水	37.1	48	涤纶树脂
氧化石墨烯浆料	22.1	36	玻璃

表面张力/(mN/m)

图 6-9　常见基材表面能与常见流体表面张力

6.2.2.3　沉积过程中浆料结构演变

超声喷涂完成之后，在基底上形成由众多催化剂浆料小液滴铺陈的催化剂浆料涂层，小液滴通过润湿基底逐渐在基底上流平形成催化剂浆料薄层。一般通过自然干燥或在大环境下基底加热的方式使催化剂浆料薄层逐渐蒸发干燥，从而得到有效的催化层薄膜。超声喷涂形成的催化剂浆料薄膜在润湿基底、流平形成薄膜以及蒸发干燥等过程中，浆料小液滴会出现咖啡环效应，如图 6-10 所示。

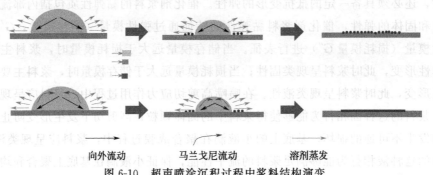

向外流动　　　马兰戈尼流动　　　溶剂蒸发

图 6-10　超声喷涂沉积过程中浆料结构演变

催化剂浆料小液滴蒸发过程中，液滴的接触角将保持不变，液滴表层的溶剂将逐渐蒸发，导致液滴的半径逐渐减小。而小液滴与基底层接触的边缘由于表面张力的存在，使得液滴的边缘一直固守在接触线上，力图使得催化剂浆料小液滴半径不变，接触角减小。液滴为维持液滴的面积不发生变化，将产生一个中心向外的流动。催化剂浆料小液滴的这种流变行为将会使得液滴中 Pt/C 颗粒向外环流动并沉积在边缘。随着溶剂的不断蒸发，Pt/C 颗粒逐渐沉积在接触边缘，最终形成环状沉积物，得到催化剂分布较为不均匀的催化层。所以在喷涂过程中，喷涂厚度和喷涂均一性十分重要，否则将得到厚度不均匀的催化层薄膜，影响膜电极性能。通过混合溶剂的策略引入马兰戈尼流的方法，如图 6-10 所示，能够在小液滴蒸发干燥过程中一定程度地防止催化剂浆料小液滴的咖啡环现象发生。在干燥过程中，由于马兰戈尼流动的引入，液滴中心表面张力大的液体对其周围表面张力小的液体产生表面张力梯度，由于液体从表面张力低向张力高的方向流动，从而表现为较强的拉力，使得液滴中 Pt/C 颗粒向中心流动。因此，通过引入马兰戈尼流的方法，能够相对抵消咖啡环效应的液滴内部流动，形成催化剂浆料小液滴内部循环的流动行为。随着溶剂的不断蒸发，催化剂颗粒能够均匀地沉积在基底层表面，得到分布均匀、性能优异的催化层结构。此外，如前所述，咖啡环的形成是由于接触线将溶质从液滴内部输送到边缘。因此，通过引入一些聚合物在基底预形成一层可以防止接触线形成的涂层也是一种有效的抑制咖啡环效应的策略。在聚合物层存在的情况下，可以实现高接触角，这种较差的润湿性可导致接触线的脱扣，从而阻止了咖啡环效应，但是会在一定程度影响液滴的流平性能从而对形成薄的湿膜产生消极的影响，需要在这两种效应之间进行权衡。

6.2.3 超声喷涂的影响因素

超声喷涂是利用超声波雾化技术实现材料喷涂的涂布工艺，一般可对液相的流体进行喷涂。在超声喷涂过程中，液态的催化剂浆料首先被超声波雾化装置雾化成微米尺寸的细小颗粒，然后再经过细小的喷嘴均匀地喷射至基材表面，得到催化剂浆料湿膜涂层，在干燥后形成催化层薄膜。可能影响超声喷涂工艺的因素主要包括两方面：一是超声喷涂的雾化液滴的颗粒直径，二是超声波喷涂的流量性能。

6.2.3.1 雾化液滴的尺寸

(1) 频率对液滴尺寸的影响　雾化液滴的尺寸将随着频率的增加而减小。随着辐照频率的增加，波长的减小将使得阻尼节点和波腹产生压缩，这将导致雾化小液滴在循环过程中更多的压缩相暴露，从而导致峰值生长速率和相应的液滴颗粒尺寸减小。同时，随着频率的增加，能够用于雾化小液滴的表面积将减小。覆盖整个表面所需的临界液体流速随频率的增加而增加，因此，低频雾化喷嘴的预滴流量上限会高于高频雾化喷嘴。毛细管波的波长随雾化器频率的增加而减小。最终将出现液滴颗粒粒径减小，且每单位时间喷射出的液滴喷射数从表面增加的结果。

(2) 流量对液滴尺寸的影响　雾化液滴尺寸将随着初始流速的增加而增大。这是因为，在实际雾化之前，随着初始流速的增加，在振动表面上形成的液膜厚度将增加。当流体的供应流量满足略高于使喷嘴口表面完全湿润所需临界流量时，此时的流体是按照薄液膜进行扩散。在这种情况下的扩散具有由波峰和波谷组成的多个毛细波。当流体的供应流速明显高于使喷嘴口表面完全湿润的临界流量，同时超声波振动参数维持稳定的条件下，将在振动表面上形成较厚的液膜层，导致均匀毛细波的变形。这种变形毛细波的出现一方面会使得形成的雾化小液滴具有较高液滴尺寸，同时也会使得雾化液滴的粒径分布范围更大。而且，由于振动表面上液膜厚度的增加，在极其靠近雾化器表面的位置将出现振荡腔泡或气泡，这些振荡腔泡和气泡在雾化表面迅速生长和塌陷，将是雾化小液滴过早地从峰顶喷射，从而易产生空化效应，而随着供应初始流速的任何进一步增加，将使得液滴的粒径尺寸分布范围进一步变宽。

(3) 功率对液滴尺寸的影响　雾化液滴尺寸将随着超声功率的增加而增大。这是因为，随着超声功率的增加，雾化器尖端的振动幅度将随着增加，同时，空化效应相应增加从而导致雾化液滴尺寸随之增大。对于采用垂直喷涂时，粒径尺寸大于 $150\mu m$ 的液滴将受到重力的影响而增加动能。而对于采用表面喷涂时，一般不采取在高超声功率条件下进行，这是因为高超声功率下进行的喷涂，其喷射出的雾化小液滴在撞击基底表面后可能发生反弹，导致在基底表面形成不规则的图案和形状，使得得到的液膜涂层出现不均匀的问题。

(4) 液相黏度对液滴尺寸的影响 雾化液滴尺寸将随着液相黏度的增加呈略微减小的趋势。这是因为，随着液体黏度增加，为使得液膜能够碎裂分解成小液滴，需要雾化器提供更多的能量。在相同的流体速度下，高黏度液体的雾化过程相较于低黏度液体需要更多的能量。在雾化的起始阶段，高黏度的液膜层将在雾化器表面停留一段时间，液膜层在雾化器的表面上振荡而没有出现雾化小液滴，此阶段雾化器的振幅将消耗流体的黏性能量并且增加流体的温度，一段时间后，由于空化效应所导致的持续机械能耗散，使得表面上液膜层的温度逐步升高，在超过临界点后，将逐渐出现液膜层的雾化。一般在较低黏性的液体超声雾化过程中不存在以上过程的变化。

(5) 液相张力对液滴尺寸的影响 雾化液滴的颗粒尺寸将随着流体液相表面张力的减小而减小。这是因为，随着液相表面张力的降低，表面毛细波的长度将减小，而每单位振动区域的毛细波数量将增加，且振动幅度将随着变大，从而使得雾化后的小液滴立即从波峰中喷射而出。因此，在相同的流体速度下，振动表面喷射的液滴数将随着雾化液滴颗粒尺寸的减小而相应增加。此外，根据能量守恒定律，液滴动能的增加将间接地影响雾化后液滴尺寸的减小。另外，由于液膜层十分薄，且几乎贴附在雾化器表面，因此在振动过程中表面张力的降低将导致空化效应，使得蒸气空化气泡的生长速率增加，导致薄液膜中发生气泡破裂，从而在雾化器表面上产生尺寸较小的液滴，同时雾化后的小液滴以较高的速度从雾化器喷射。

6.2.3.2 流量性能

流量性能的影响因素有四个，分别是雾化面面积、孔口大小、振动频率和液体性质。孔口大小决定了流量的大小，而流量和液体供应到雾化器表面的流速相关。当供应到雾化表面的流体速度较低时，雾化器中雾化表面和流体之间的黏性力能够使得流体贴附于雾化表面进行雾化过程。而当供应到雾化表面的流体速度过大时，雾化表面对流体的吸引力不足以使流体贴附于雾化表面而出现脱附现象，这将影响雾化器的正常工作从而无法在雾化表面得到雾化小液体。流量和雾化面面积之间的匹配关系对于雾化效果和雾化过程的正常进行具有十分重要的意义，雾化面在雾化过程中需要满足两方面的条件，一是能够承受足够的流体量，二是需要保有产生雾化所需薄膜的能力。如果流体流量过大，超过雾化面能保有液体薄膜的能力，雾化过程将难以产生。如前所述，雾化液滴的尺寸将随着工作频率的增加而减小，工作频率对工作流量同样有重要影响。雾化流量将随着超声波工作频率的增大而随之减小。除以上超声喷涂设备决定的因素之外，液体的本身性质也对喷涂过程和雾化效果有很大影响。通常纯液体只需考虑液体黏度即可，而对于溶液除了需要考虑溶液黏度之外，还有聚合物的影响。如果溶液中存在聚合物，则当液体在雾化面经过超声波作用分离形成雾化液滴时，聚合物分子会阻碍液滴雾化的形成。而对于含有固体的混合液的雾化过程，主要需要考虑固体颗粒的含量及其粒径大小。在雾化过程中固体含量过大将显著增加雾化难度，因此在流体中的固体含量一般不能够超过40%。在固体颗粒物粒径方面，需要保证固体颗粒的粒径远小于雾化小液滴的尺寸，否则在雾化过程后将出现固液分离的现象。综上所述，影响超声喷涂工艺喷涂效果的主要因素包括超声频率、孔口大小、雾化面面积、振动频率和液体性质。

6.2.4　超声喷涂制备催化剂涂敷膜

超声喷涂作为催化剂涂布的重要工艺之一，常常用来进行 CCM 制备，通过间接法和直接法均可进行超声喷涂制备 CCM。间接法是指先将制备好的催化剂浆料通过超声喷涂至转印基底上，然后再将其与质子交换膜结合，实现催化层由转印基底向质子交换膜支撑体的转移，之后将转印基底移除从而得到膜电极的方法，其原理如图 6-11(a) 所示，不同之处在于催化剂涂布到基底是采用狭缝涂布还是超声喷涂；直接法是指直接将催化剂浆料通过超声喷涂至质子交换膜两侧表面上，从而得到膜电极的方法，其原理如图 6-11(b) 所示。

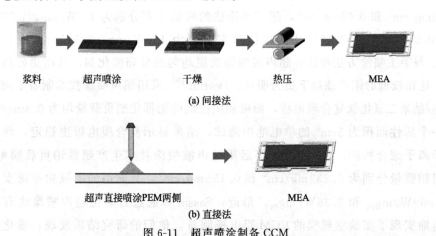

图 6-11　超声喷涂制备 CCM

传统喷涂涂膜法是将催化剂浆料直接涂在质子交换膜的两侧表面，与气体扩散层组装成膜电极。直接涂膜法保持了原有的扩散层空隙结构，得到的催化层在电池运行时能够使膜电极内部的气体扩散阻力更小，并且将催化剂直接喷涂到质子交换膜上能够减轻催化剂颗粒的流失，有效地避免催化剂随溶剂渗透进入气体扩散层。超声雾化喷涂是一种不同于传统工艺的新型制膜技术，其利用超声振动在液体中产生的雾化功能，对流经超声波换能器前端的液体进行雾化，产生微米级细雾状小液滴，在载气的带动下，将催化剂浆液喷出，当催化剂浆液喷涂到膜表面过程中通过加热系统将浆液内的溶剂挥发掉，防止质子交换膜溶胀带来的裙皱问题影响膜电极。通过超声波雾化创造特殊喷涂条件，使铂碳颗粒高度分散，并且减少团聚现象，为氧还原反应提供了更高催化活性，以此方法催化层其均匀性好，利用率高，且可以实现大规模批量生产，大大地降低了成本。此外，超声喷涂工艺的材料利用率极高，能够在预设区域实现精准涂布而使浆料浪费降至最低，这对于贵重原料的喷涂过程十分重要，极大地降低了薄膜制造的成本。此外，超声喷涂工艺具有极高的传递效率，一般可达到 90% 以上，这主要得益于其环境干扰敏感度低、喷涂流量小、喷射速度相对较低的特点。李琳[17] 等利用超声喷涂技术制备 CCM，验证了喷涂的重复性、浆料利用率和均匀性，研究表明单层喷涂时单位面积上催化剂平均沉积量为 $0.175mg/cm^2$，标准偏差为 $±0.005mg/cm^2$，相对标准偏差为 2.9%，喷涂的催化剂载量重复性很高。浆料的平均利用率为 75.2%，远高于其他喷涂技术的浆料利用率（45%～55%）。且超声喷涂制备 CCM 在各喷涂区域负载量很均匀，有利于制备表面均匀的催化层。Millington[18] 等首次报道了利用超声喷涂法制备 PEMFC 膜电极，研究发现，在低铂载量的情况下，超声喷涂法制备的膜电极相较于手工喷涂法具有更好的性能，在实验中分别选取铂载量为 $0.4mg/cm^2$、$0.15mg/cm^2$ 和 $0.05mg/cm^2$，超声喷涂法的峰值功率分别为 1.7W/mg、4.5W/mg 和 10.9W/mg，手工喷漆法的峰值功率分别为 1.7W/mg、3.5W/mg 和 9.8W/mg。与手工喷涂方法相比，超声波喷涂法更均匀地分布催化剂，从而更好地利用铂，这在较低的铂负载量下更为明显。Devrim[19] 采用超声喷涂技术制备了离子聚合物/纳米二氧化钛复合膜电极，阳极和阴极侧的铂催化剂负载量均为 $0.4mg/cm^2$，在一个活性面积为 $5cm^2$ 的单电池中测试，结果显示复合膜电极更稳定，性能也优于离子聚合物膜。Huang[20] 等运用超声波喷涂技术生产超低铂负载膜电极，两组铂载量分别为 $0.232mg/cm^2$ 和 $0.155mg/cm^2$，其测得的阴极功率密度分别为 $1.69W/mg_{Pt}$ 和 $2.36W/mg_{Pt}$。最近，Sassin 等通过自动化超声喷涂法有效并快速地实现了实验室规模的 CCM 膜电极制备，他们的研究结果发现：催化剂成膜的性能与超声喷涂的喷嘴高度存在较强的相关性，采用高度为 3.5cm 的喷嘴制备出的催化层薄膜，其组装得到的燃料电池电流密度明显小于喷嘴高度为 5.0cm 时得到的电池，这主要是因为催化层薄膜的表面裂缝受到喷嘴高度的影响，较低的喷嘴高度导致较大的表面裂纹，表面裂纹的存在将不利于催化层中反应产生水的排除。

6.3 膜电极技术简介

　　膜电极是燃料电池的核心组件之一，是电化学反应的场所。膜电极主要由阴/阳极气体扩散层（gas diffusion layer，GDL）、催化层（catalytic layer，CL）和质子交换膜（proton exchange membrane，PEM）构成，外围还有边框密封组件。单电池及膜电极结构如图 6-12 所示。燃料电池工作时，反应气（氢气、氧气）通过双极板上的气体流道流经膜电极表面，经多孔的气体扩散介质到达 PEM 两侧的 CL，发生氢氧化和氧还原的电化学反应，生成水并释放电能和热量。

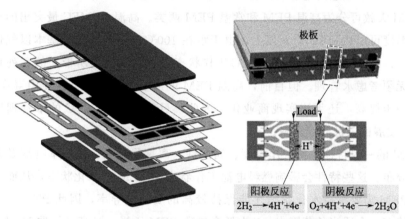

图 6-12　质子交换膜燃料电池膜电极结构及工作原理示意

　　质子交换膜位于膜电极"三明治"结构的中心，阻隔阴阳极反应气并传递质子。膜的两侧是铂/碳催化剂与离聚物构成的催化层，碳载体上以纳米级的形式担载铂颗粒。气体扩散层通常采用石墨化的碳或碳布制备，具有较高的孔隙率和适宜的孔径分布，能够同时满足反应气和水的传质需求，并具有良好的导电、导热性能。通过双极板上气体和冷却液流动的通道，将反应气均匀地传输到膜电极表面，传递电子并带走多余的热量。

　　质子交换膜、催化层和气体扩散层构成了膜电极的活性区域。活性区是决定燃料电池性能的关键所在，是多数燃料电池研究者重点关注的对象。膜电极活性区外部的边框密封件也是不可缺少的。边框和密封条共同提供了活性区密闭的反应场所，避免反应气外漏（反应气泄漏到外部环境中）、内漏（阴阳极反应气互窜）。近年来的工程实践和研究表明，边框处 PEM 的破坏是燃料电池早期失效的主要原因，良好的边框结构设计保证燃料电池长期安全可靠运行。

6.3.1 质子交换膜

质子交换膜（PEM）可以称作是 PEMFC 最核心的部件，因为 PEM 决定了燃料电池（FC）的类型和工作特性。PEM 的作用是传输质子（拥有高质子导电性），隔离阴阳两极的反应物（低气体渗透性），隔离电子（低导电性）。它必须具有一定的化学和机械稳定性，以保证 FC 的正常运行环境。PEMFC 常用的电解质膜有聚苯乙烯磺酸、酚醛树脂磺酸、聚三氟苯乙烯磺酸和全氟磺酸（PFSA）等。聚苯乙烯磺酸最初用于质子交换膜燃料电池，但由于其在燃料电池运行过程中容易降解而被弃用。20 世纪 70 年代，杜邦成功开发 Nafion® 膜，即 PFSA 聚合物膜。它不仅具有良好的稳定性，而且还具有优良的质子导电性和长使用寿命。目前，它已被证明是 PEMFC 最理想的电解质，它的出现极大地促进了 PEMFC 的发展。

PEM 大致可分为高温 PEM 和常温 PEM 两类。高温 PEMFC 最突出的优点是其工作温度可以达到 120℃ 及以上，由于水在 100℃ 以上的环境中基本以气体的形式存在（1atm），这样完全解决了 FC 工作状态下存在液态水所带来的系列负面问题，而无须考虑水管理。但目前，高温 PEM 的质子电导率很低，使用寿命很短，需要进一步提高，还无法实现商业化。因此，目前常温 PEMFC 的水管理依然是 PEMFC 发展的关键问题之一。

PEM 的一般特性包括工作温度、润湿性、离聚物当量、磺酸基密度及其各自的梯度分布。这些特性会影响燃料电池工作状态中 PEM 的水化状态，从而影响其性能。PEM 需要维持水化状态才能保持较高的质子电导率，因此 PEM 含水量 λ 需要保持在一个适当的范围内。λ 太低会导致 PEM 干燥，过高会导致 FC 的水淹，都会影响燃料电池的性能。因此，PEM 适当的含水量 λ 和均匀的水分布是 PEMFC 正常运行的保证。

使用更薄的 PEM 可以提高燃料电池的极限功率密度，同时降低沿阴极流道方向的温升并降低电池温度。更薄的 PEM 可以增强水从阴极向阳极的反扩散，降低催化层的水淹倾向，改善阴极催化层的供氧，提高催化层对氧的扩散率，从而改善传质。另外在低湿度条件下，更薄的 PEM 可以促进 PEM 水化，使 PEM 快速从脱水中恢复；在高湿度条件下，也便于通过阳极去除多余的生成水，有益于燃料电池健康的水管理。

6.3.2 催化层

催化层提供了燃料电池电化学反应的场所，对燃料电池的输出性能起着决定性作用。由于 PEMFC 的催化剂是贵金属铂，催化剂的成本是 PEMFC 商业化的主要障碍。低铂和无铂的催化剂的研究是目前亟待解决的难题。但在相同 Pt 用量的情况下，通过调节催化层的结构可以提高催化效率，使得催化剂的成本相对降低。催化层的催化能力与其 ECSA 直接相关，因此改善催化层的结构以增强 ECSA 是提高催化层催化能力的最有效途径。同时，如何在提高透气性的同时，及时有效地排出生成水，是一个重要而又困难的问题。需要通过优化和结合催化层的各种性能，改进催化层制造工艺，提高催化层性能和寿命。

催化层的基本性质包括润湿性、碳载 Pt 催化剂和离聚物及其梯度分布、催化层孔隙率。催化层的性质不仅对其催化性能有重要影响，而且相互之间也有相互作用，调整各种性能的相容性有利于催化层高效利用。

增加催化层的 Pt 载量可以缓解 MEA 的性能退化，有效延长其寿命。使用 Pt 合金或双金属催化剂可以在保证性能的情况下降低催化层中 Pt 的含量。随着 Pt/C 比率的降低，为了在电极中实现相同的 Pt 负载，需要更多的碳载体和离聚物[21]。在所有电流密度范围内，增加催化剂的 Pt 载量将导致水含量在催化层中增加，在长期无增湿条件下，燃料电池表现出有效的水分管理能力，使燃料电池能够稳定运行。在高电压条件下，当电极 Pt 载量较低时，可以减少水淹。

催化层孔隙率变大增加了孔道内的积水。这是由于较大孔隙的毛细压力较低而充水量增加，且孔道下方的水通道也处于封闭状态。增加催化层的孔隙率可以增加活性位点的进入，降低氧传输能力，从而提高 MEA 在低背压下的性能。另外，降低催化层的接触角可以增加水饱和度，而适当的催化层亲水性可提高 MEA 在低湿度时的水传质能力，降低氧传质阻力；添加适量的疏水性聚合物可以增加催化层有效排出在阴极产生的多余的水，减少 ECSA 损失和电荷传输阻力，从而达到更好的水资源管理，使电池运作稳定，特别是在高湿度和高电流条件下。

6.3.3 扩散介质层

扩散介质层（DM）包括碳纤维层（CFP）和微孔层（MPL）。它们起到将反应气体输送到 CL 的作用，并将 CL 上产生的产物水输送到气体流道，由于氢气的扩散速率很高，扩散速率主要受氧气限制。因此，扩散介质层的存在决定了 FC 运行的效率和寿命，其作用十分重要。

MPL 是一种多孔介质层，其性质包括孔隙度、润湿性、厚度、孔径分布、裂缝等。每种性质对 MPL 传质特性、传热特性及其内部水的传输和分布都有不同程度的影响，并且各性质之间会存在相互作用。作为催化层与碳纸之间的中间层，MPL 可以有效降低催化层与碳纸之间的接触电阻，为催化层提供机械支撑，限制催化剂的流失。而且，MPL 可以显著促进氧气在湿润的扩散介质中的传输。拥有一定孔径的 MPL 改善了氧气向电极的输送以及液水向 CFP 基体的输送，优化了整个 MEA 的气体扩散率，从而提高了燃料电池的性能。MPL 的孔隙体积对多孔介质的性能有显著影响，MPL 中大孔隙的存在，使得 CL 产生的许多液态水的传输路径合并形成稳定的主路径，从而更容易将水簇连接起来传输到 CFP。微孔层的存在会提高电极的温度，同时提高水的管理能力。界面温度的升高导致了更多的蒸发，提高了微孔层的除水性能。微孔层的存在促进了液态水向 PEM 的反向扩散，从而增加了 PEM 和催化层的水含量，提高了热导率，PEM 的温度均匀性得到了改善。

碳纤维层（CFP）的基本参数包括孔隙率、润湿性及其梯度分布、厚度、孔径分布和纤维各向异性。碳纸的各种性能以及它们之间的相互作用都会影响其传质能力，使得碳纸性能对燃料电池的影响机理非常复杂。

碳纸厚度存在一个最优值。在达到最佳碳纸厚度之前降低碳纸厚度可以降低传质损耗，具有更高的极限扩散电流密度，提高燃料电池性能。然而，在达到最优碳纸厚度后，进一步降低碳纸厚度会降低燃料电池性能。碳纸厚度和孔隙率的优化应同时考虑。增加碳纸厚度可以降低 MEA 中的温升，但会降低催化层的效率。对于阳极碳纸来说，越薄的碳纸越有利于水蒸气在阳极中的扩散，从而提高了阴极中 H_2O 的浓度，且随着阳极湿度的增加，这种改善效果越显著。虽然较薄的碳纸性能优良，但材料变形的长期影响可能会加剧液态水分布的不均匀，也会影响性能。与较薄的碳纸相比，较厚的碳纸保水能力更强，其中液态水含量更多。较厚的碳纸传热阻力较大，导致电流分布不均匀。

碳纸的两相输运特性与干操作条件下有很大不同，内部液态水的存在会显著降低气体渗透性。碳纸气体渗透率的各向异性对燃料电池性能的影响非常有限。碳纸的透气性主要取决于水力半径的变化。碳纸材料的疏水性有利于水的管理。在相同的压力梯度下，较强的疏水性有助于燃料电池中液态水的去除。但碳纸有一个最佳的疏水性，使燃料电池性能最佳。在达到最佳疏水性之前，提高疏水性可以提高燃料电池性能和最大压降值。在达到最佳疏水性后，继续增加疏水性会降低燃料电池性能。

热导率的各向异性对燃料电池性能的影响非常有限。当相变除水占主导地位时，通过适度降低碳纸的热导率，可以使蒸气的冷凝集中在肋区下方。随着水饱和度的减小，碳纸的表观热导率略有降低。即使水饱和度接近于 0，试样的热导率也几乎是干燥碳纸的两倍。在较大的压力范围内，发现碳纸的热导率随疏水性的增加而增大，且最佳热导率存在疏水性值。Chen 等[22] 提出了一种基于光纤光栅传感技术测量碳纸材料热导率的新方法。结果表明，由于不同压力和 PTFE 含量的共同作用，碳纸材料的热导率对燃料电池性能有重要影响。当碳纸材料的疏水性较高时，其热导率随着压力的增大而减小。然而，当疏水性较低时，碳纸材料的热导率随着压力的增大而增大。此外，对于不同疏水性的碳纸材料，存在不同疏水性对应的最佳压力值，使得碳纸材料具有最佳的导热性能。

6.3.4　层间界面

6.3.4.1　质子交换膜催化层界面

众所周知，质子交换膜（PEM）和催化层之间的接触程度会影响 MEA 的电化学性能，因为它与质子转移的阻抗紧密相关。现有催化层生产工艺大多使用 Nafion 作为黏合剂，以增强 PEM 与催化层之间的接触，减少质子传输的阻力，提高电池性能。与传统的 GDE 工艺或转印方法相比，CCM 工艺制备的电极，部分催化剂浆液会渗透到 PEM 内，降低质子传输阻力和水传输阻力。在 GDE 和 CCM 过程中，最明显的变化是改善了 PEM 和催化层的界面特性，提高了 Pt 的有效利用率，最终提高了 MEA 的功率密度。但这两种工艺都是在二维平面膜的基础上进行的，近年来，许多新的、改进的技术已经尝试取代常用的平面膜，而是在膜上形成各类图案，开始从三维的角度来考虑 PEM|催化层的界面特性。

Bae[23] 等使用线性类型的 Nafion 膜，与平面膜（Pt 负载量 $0.2mg/cm^2$，$5cm^2$，N-212，厚度 $50\mu m$）进行比较。他们发现电池功率有很大的提高，特别是当电压低于 0.6V 时（即高电流密度区域）。在三个不同的实验中，MP2 模式（$2\mu m$）的效果最好。与同等条件下的平面膜相比，ECSA 虽然降低了 2%，但高频电阻（HFR）降低了 22.3%，低频电阻（LFR）降低了 7.3%，最大功率达到 $0.7W/cm^2$，比平面膜（$0.56W/cm^2$）高了 25%。阴极 Pt 利用率达到 $3.5kW/g_{Pt}$。

6.3.4.2　催化层|微孔层界面

催化层|微孔层界面的接触度、亲水性和孔隙结构是 MEA 的重要参数。这个界面主要影响膜电极的电子传递阻抗，以及反应物气体的分布和产物水的排出。只有那些相互连通并延伸到催化层表面的孔才能实现气体的有效传输，才能被称为有效孔。就电极性能而言，催化层|微孔层界面特性与欧姆损失和传质损失密切相关，微孔层可以显著增加催化层与 GDL 之间的接触，降低界面的接触电阻。Kannan AM[24] 等自行制备微孔层，将 PTFE 和碳粉浆料以梯度分布的方式涂覆，最外层涂覆一层薄薄的亲水性层（紧邻催化层）。他们发现，用该工艺制备的 MEA 具有良好的保水性，特别是在高温、低湿度的测试条件下。Chen[25] 等在原有微孔层的基础上再增加另一个微孔层，新微孔层由碳粉和 PTFE 组成，在原微孔层上烧结而成。与原微孔层相比，新微孔层孔隙度和孔径不同，孔隙结构呈现梯度分布，改善了 MEA 的水管理水平。

6.3.5 边框密封结构

6.3.5.1 边框材料选取与制作加工

(1) 基材材料 目前边框基材和黏合剂材料的相关研究主要出现在专利中。这里综合专利中的信息获得了以下对边框基材和黏合剂的性能要求，选取原则和一些可行材料类型，目的是为了提高对边框设计选材的认识。

硬质保护框架结构的边框通常以黏附的方式结合到 MEA 上，因此该边框至少需要用到两种材料：边框基材和黏合剂。为了适应燃料电池工作时的酸性和高湿场景，满足燃料电池的密封要求，边框和黏合剂的性能应该具有合适的理化性能，如机械强度、粘接强度和化学稳定性等。

边框基材一般采用塑料，其性能主要取决于高分子化合物的化学组成、相对分子质量、分子结构和物理状态。边框基材材料应满足如下要求。

① 力学性能方面要有合适的强度和抗蠕变性。边框通常会受到由橡胶密封条传递来的组装力，为了保护 PEM，边框需具有一定的弹性模量、屈服强度和抗蠕变性能。其中蠕变性能尤其需要重视。蠕变性能指的是材料在长时间受恒定应力作用而应变随时间不断变大的现象。边框长时间工作后出现蠕变和压缩永久变形不利于密封性能。

② 具有良好的尺寸稳定性。作为车用动力源的燃料电池在工作时温度可能从 $-30℃$ 到 80℃ 左右，因此要求边框材料在较高温度下仍能保持性能的稳定，玻璃化温度高。低温时也能保持柔韧而不脆化。物理性能方面要求尺寸稳定性好热膨胀系数小，绝缘性好不导电、不透水/气且密度小。塑料吸水后力学性能、电性能和化学稳定性发生变化，因此边框基材还要关注其吸水性。

③ 此外还要能抵抗酸性和湿度环境老化，具有良好的化学稳定性，燃料电池工作环境下不至于开裂、分解、溶解等。

(2) 黏合剂材料 硬质保护框架结构中黏合剂用于连接基材与 PEM。部分燃料电池密封结构中黏合剂也用于黏附边框与极板，通过使用黏合剂简化密封结构，降低制造成本提高生产效率。然而燃料电池的工作环境对黏合剂而言非常恶劣，这就对黏合剂的性能和耐久性有更高的要求。黏合剂通常是高分子材料，温湿度对其力学性能有着较大的影响。这主要表现在以下几个方面。

① 黏合剂的玻璃转化温度、弹性模量、失效载荷和热膨胀系数、黏弹性性能等参数都会随着温度的变化而变化。通常，低温时黏合剂失效强度和杨氏弹性模量高于高温，然而低温下黏合剂的失效应变较小。

② 由于黏合剂粘接的两种材料以及黏合剂热膨胀系数之间的差异，温度变化

的场景下组件之间变形不协调会产生热应力，使得黏合剂承载能力下降。胶吸水后，同时会发生吸湿膨胀，在粘接处产生膨胀变形进一步加剧内部应力，引发微裂纹，对黏合结构的强度和疲劳特性产生负面影响。粘接结构中水分的渗入还会改变胶的力学性能，加速黏合剂的蠕变效应。随着黏合剂层吸水和蠕变等行为的持续进行，黏合剂理化性质持续恶化，最终会导致粘接失效[26]。

③ 高温、高湿和酸性环境加剧胶的老化。较高的工作温度可能引发黏合剂的分子链发生氧化断裂，从而导致黏合剂性能下降，粘接强度降低。服役环境中的水一方面会洗去胶表面能溶于水的添加剂，加速老化；另外还会破坏黏合剂中可水解的基团（酯基、羟基等）。水可能造成黏合剂高聚物分子发生降解，造成粘接强度的下降。湿热环境对胶的影响更为严重。温度和湿度共同作用是引发胶老化的主要原因。水分在高温/湿作用下更容易进入胶内部，破坏其中易水解的化学键。由于交联程度的不同水的进入还会使得黏合剂分子链柔顺行为发生变化，发生塑化使得胶某些性能下降。酸性环境可能会引发胶材料中某些化学键断裂，破坏其表面结构，使得材料变脆，力学性能下降[27]。

一般地，黏合剂按照应用方法可分为：室温固化型、热固型、热熔型、压敏型等。其中压敏型、热固型、室温固化型等黏合剂比较适合于PEMFC的加工过程（温度不能过高），部分热熔型黏合剂也可应用。在PEMFC中应用的黏合剂除自身的黏合性能稳定外，还须与其他组件具有良好的相容性，耐燃料电池工作时产生的酸性环境，抗剥离能力强，不会分解产生有害物质等。此外，胶的选择也跟燃料电池膜电极的结构形式和加工方式等有关。值得一提的是热熔型黏合剂，由于这种黏合剂在室温下不会软化，制作加工边框过程中有利于组件的定位。对于采用注塑方式加工的密封组件（例如包裹MEA/包裹PEM的边框结构），具有弹性的材料是较好的选择，密封材料在固化之前应该具有流动性方便加工。在具有流动性的状态下加工成型，固化后形成具有弹性的密封结构。表6-1罗列了专利中出现的部分边框基材和黏合剂类型。

表 6-1　专利中出现的边框基材和黏合剂材料

边框基材	聚萘二甲酸乙二醇酯(PEN)、聚偏二氟乙烯(PVDF)、聚乙烯(PE)、聚丙烯(PP)、聚醚醚酮(PEEK)、聚醚砜(PES)、聚对苯二甲酸乙二酯(PET)、聚对苯二甲酸丁二酯(PBT)、聚氟乙烯(ETFE)、间规聚苯乙烯(SPS)、聚苯硫醚(PPS)、聚邻苯二甲酰胺(PPA)、聚芳醚(PAEK)、聚四氟乙烯(PTFE)、改性聚苯醚树脂(m-PPE)、聚氨酯(PU)
黏合剂	聚乙烯(PE)、聚丙烯(PP)、环氧树脂(EP)、聚异丁烯(PIB)、氨基甲酸酯、天然橡胶、异戊二烯橡胶、丁二烯橡胶、丙烯酸橡胶、EPDM橡胶、丙烯酸、氟橡胶、硅树脂、聚苯并咪唑(PBI)聚氨酯(PU)、聚酰亚胺(PI)

边框基材和黏合剂材料对边框密封功能和耐久性有着重要影响。作为燃料电池

边框密封结构的材料选取时主要考虑能否适应燃料电池工作时的高温、高湿和酸性环境。对于具体物化性能的要求要根据边框结构形式和加工方式来确定。

(3) 边框加工工艺 燃料电池 MEA 边框加工过程中易出现的问题包括：热压产生翘曲变形、液体黏合剂分散不均匀、有气泡和 GDL 杂散纤维等。这些问题会影响 MEA 耐久性和可靠性。对于这些问题研究人员们提出的解决方法，可以作为改进 MEA 制作工艺的参考。

① 紫外光固化黏合剂代替热塑性黏合剂以避免热压过程组件的翘曲变形。在燃料电池 MEA 制作中，当使用热塑性黏合剂如聚丙烯黏合剂时，制作过程中需要加热，此外 GDL 也需要以热压的方式连接到 CCM 上。由于树脂边框、GDL 等边框组件热膨胀系数不同，热压过程中可能会引起 MEA 的翘曲变形。为解决该问题，研究者们提出采用紫外光固化黏合剂代替热塑性黏合剂。相比于热熔胶，采用光固化的方式能缩短固化时间，提高加工效率。

② 施加振动以使液态黏合剂分散均匀，无气泡。以喷嘴的方式涂敷黏合剂时存在黏合剂富集，不能均匀分散的问题。黏合剂中可能会出现气泡，影响黏合质量降低连接强度。在涂布黏合剂的工作表面施加振动可以使得黏合剂均匀铺展开。借助黏附的边框对黏合剂施加超声波振动有助于减少黏合剂中的气泡。使用的黏合剂通常黏度较低，超声波在黏合剂中衰减不会对 MEA 造成伤害。

③ 去除 GDL 杂散纤维，以避免其损伤 PEM。GDL 基材通常由导电的碳纤维基材构成，碳纤维表面在下料过程中可能会产生杂散纤维。PEM 可能会被 GDL 表面上的杂散而强韧的纤维刺破。导致电极之间发生反应气体的窜漏或微短路。燃料电池组装后，压紧的 MEA 在 GDL 末端和活性区可能出现杂散纤维破坏 PEM，产生局部的微小损伤。因此 GDL 直接接触裸露的 PEM 是存在极大风险的。通过在 GDL 上设置微孔层，一定程度上能避免这种形式对 PEM 的伤害。GDL 外周倒角的方式也有助于改善杂散纤维的影响。为去除碳纸基材中的杂散纤维，文献［28］提出采用适当硬度的弹性辊来辊压碳纸基材，以这种方式将杂散纤维推入碳纸中。基材被辊压平整后对其进行吹气处理，以去除杂散纤维。随后将基材穿过水箱清洗再吹气，目的是将断裂的碳纤维从碳纸中除去。除吹气外还可使用静电吸附或溶液浸渍方法去除杂散纤维。辊压使用的弹性辊硬度有要求，不能使用金属辊，GDL 表面厚度不均匀，可能导致局部破裂。

边框结构在加工制作过程需要注意热压等工艺可能引起 MEA 组件尤其是质子交换膜的褶皱变形，产生内应力；并需要避免加工过程对 MEA 组件的损伤，材料或结构的初始缺陷可能在燃料电池工作过程中发展成为严重的问题，导致燃料电池性能下降，寿命缩短。

6.3.5.2　结构设计与改进

(1) 抑制黏合剂剥离

① 提高材料尺寸稳定性并减小自由变形长度有助于减轻大温差下组件间的相互作用。车用动力源有−30℃启动的冷启动要求,燃料电池工作时内部温度可能超过 80℃。在如此大的温差下,燃料电池 MEA 可能由于边框处组件之间膨胀/收缩不同步引发 PEM 损伤和黏合剂的剥离等问题。考虑到燃料电池工作时可能出现的如此大的温度差,Fumishige Shizuku 等[29] 指出,燃料电池边框处组件材性和尺寸应该满足公式(6-3)的要求,由高温到低温材料收缩时不至于导致质子交换膜的损伤。如图 6-13 所示,树脂框架左侧通过黏合剂黏附到金属极板上,末端与边框黏附在一起。

$$X \times \Delta T \times CTE_f < (1 - \Delta T \times CTE_m)L \times t \qquad (6\text{-}3)$$

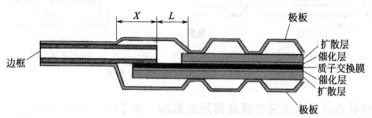

图 6-13　边框与活性区交界区域位置关系示意

公式中 X 表示高温下边框不受双极板压紧固定限制的长度。L 代表了从 MEA 活性区不受约束处起到边框末端的距离。ΔT 表示从高温到低温的温度变化范围。CTE_f 指的是树脂边框在高温到低温范围内的线性平均膨胀系数。CTE_m 则代表质子交换膜的线性平均膨胀系数。t 代表了质子交换膜在低温时的断裂伸长率。

由式(6-3)可见,提高组件侧尺寸稳定性,选择膨胀系数较小的边框材料有助于缓解温度变化产生的力的作用。为了在保证粘接强度的前提下减小尺寸 X、L,减小自由膨胀收缩的材料长度能减小尺寸变化量。

② 通过使用多种形式黏合剂或特定填料等措施能缓解黏合剂的剥离。温度变化时组件膨胀收缩对边框与膜电极结合处的黏合剂产生剪应力,可能导致边框从膜电极上剥离,阴阳极之间反应气窜漏,密封失效。Mitsuda N 等[30] 指出温度变化时,因组件之间膨胀系数不同对黏合剂结合处产生的剪应力内侧(靠近活性区一侧)要高于外侧。因此在粘接边框与膜电极时可以采用两种甚至更多类型的黏合剂。靠近活性区的内侧使用弹性模量更小的黏合剂能有效避免剪应力造成的应力集中,从而抑制边框从膜电极剥离。即如图 6-14(a) 所示,黏合剂 1(adhesive1)的弹性模量大于黏合剂 2(adhesive2)。在边框与膜电极之间的间隙处填充填料则提供了另一种抑制剪应力造成的剥离的思路。如图 6-14(b) 所示,Soma H 等[31] 在

间隙处填充一种室温（23℃）下弹性模量在 1～30MPa 的填料，通过填料缓和边框与活性区之间变形不同步产生的力的作用，避免黏合剂脱离。填充剂应当是具有一定的粘接性的弹性体材料，弹性模量在合适的范围。弹性模量过小，不足以阻碍边框与 GDL 的边框。填料刚度过大，弹性模量太大则不能通过自身变形缓和边框与膜电极的剥离。类似的专利[32-34] 提出在膜电极与边框的交界处浸渍树脂，熔化的树脂浸入 GDL 的孔隙中填充边框与活性区的间隙，连接边框与 MEA 活性区。这样一方面避免间隙处 PEM 的暴露，另一方面提高了边框与 MEA 的连接强度，有助于调高 MEA 的耐久性。

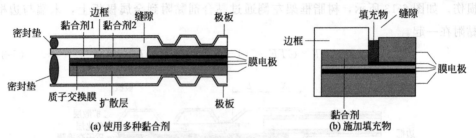

图 6-14　抑制边框与活性区剥离

(2) 抑制边框与活性区交界处间隙的影响　由于组装误差和制造公差，单层边框与 MEA 活性区组件之间会存在间隙。间隙中的 PEM 直接暴露于水和反应气中。PEM 由于吸/脱水和温度变化而膨胀收缩，反复的状态变化可能发生疲劳。并且可能受到来自活性区电化学反应过程产生的过氧化氢自由基的攻击。为了缓解边框处膜电极的降解和损伤，可以通过以下措施改进边框结构抑制间隙的影响。

① 缓解边框对 PEM 的剪切作用。将边框黏附到膜电极上后，在压紧力的作用下边框的边缘会侵入电解质膜，从而对膜产生剪应力。当质子交换膜吸水或因温度升高而发生体积膨胀时，边框对膜的剪应力更为严重。为了减轻边框对膜的力的作用可以在边框上制作出圆角/倒角，如图 6-15(a) 所示，这样也能去除边框上因下料过程产生的毛刺、缺陷或凸起。Naoki M 等[35] 则提出在边框与 MEA 之间施加黏合剂层作为弹性缓冲层，如图 6-15(b) 所示，采用具有弹性的黏合剂如硅树脂的热黏合片之类的热熔黏合剂。弹性黏合剂层熔点应该在 150℃ 以上，而且燃料电池工作温度下比质子交换膜更为柔软。改变电解质膜的力学性能，使溶胀时厚度方向的伸长率小于平面内伸长率，减小厚度方向的伸长率有助于改善 PEM 的剪切力。从机械上讲，边缘处催化层的均匀涂层衬垫在边框下可以减轻边框对膜的剪切，改善应力分布的均匀性。然而，这种方法增加了昂贵的贵金属催化剂的用量，提高膜电极材料成本。代替连续涂覆催化剂的方式，MEA 加工时边缘处涂覆的材料可以使用其他非导电材料代替，只要它与催化层的力学性能接近即可。使用非导

电性支撑材料还可以消除电子传导路径并抑制过氧化氢及过氧自由基的产生。

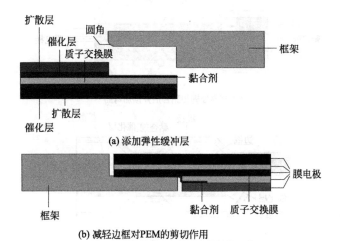

(a) 添加弹性缓冲层

(b) 减轻边框对PEM的剪切作用

图 6-15　通过边框圆角添加弹性缓冲层，减轻边框对 PEM 的剪切作用

② 缓解气压差和变形不同步造成的 PEM 损伤。由于压力波动，膨胀和收缩以及化学降解，暴露在活性区域和边框之间的间隙中的电解质膜容易被穿孔和撕裂。Takasaki[36] 指出，为了避免损坏间隙处的 PEM，一种方法是在膜上施加表面压力以限制质子交换膜的位置并减少膨胀和收缩的影响。另一种方法是隔离水和气体进入间隙中。为了避免水分和反应气进入间隙中，可以用黏合剂覆盖交界区域，也可以在交界区域浸渍树脂，填充 GDL 末端的孔隙结构。

Kimura[37] 用衬垫层覆盖 MEA 末端及间隙中的膜，以避免因压力波动和压力差而造成损坏。他还指出燃料电池发电时应减小阳极侧和阴极侧之间的压力差，从而可以减小施加到电解质膜上的力。Kusakari[38] 认为，由膜电极的预倾角产生的弯曲应力可以帮助抑制 PEM 的变形。通过改变双极板结构的设计，膜电极的端部预先向下倾斜，如图 6-16(a) 所示，并在 PEM 上覆盖黏合剂，黏合剂固化后产生预应力以抵抗质子交换膜的膨胀变形。通过用黏合剂覆盖暴露在阴极侧的 MEA，可以隔离水和气体抑制由于膨胀和收缩引起的疲劳。为了实现覆盖间隙的目的通常需要涂覆过量的黏合剂，过量的胶则可能被挤压进入流道中，增加反应气的传输阻力。在黏合剂固化之前覆盖气体扩散层，以使液体黏合剂渗透到多孔介质的孔中。如果黏合剂太少达不到气体扩散层，则不能保证黏合剂把 PEM 的外周完全覆盖。如果固化后再覆盖 GDL，GDL 会被黏合剂垫起，产生应力集中。

③ 抑制边框处的化学降解。燃料电池的化学降解通常是由自由基侵蚀引起的。氧还原反应（ORR）不全、阳离子污染物或铂催化剂上的氢氧反应生成过氧化氢（H_2O_2），其分解生可成羟基（OH·）、HOO· 等过氧自由基。PEM 中的磺酸基会与这些过氧自由基发生化学反应，逐渐腐蚀并降解 PEM 的分子链。化学降解会

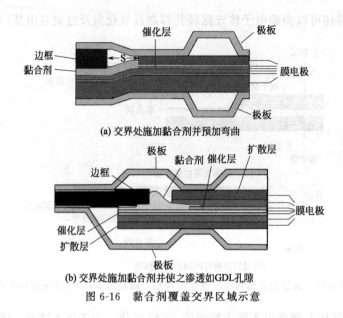

（a）交界处施加黏合剂并预加弯曲

（b）交界处施加黏合剂并使之渗透如GDL孔隙

图 6-16　黏合剂覆盖交界区域示意

损害离聚物并降低膜的性能和完整性。化学降解通常表现为氟离子的析出损失和膜质子传导率的降低。另外，化学降解将导致膜变薄，力学性能降低，并且更容易出现针孔和裂纹。尤其严重的是，阳离子（如 Fe^{2+}）污染物的存在还会加速 PEM 的降解。该过程在 OCV 和低湿度环境下还会进一步加剧。在边框与活性区的交界处，阴极侧 GDL 面积略小，氧气可以扩散留存到间隙中，而相应的阳极氢气必须通过 GDL 的多孔结构。这可能导致氢气在边缘处出现局部短缺，导致碳载体被腐蚀。此外，间隙中的氧气还增加了生成 H_2O_2 的风险，这将加剧 PEM 的化学降解。

　　另一方面，边框与活性区交界处组件的形位关系也可能对此处 PEM 的化学降解产生影响。当膜电极边缘的阴极和阳极未完全对准时，阳极催化剂层的面积大于阴极，则有效催化剂面积（PEM 两侧均存在催化剂）取决于阴极的面积。反之在相同有效催化剂面积的情况下，如果阴极催化剂层的面积大于阳极的面积，则氧气渗透的面积较大，阴极将更多的氧气渗透到阳极中，这不利于抑制电解质膜的降解。

　　MEA 的边缘靠近密封件，在制作过程中包裹 MEA 的密封结构是在固化前就将密封材料浸渍到 MEA 中去。在燃料电池的工作环境下，密封材料可能降解产生污染物，该污染物可能迁移至 PEM 缩短燃料电池的寿命。据报道，当使用硅酮作为整体密封材料时，在燃料电池运行过程中会缓慢渗出硅氧烷。迁移到 PEM 上的硅氧烷可能被氧化形成二氧化硅衍生物导致 PEM 的损伤。密封材料的分解产物可能会改变 GDL 的亲疏水性，硅酮的碎片也可能导致铂催化剂中毒。密封件附近不涂覆催化剂能减轻密封材料分解带来的污染。在离子交换膜和浸渍到 MEA 中的密封材料之间形成一层隔离膜有助于保护 MEA[39]。

边框与活性区交界处间隙中的质子交换膜是一处薄弱环节，在燃料电池工作中可能会产生损伤，引起燃料电池耐久性下降。添加衬垫层，施加填充物等是一些可能的改进措施。然而对于具体的方式，其可加工性和材料选择方面还面临着很多问题。总的来说，边框与活性区之间的不连续是导致该薄弱的原因，改变边框结构，消除这种不连续性，使得边框到活性区的过渡材料和机械性不至于出现突变，是提高边框密封结构的关键。

(3) 边框密封结构一体化设计　加工成本和密封可靠性是评估不同框架结构的主要指标。对于需要大量生产的汽车燃料电池膜电极，要求框架结构简单，易于制造且成本低廉。因此，一体式边框密封结构（MEA 边框、橡胶密封组件和双极板部分或整体集成在一起）是未来的发展趋势。为了简化结构，需要精简现有的边框密封组件，由单一构件实现现有结构的多个部件实现的功能。目前，燃料电池密封结构的一体化主要是通过简并边框与传统的橡胶密封条的方式实现。具体实现方式有两种选择：①无密封条，将边框黏结到极板上；②无边框，密封材料包裹 MEA。

一体化的密封结构对材料选择和加工工艺有较高的要求。通常一体式密封结构是不可拆卸的，因此材料性能应该能满足燃料电池长期工作的需求，组装前进行充分的检测。一体化的密封结构极大地简化了电池结构，燃料电池电堆的基本构成变成一体化的单电池结构，这将进一步降低燃料电池的成本，缩短加工时间，提高效率，推动燃料电池汽车的商业化进程，然而目前国内相关技术还不成熟。

6.4　单电池测试技术

6.4.1　燃料电池的极化原理与测试方法

电流通过燃料电池时，由于极化现象的产生，电压会根据电流的变化而变化。一般情况下把燃料电池 I-V 曲线称为极化曲线。极化曲线的分析需要通过热力学与动力学两方面分析。

6.4.1.1　燃料电池热力学简述

根据热力学定律，电化学反应的吉布斯自由能变 ΔG 与电化学反应的标准电极

电势 $E^{\ominus}$ 呈下列关系：

$$\Delta G = -nE^{\ominus}F \tag{6-4}$$

式中，n 为反应转移电子数；F 为法拉第常数。

对于非标准状态下，燃料电池的可逆电势可以用能斯特方程加以预测：

$$E = E^{\ominus} - \frac{RT}{2F}\ln\frac{\alpha_{H_2O}}{\alpha_{H_2}\alpha_{O_2}^{1/2}} \tag{6-5}$$

式中，$E^{\ominus}$ 为电化学反应的标准电极电势；R 为摩尔气体常数；T 为电化学反应的环境温度；α 为反应中反应物与生成物的活度。

根据能斯特方程可以看出，燃料电池的可逆电势主要受温度、浓度（表现在气体中可以用压强表示）两方面的影响。由此可知提高燃料电池的可逆电势的两个措施是降低温度与增大压强。但是因为该压强项出现在自然对数里，因此增加压强对电压提高的影响很微小。例如，一个室温下的燃料电池，纯氢气的压强为 3atm，空气压强为 5atm，则热力学预测的电压值为 1.244V。与标准状态下 1.229V 相比仅提高 15mV。因此从热力学层面讲，为了增加燃料电池可逆电势而给燃料电池加压是不值得的。

6.4.1.2 燃料电池动力学简述

当电流通过燃料电池时，燃料电池的输出电压会偏离热力学可逆电势，这种现象称为极化现象。根据极化产生的原因，极化可以分为 3 种情况。

(1) 活化极化 电化学反应的速率受到电解质和电极之间电荷转移的活化能垒的限制。能垒由每个电荷必须通过的单一跃迁状态表示。被激发到跃迁态的概率即反应物消耗与表面浓度成正比，并与有效能垒高度和温度成指数关系。电化学反应在电极表面进行的速度是电子释放或消耗的速率，即电流大小。根据过渡态理论，总电流可以表示为：

$$i = nF\left\{ k_f C_{Ox}\exp\left[\frac{-\alpha_{cat}F(E-E_0)}{RT}\right] - k_b C_{Re}\exp\left[\frac{-\alpha_{an}F(E-E_0)}{RT}\right] \right\} \tag{6-6}$$

式中，nF 为转移的电荷；k_f 为正向反应速率系数；k_b 为反向反应速率系数；C_{Ox} 为氧化反应物质的表面浓度；C_{Re} 为还原反应物质的表面浓度；α_{cat} 及 α_{an} 分别为电极的还原反应及氧化反应电荷转移系数；E_0 为电池的可逆电势。

在平衡状态下，总电流密度为零，反应在两个方向以相同的速率进行，对应于交换电流密度。如果交换电流密度高，电极表面更活跃。交换电流密度越高，电极表面越活跃，电荷转移的能量势垒越低，在给定的过电势下产生的电流越大。在平衡状态下：

$$i_0 = i_0^{an} = i_0^{cat} = nFk_0^f C_{Ox}\exp\left[\frac{-\alpha_{cat}F(E-E_0)}{RT}\right] \tag{6-7}$$

因此式(6-6)可以写成：

$$i=i_0\left\{\exp\left[\frac{-\alpha_{cat}F(E-E_0)}{RT}\right]-\exp\left[\frac{-\alpha_{an}F(E-E_0)}{RT}\right]\right\} \tag{6-8}$$

即 Butler-Volmer 方程。电极电势偏离平衡电势的值就是过电势，即

$$\eta_{act}=E-E_0 \tag{6-9}$$

活化过电势（η_{act}）与电极动力学有关，它在阳极反应和阴极反应中都存在。

当阴极的活化过电势较大时，式中的第一项占主导地位，即还原电流占主导地位，此时式中第二项可以忽略。因此上述式子变成：

$$i=i_0^{cat}\exp\left(\frac{\alpha_{cat}F\eta_{act}^{cat}}{RT}\right) \tag{6-10}$$

即：

$$\eta_{act}^{cat}=\frac{RT}{\alpha_{cat}F}\ln\left(\frac{i}{i_0^{cat}}\right) \tag{6-11}$$

同理，当阳极的活化过电势较大时，式子中第一项可以忽略，即：

$$i=i_0^{an}\exp\left(\frac{\alpha_{an}F\eta_{act}^{an}}{RT}\right) \tag{6-12}$$

$$\eta_{act}^{an}=\frac{RT}{\alpha_{an}F}\ln\left(\frac{i}{i_0^{an}}\right) \tag{6-13}$$

另外，由于对于同一个燃料电池来说，通常情况下交换系数 α 和交换电流密度 i_0 都是常数。因此活化过电势的大小经常可以写成

$$\eta_{act}=a+b\ln i \tag{6-14}$$

上式即塔菲尔公式，其中 a、b 都是常数，便是活化极化的大小与电流密度的对数呈线性关系。

(2) 欧姆极化　欧姆极化由燃料电池内的内阻引起，燃料电池的内阻根据传输离子的不同可以分为离子阻抗和电子阻抗两种。其中电子阻抗是燃料电池组装之后，电子经负载线、集流板、极板、GDL 等各部件传质到达催化层而产生的阻抗。包括各部件的体电阻及各部件的接触电阻。另外，由于燃料电池质子交换膜内氢离子的传质同样存在阻力，因此产生离子阻抗。离子阻抗占燃料电池阻抗的绝大部分。离子阻抗的大小与 PEM 的含水量息息相关，膜的离子电导率与含水量 λ 成正比。一般情况下，认为欧姆阻抗不随电流发生变化，即欧姆极化的极化曲线符合欧姆定律。但是实际测量中燃料电池内阻与电流密度的大小呈强相关趋势，欧姆阻抗的具体大小随着电流密度的变化情况仍需进一步研究。

(3) 浓差极化　如前所述，反应物浓度的增加会导致燃料电池热力学电压的增加。同样的，反应物浓度的变化同样会影响燃料电池动力学的性能。在燃料电池反

应过程中，由于电化学反应的进行，造成催化层反应物的消耗（和生成物的累积）。也就是说催化层实际参与反应的反应物浓度 $c_R^* <$ 体浓度 c_R^0 以及生成物 $c_P^* > c_P^0$。这种现象会通过以下两种形式影响燃料电池性能。

① 能斯特损耗：由于催化层中反应物的浓度比体浓度低，根据能斯特方程可以计算得到。燃料电池的可逆电势将降低。

② 反应损耗：催化层中反应物浓度的降低，反应速率会随之降低，即活化极化将会增加。

将上述两种损耗的复合效果归结为燃料电池的浓差极化。这些由于浓度梯度产生的反应物和生成物的流通量将与催化层中反应物和生成物的消耗/耗散速率相匹配，即：

$$j = nFJ_{diff} \tag{6-15}$$

式中，j 表示燃料电池的工作电流密度；J_{diff} 表示进入催化层的反应物的扩散流量。扩散流量 J_{diff} 可以用扩散方程来计算：

$$J_{diff} = -D^{eff} \frac{dc}{dx} \tag{6-16}$$

对于稳定状态来说：

$$J_{diff} = -D^{eff} \frac{c_R^* - c_R^0}{\delta} \tag{6-17}$$

式中，c_R^* 表示催化层反应物的浓度；c_R^0 表示（流场内）反应物体浓度；δ 表示扩散层厚度；D^{eff} 表示催化层内反应物的有效扩散率（与催化层的孔隙率及孔结构有关）。

由此，可以得出催化层的反应物浓度与电流密度的关系：

$$c_R^* = c_R^0 - \frac{j\delta}{nFD^{eff}} \tag{6-18}$$

上式说明，当电流密度 j 增加时，反应物的损耗效应增加。电流密度越高，浓度损耗就越大。

从上面可以明显看出质量传输存在极限情况，即当到达催化层的反应物浓度下降到 0，燃料电池绝对无法维持比反应浓度为 0 时更高的电流密度。称该电流密度为燃料电池的极限扩散电流密度。极限扩散电流密度可以通过使 $c_R^* = 0$ 计算得到：

$$j_L = nFD^{eff} \frac{c_R^0}{\delta} \tag{6-19}$$

燃料电池质量传输设计策略的焦点就在于提高极限扩散电流密度。

① 通过设计使反应物为均匀分布的良好流场结构，以确保高 c_R^0 值。

② 通过优化燃料电池的工作条件、电极结构和扩散层厚度，以保证大的 D^{eff}

值和小的 δ 值。

虽然极限扩散电流密度决定了燃料电池质量传输的最终极限，但浓度损耗在低电流密度下也同样存在。前面提到浓度影响燃料电池性能的两种具体表现形式如下所述。

① 浓度影响能斯特电压。浓度影响燃料电池的第一种方式是通过能斯特方程。由于催化层反应物浓度的消耗，导致燃料电池电压下降：

$$\eta_c = E^0 - E^* = \left(E^0 - \frac{RT}{nF}\ln\frac{1}{c_R^0} \right) - \left(E^0 - \frac{RT}{nF}\ln\frac{1}{c_R^*} \right) = \frac{RT}{nF}\ln\frac{c_R^0}{c_R^*} \quad (6-20)$$

其中 c_R^0，c_R^* 可以用极限扩散电流密度表示：

$$\frac{c_R^0}{c_R^*} = \frac{j_L\delta/(nFD^{\text{eff}})}{j_L\delta/(nFD^{\text{eff}}) - \delta/(nFD^{\text{eff}})} = \frac{j_L}{j_L - j} \quad (6-21)$$

因此，浓差极化的表达式为：

$$\eta_c = \frac{RT}{nF}\ln\frac{j_L}{j_L - j} \quad (6-22)$$

② 浓度影响反应速率。浓度影响燃料电池的第二种形式是通过反应动力学，这是因为反应动力学也依赖于反应区域的反应物浓度和生成物浓度。根据 B-V 方程：

$$j = j_0\left(\frac{c_R^*}{c_R^0}e^{\frac{\alpha nF\eta}{RT}} - \frac{c_P^*}{c_P^0}e^{\frac{-(1-\alpha)nF\eta}{RT}} \right) \quad (6-23)$$

由于浓度影响在高电流密度下更为显著，在高电流密度下，B-V 方程中第二项可以舍去，因此活化极化的大小为：

$$\eta_{\text{act}} = \frac{RT}{\alpha nF}\ln\frac{jc_R^{0*}}{j^0 c_R^*} \quad (6-24)$$

由于催化层内反应物的消耗：

$$\eta_c = \eta_{\text{act}}^* - \eta_{\text{act}}^0 = \left(\frac{RT}{\alpha nF}\ln\frac{jc_R^{0*}}{j^0 c_R^*} \right) - \left(\frac{RT}{nF}\ln\frac{jc_R^{0*}}{j^0 c_R^0} \right) = \frac{RT}{\alpha nF}\ln\frac{c_R^0}{c_R^*} \quad (6-25)$$

综上：可以发现浓度对燃料电池性能的影响，不论是热力学方面还是动力学方面都具有相似的形式，将二者联立即可得到总的燃料电池的浓差极化的大小：

$$\eta_c = c\ln\frac{j_L}{j_L - j} \quad (6-26)$$

其中：

$$c = \frac{RT}{nF}\ln\left(1 + \frac{1}{\alpha} \right) \quad (6-27)$$

通过上式从理论上计算了燃料电池运行过程中浓差极化的大小。但是由于计算过程中忽略了逆反应电流的影响，实际燃料电池表现的 c 值通常比理论预测的 c 值大得多，因此，在通常情况下，c 值都是通过经验方法获得。

6.4.1.3 燃料电池极化测试方法与分析

极化曲线是研究燃料电池宏观性能的最常用的重要技术。它描述的是燃料电池输出电压与电池电流密度之间的对应关系，可以反映出偏离热力学平衡电压的电压降，给出燃料电池在稳定状态下的性能。极化曲线的测试步骤如下所述。

(1) 打开燃料电池测试平台并完成相关准备工作 连接燃料电池，检查气源压力并打开气体阀门，检查循环水电导率并开启进水阀等。

(2) 打开测试程序进行参数设置 正式测试前氮气吹扫燃料电池堆 10min，然后进行参数设置，参数包括计量比参数、压力参数、温度参数和循环水参数。通气后压力参数稳定后，连接设备负载（避免 OCV 时间过长），待所有参数条件稳定后进行加载，并用氢气探测仪检测管路是否有漏气。

(3) 极化曲线测试 调出极化曲线程序并运行，设置数据保存路径。极化程序由以下两部分组成。①热机部分：主要包括一段循环变载过程以及恒流过程，持续时间约 30min，目的是使每次燃料电池和测试平台在进行极化测试前达到一致的状态。②极化部分：从开路电压开始，每隔一定的电流密度恒流固定的时间，记录每个电流下的燃料电池输出电压的数据。

(4) 关机吹扫 测试完成，自动进行氮气吹扫，吹扫完成后关闭去离子水进水阀，氮气、氢气、空气进气管路。

如图 6-17 所示为实测的一条极化曲线，通过使用前面章节的公式计算获得各部分极化的大小如下，其中在 $2000mA/cm^2$ 电流密度的情况下，活化极化约 193.6mV，占总极化损失的比例最高，约 47.79%。欧姆极化约 129.9mV，约占总极化损失的 32%。浓差极化损失最小，约 81.6mV，占 20.14%，数据表明，该

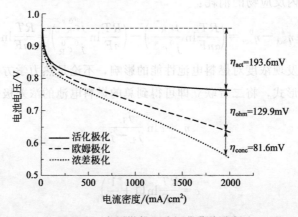

图 6-17 实测燃料电池极化曲线分析

燃料电池在此条件下还未达到传质极限。

6.4.2　电化学表征方法及实例

6.4.2.1　循环伏安测试（CV）

CV 是一种广泛应用于各类分析的动电位电化学技术，可用于获取电化学反应的定性和定量信息，包括电化学动力学、反应的可逆性、反应机理、电催化过程等特征。CV 测量通常在包含工作电极、对电极和参比电极的三电极结构或电化学电池中进行。在 CV 测量过程中，相对于参考电极测量所研究系统中工作电极的电位，并在特定的上限和下限之间来回扫描电位。同时记录工作电极与对电极之间的电流通过。在 PEM 燃料电池的 CV 测试中，阴极通入氮气作为工作电极，阳极通入氢气作为对电极。由于对电极（氢气氧化）的过电势可以忽略，它也可用作参考电极。工作电极首先被扫到使氢气分子氧化为质子的电位，然后进行反向电位扫描。在反向扫描过程中，质子发生电化学还原。质子还原为氢原子，并吸附在催化剂 Pt 表面。电化学活性面积（ECSA）与氢吸附过程相关，可通过公式计算得到。

图 6-18 是测试的一条 CV 曲线，其中阴影部分即为电化学反应中氢氧化峰。使用下列公式可以计算燃料电池 ECSA 的大小：

$$\text{ECSA} = \frac{S/V}{210(mC/\text{cm}^2) * 10^{-2}M_{\text{Pt}}} \tag{6-28}$$

式中，S 为吸附氢氧化峰的面积；V 为扫描速度，S/V 得到氧化峰的电子转移量，C；M 为铂载量，g。以图 6-18 为例，经计算可以得到氢氧化峰的积分电容为 1.006C。以铂载量 0.4mg 为例，计算得到膜电极的 ECSA 的大小为 119.76m²。

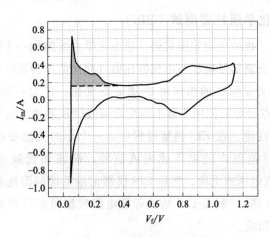

图 6-18　燃料电池 CV 曲线

6.4.2.2　单电池线性扫描伏安（LSV）

线性扫描伏安测试是在电极上施加一个线性变化的电压，即电极电位是随外加电压线性变化记录工作电极上的电解电流的方法。记录的电流随电极电位变化的曲线称为线性扫描伏安图。在这种方法中，使用燃料电池装置。加湿的 H_2 流入阳极（或阴极），作为参比电极和反电极。惰性气体（例如 N_2 或 Ar）流入作为工作电极的阴极（或阳极）。此测试中，电势随时间线性扫过燃料电池，从而导致氢气氧化。通过 PEM 的氢气量与电极电位达到的扩散极限电流有关。通常被用来测量 PEM 燃料电池渗氢电流的大小。

如图 6-19 所示，是实测的一条 LSV 曲线，从图 6-19 中可以看到在电压 $0.05\sim1.15V$ 范围内，最大电流约 0.09A，结合膜电极面积 $25cm^2$，可以得到膜电极的渗氢电流密度约 $3.6mA/cm^2$。

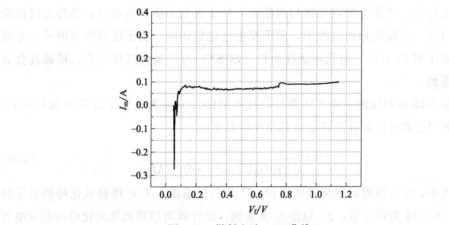

图 6-19　燃料电池 LSV 曲线

6.4.2.3　电化学阻抗谱测试（EIS）

电化学阻抗谱，也称为交流阻抗谱。给电化学系统施加一个频率不同的小振幅的交流信号，测量交流信号电压与电流的比值（此比值即为系统的阻抗）随正弦波频率 ω 的变化，或者是阻抗的相位角 Φ 随 ω 的变化。作为一种强大的诊断工具，EIS 的一个重要优点是可以使用非常小的交流幅值信号来确定电气特性，而不会显著干扰被测系统的性能。在 EIS 测量过程中，一个小的交流幅度信号，通常是在直流值的 $1\%\sim5\%$ 范围内的电压或电流信号，被施加到频率范围为 $0.001\sim36000000Hz$ 的直流电压或电流。然后 EIS 仪器记录系统的阻抗响应，从中可以得到信号图（Nyquist 图）。利用 EIS 结合等效电路模型可原位测量燃料电池在不同工况下运行的内部阻抗。

6.4.2.4 电化学综合分析实例

图 6-20 所示是 600h 耐久性测试前后，同一电堆不同位置的膜电极的电化学测试结果。渗氢电流密度的大小可以直接反映膜的衰减程度，由图 6-20(a) 可知，13#、20#、30# 和新 MEA 的 4 条 LSV 曲线均小于 1.5mA/cm² (于 0.4V)。说明在 600h 的动态工况循环后，PEM 没有明显的衰减。

图 6-20(b) 为 13#、20#、30# 和新 MEA 的 CV 曲线。在 600h 的动态工况试

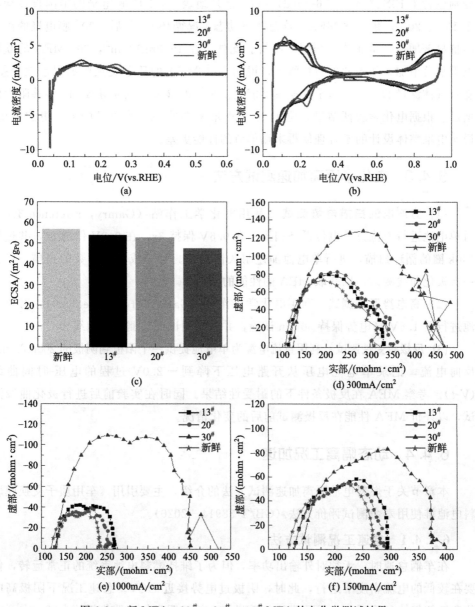

图 6-20 新 MEA、13#、20#、30# MEA 的电化学测试结果

验中，新 MEA 与老化 MEA 的 CV 形状明显不同，表明催化剂的表面成分发生了变化。$13^{\#}$、$20^{\#}$ 和 $30^{\#}$ 的 ECSA 分别为 $53.99m^2/g_{Pt}$、$52.8m^2/g_{Pt}$ 和 $47.2m^2/g_{Pt}$，如图 6-20(c) 所示。对几个样本进行了计算，得出新 MEA 的 ECSA 一般在 $50\sim60m^2/g_{Pt}$。结果表明，在 600h 动态工况循环中，$30^{\#}$ 阴极催化剂中铂颗粒的聚集和迁移导致其电化学性能和电池性能的下降。

对 $13^{\#}$、$20^{\#}$、$30^{\#}$ 和新鲜 MEA 在 $300mA/cm^2$、$1000mA/cm^2$ 和 $1500mA/cm^2$，分别进行了 EIS 测试。图 6-20(d)~(f) 清楚地表明，$30^{\#}$ 膜电极的半圆直径均高于 $13^{\#}$、$20^{\#}$，和新鲜 MEA，这意味着动态工况循环 600h 后，$30^{\#}$ 膜电极的离子阻抗显著增加，验证催化剂层的降解。此外，在 $1500mA/cm^2$，$30^{\#}$ MEA 的欧姆电阻显著增加，如图 6-20(f) 所示，说明 $30^{\#}$ MEA 的质子交换膜的保水性变差。随着气体流量的增加，质子交换膜不能提供足够的湿度，从而导致 H^+ 转移阻力的增加。根据电化学表征结果，位于 30 节电堆末端的 $30^{\#}$ 膜电极的衰退更加突出，说明电堆整体设计的不合理使得末端单节的性能更差。

6.4.3　电化学隔离加速测试方法

(1) 方波电位扫描电势测试　利用电化学工作站（Gamry，reference 3000）对单电池进行原位方波电位循环扫描。在 0.6V 保持 3s，在 0.9V 保持 3s，共进行 130k 圈的循环扫描，进行单电池加速耐久性测试。每完成一定圈数的扫描，进行一次极化曲线测试，以获取 MEA 的性能的变化。

(2) 高电势保持测试　利用电化学工作站（Gamry，reference 3000），对单电池进行了 1.5V 高电势保持 30min 试验，并且在测试前后测极化曲线和 CV。

(3) 反极耐受性测试　利用直流电源为单电池提供一个阳极到阴极的 $200mA/cm^2$ 反向电流，记录单电池电压从开路电压下降到 $-2.0V$ 过程的电压-时间曲线（V-t）。考察 MEA 在反极条件下的耐受性结果。同时在实验前后进行极化曲线测试，以评价 MEA 性能在反极测试前后的变化情况。

6.4.4　动态隔离工况加速

本章节关于燃料电池隔离加速测试方法的介绍，主要引用《车用质子交换膜燃料电池堆使用寿命测试评价方法》(GB/T 38914—2020)。

6.4.4.1　怠速工况测试方法

在车辆怠速时，无须对外输出功率，但为了维持燃料电池系统的正常运转，仍要在较低的电流密度下运行，此时，阴极过电势接近 OCV。怠速工况下阴极高电势和两侧气体的渗透，会导致膜的化学降解，并且明显加速催化剂的衰减。在开路情况下，阴极高的过电位，会抑制燃料电池中 H_2O_2 的产生，但阳极环境适合 H_2O_2 的产生，阴极渗透的氧气和阳极的氢气是主要的反应物。气体的渗透是影响质子交换膜化学稳定的重要因素。燃料电池堆在制造过程中，双极板、管道、系统部件中，不可避免地会释放出 Fe^{2+}，Cu^{2+} 等金属离子，H_2O_2 和金属离子会发生类似于 Fenton 反应，产生自由基：

$$M^{2+} + H_2O_2 \Longrightarrow M^{3+} + \cdot OH + OH^-$$

$$M^{3+} + H_2O_2 \Longrightarrow M^{2+} + \cdot OOH + H^+$$

$$H_2 + \cdot OH \Longrightarrow \cdot H + H_2O$$

$$O_2 + \cdot H \Longrightarrow \cdot OOH$$

这些自由基会攻击 PFSA 膜，会使膜变薄，表面粗糙化，严重时会导致出现膜裂纹或穿孔，而这些形貌的变化会影响 PEM 的质子传递能力、气体渗透性和膜整体的稳定性。

除了对 PEM 的影响，阴极高电势还会严重影响催化层中的 Pt 颗粒，导致其 ECSA 明显降低。主要原因是在 Pt 颗粒表面能的驱动下，小的 Pt 颗粒趋于溶解，沉积在大的 Pt 颗粒上，使得整个体系更稳定，即出现了 Ostwald 熟化效应。在阴极高电势的情况下，Pt 催化剂颗粒会发生明显的溶解。

$$Pt - 2e^- \longrightarrow Pt^{2+} \quad E_0 = 1.188V \ vs. SHE$$

$$Pt + H_2O - 2e^- \longrightarrow PtO + 2H^+ \quad E_0 = 0.98V \ vs. SHE$$

$$PtO + 2H^+ \longrightarrow Pt^{2+} + H_2O$$

缺少碳载体的铂颗粒因为缺少电子传递通道而失去了催化的作用。在 OCV 测试后，阴极中的 Pt 会迁移到膜上。对应两侧电极上的 Pt 含量降低，ECSA 降低，影响电池的性能；膜中 Pt 含量的增加，会使膜发生降解，影响膜的耐久性。

实验方法如下所述。

怠速工况测试实验循环包括启动、怠速考核、测基准电流工况电压、停机过程，测试循环如图 6-21 所示，操作条件见表 6-2。

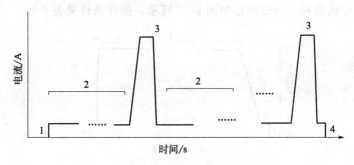

图 6-21　怠速工况实验循环

表 6-2 急速工况循环及要求

步骤	工况		要求
1	启动	前提条件	各节燃料电池电压<0.3V
		停留电流	急速电流
0	急速		开始计时
2		运行电流	急速电流
3	基本电流工况	每隔约1h，从急速加载到基准电流工况，维持90s，记录电压减载至急速工况
4	停机	条件	急速工况及基准电流工况连续运行4h
		停机及处理	燃料电池停机后1min内电压降至开路电压30%以下

每 4h 完成一个测试循环，至少完成 15 个循环，每个循环停机后至少休息 1h。

根据所记录的基准电流工况的电压，绘制"燃料电池平均单节电压-急速时间（h）"图，对每个急速循环最后所测基准电流工况进行线性拟合得到电压变化率 $V'_急$。

根据下式计算急速工况致使燃料电池电压变化率 U'_1：

$$U'_1 = V'_急 - \frac{V'_1}{4} \tag{6-29}$$

式中，U'_1 为急速工况致使燃料电池电压变化率，V/h；$V'_急$ 为每个急速循环最后所测的基准电流工况电压曲线经行线性拟合，V/h；V'_1 为每次启停的电压衰减率，V/次。

6.4.4.2 额定工况测试方法

随着燃料电池在额定工况的长时间运行，燃料电池各部件均会出现不同程度的老化，从而导致燃料电池性能衰减，燃料电池额定工况下的衰减程度一般较小。

实验方法如下所述。

额定工况测试实验循环包括启动、急速、额定电流工况、记录基准电流工况电压、急速、停机过程，测试循环如图 6-22 所示，操作条件见表 6-3。

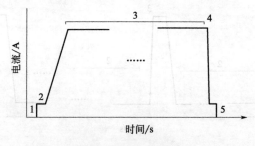

图 6-22 额定工况循环

表 6-3　额定工况循环及要求

步骤	工况		要求
1	启动	前提条件	各节燃料电池电压<0.3V
		停留电流	怠速电流
2	怠速	停留时间	90s
3	额定工况		开始计时
		运行电流	额定电流
		变载过程时间	加载过程 30s，减载过程 16s
4	基本电流工况		每隔约 1h，从怠速加载到基准电流工况，维持 90s， 记录电压减载至怠速工况
5	停机	条件	额定工况及基准电流工况连续运行 4h
		怠速停留时间	30s
		停机及处理	燃料电池停机后 1min 内电压降至开路电压 30% 以下

每 4h 完成一个测试循环，至少完成 15 个循环，每个循环停机后至少休息 1h。

根据所记录的基准电流工况的电压，绘制"燃料电池平均单节电压-额定工况时间 (h)"图，对每个额定循环最后所测基准电流工况进行线性拟合得到电压变化率 $V'_\text{额}$。

根据下式计算怠速工况致使燃料电池电压变化率 U'_1：

$$U'_2 = V'_\text{额} - \frac{V'_1}{4} \tag{6-30}$$

式中，U'_2 为额定工况致使燃料电池电压变化率，V/h；$V'_\text{额}$ 为每个额定循环最后所测的基准电流工况电压曲线经行线性拟合，V/h；V'_1 为每次启停的电压衰减率，V/次。

6.4.4.3　变载工况测试方法

车辆正常行驶时，时常遇到加速-减速、爬升-下坡等情况，这就需要发动机系统频繁调整其对外输出功率以满足车辆驾驶的需求。对燃料电池来说，负载的频繁变动对其寿命是个严峻的挑战。虽然变载过程很短，但电堆内部电极电势、反应气的计量比、压力、温度、水气流动过程都相应发生变化。变载过程会加速电堆衰减，主要有以下方面的影响：电堆内部电化学反应输出的水和热，会随着输出功率的变化而变化，这会产生湿热循环的内部环境；电堆动态工况需要反应气体输入量的配合，工况的变化特别是快速变化，容易造成电堆内部欠气，造成反应气饥饿，产生氢空界面造成碳载体腐蚀；工况变化伴随着电势的变化，这会加速催化剂的衰退。局部电流密度波动较大，产生的水和热量会对 PEM 带来类似于干湿循环的效果，显著影响膜的耐久性，甚至有研究表明在干湿循环后发现膜出现开裂。同时，膜与催化层因为组成材料自身性质的区别，负载的快速变化带来的干湿循环，对 PEM 和催化层产生不同的应力和应变，膨胀收缩的过程会造成催化层和 PEM、

GDL 逐步分层，分层会影响催化层和 GDL 之间的电子传递及催化层和 PEM 之间的质子传递，大大增加接触电阻，影响燃料电池输出性能。同样，由于 Pt/C 和离聚物材料性质的差别，在干湿循环中离聚物会不断地膨胀收缩，造成催化层三相界面处离聚物从碳载体上剥离，减少三相界面的数量，严重时会造成局部催化层结构的破坏或坍塌。另外，均匀分散的离聚物在干湿循环后趋于形成团簇，使得部分 Pt 颗粒完全暴露，而部分 Pt 颗粒则被离聚物过度覆盖，这都会造成因缺少质子传递通道或阻碍气体扩散到 Pt 颗粒表面而使 ECSA 的降低。在燃料电池系统中，反应气体响应速度要滞后于电流的响应速度。因此，在负载变化过程中，尤其是快速升载过程，容易出现反应气体局部缺失的现象，引起反应气饥饿。对于燃料电池堆来说，由于歧道和流场板的分配，本身就存在反应气体分布不均的情况，活性面积越大，局部气体分配的不均就越严重，比如第一片极板和最后一片极板、流场板的脊和槽的部位气体分配是有差别的。反应气体的多少，由阴阳极计量比和供气时间节点有很大关系。在阴极反应气体不足时，因传递到阴极的氢质子会发生 HER（hydrogen evolution reaction），会造成阴极电势的突然降低。阳极反应气体不足时，会产生氢空界面，造成阴极反应缺少质子和电子，使阴极碳载体发生腐蚀。

$$2H^+ + 2e^- \longrightarrow H_2$$
$$C + H_2O \longrightarrow CO_2 + 4H^+ + 4e^-$$
$$C + H_2O - 2e^- \longrightarrow CO + 2H^+$$
$$2H_2O \longrightarrow O_2 + 4H^+ + 4e^-$$

在动态负载工况下，Pt 催化剂因运行条件和其他材料的变化，也会发生衰减。比如，上面提到的离聚物的剥离或过度覆盖会导致 ECSA 的降低；催化层如果产生裂纹，反应产生的水更多的通过催化层裂缝排出，对裂纹周边的催化剂经常性的冲刷容易使 Pt 颗粒从碳载体上脱离。欠气导致碳载体发生腐蚀，会使 Pt 颗粒脱落，产生 Pt 团聚降低 ECSA，从而降低催化剂的活性。

实验方法如下所述。

变载工况测试实验循环包括启动、怠速、循环变载工况、记录基准电流工况电压、停机过程，测试循环如图 6-23 所示，操作条件见表 6-4。

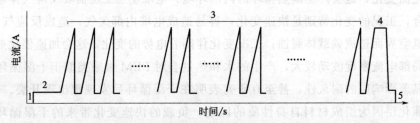

图 6-23　变载工况循环

表 6-4　变载工况循环及要求

步骤	工况	要求	
1	启动	前提条件	各节燃料电池电压＜0.3V
		停留电流	急速电流
2	急速	停留时间	240s
3	循环变载	开始记录加载次数	
		加载过程时间	30s
		额定停留时间	3s
		减载过程时间	16s
		减载终点	急速电流
		急速停留时间	15s
4	基本电流工况（记一次加载）	条件	完成215次加载
		方法	从急速加载到基准电流工况，维持90s，记录电压减载至急速工况
5	停机	燃料电池停机后1min内电压降至开路电压30%以下	

每 4h 完成一个测试循环，至少完成 15 个循环，每个循环停机后至少休息 1h。

根据所记录的基准电流工况的电压，绘制"燃料电池平均单节电压-变载次数"图，每次基准电流工况电压测量代表 217 次变载，对所测基准电流工况进行线性拟合得到电压变化率 $V'_\mathrm{变}$。

根据下式计算急速工况致使燃料电池电压变化率 V'_2：

$$V'_2 = V'_\mathrm{变} - \frac{1}{217}\left(V'_1 + \frac{3680U'_1}{3600} + \frac{738U'_2}{3600}\right) \tag{6-31}$$

式中，V'_2 为变载工况致使燃料电池电压变化率，V/次；$V'_\mathrm{变}$ 为每次所测的基准电流工况电压曲线经行线性拟合，V/次；V'_1 为每次启停的电压衰减率，V/次；U'_1 为急速工况致使燃料电池电压变化率，V/h；U'_2 为额定工况致使燃料电池电压变化率，V/h。

6.4.4.4 启停工况测试方法

启停工况是车辆运行时常见的工况，但对于燃料电池来说，属于非常特殊的情况。阴阳极会因为阳极气体的替换而产生氢空界面，阴极电势会显著提高到 1.5V，造成碳载体的腐蚀。界面在启动时朝出口移动，停止时远离出口移动。不欠气区域，正常发生阳极 HOR 和阴极 ORR 反应，欠气区域因双极板良好的导电性，阴阳极间电势差保持一致，同时阴极的氧析出反应 OER 和碳载体氧化反应，产生反向电流，增加阴阳极界面电势差。大的界面电势差导致阴极碳载体腐蚀，释放出 CO_2 或 CO，使催化层的形貌发生改变，加速催化剂的衰减。碳的腐蚀在较小的电势下即可发生，比如 0.207V（CO_2），0.518V（CO），但因为较低的反应动力学，在正常电势范围一般可以忽略（1V 以下）。一般认为，电势超过 1.2V 的情况下才会导致严重的碳腐蚀。

在启停工况时，在氢空界面的影响下，进出口、流场板脊和槽下的催化层腐蚀都有差别，这对催化层的稳定性有较大的影响。启动时，随着氢气的注入，氢空界面从进口处向出口处移动，此时出口处仍暴露在空气中，直至氢气充满流道，因此氢气出口处会发生严重的碳腐蚀。同样，如果停机使用空气吹扫，则氢气进口处暴露时间较长。所以在不同位置碳腐蚀的程度是有区别的。在启停过程中，电堆内部空气传递和局部压力条件等差别，会造成流场板脊和槽下的催化层碳腐蚀程度发生变化，导致催化层不同位置碳蚀程度不同。碳腐蚀造成催化剂 Pt 颗粒的脱落、团聚、溶解长大及催化层空隙结构变化甚至坍塌的情况如前所述，造成三相反应活性点位的减少，降低催化剂的活性。

实验方法如下所述。

将变载测试循环中间增加 7 次启停，拆成 8 段完成，每 30min 左右为 1 个"启动-变载-停机"小循环。1 个完整循环的测试，包括 8 次启停，217 次加载，额定工况 738s，急速时间 2680s，其中最后一次加载到基准电流工况维持 90s，记录电压。测试循环如图 6-24 所示，操作条件见表 6-5。

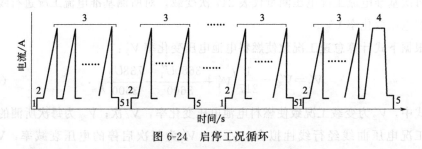

图 6-24 启停工况循环

表 6-5 启停工况循环及要求

步骤	工况	要求	
1	启动	前提条件	各节燃料电池电压＜0.3V
		停留电流	急速电流
2	急速	停留时间	30s
3	循环变载（27 次）	开始记录加载次数	
		加载过程时间	30s
		额定停留时间	3s
		减载过程时间	16s
		减载终点	急速电流
		急速停留时间	15s

步骤	工况	要求
4	停机	燃料电池停机后 1min 内电压降至开路电压 30％以下
5		重复上述步骤 7 次

每 4h 完成一个测试循环，至少完成 15 个循环，每个循环停机后至少休息 1h。

前面所述变载工况过程中，每次循环对应一次启停，绘制"燃料电池平均单节电压-测试循环次数"图对所测电压进行线性拟合，得到电压变化率 $V'_{循环1}$。

根据所记录的基准电流工况的电压，绘制"燃料电池平均单节电压-测试循环次数"图，对所测基准电流工况进行线性拟合得到电压变化率 $V'_{循环2}$。

根据下式计算启停工况致使燃料电池电压变化率 V'_1：

$$V'_1 = \frac{1}{7}(V'_{循环2} - V'_{循环1}) \tag{6-32}$$

式中，U'_2 为每次启停致使燃料电池电压变化率，V/次；$V'_{循环2}$ 为所测的基准电流工况电压曲线经行线性拟合，V/次；$V'_{循环1}$ 为变载工况下所测的基准电流工况电压曲线经行线性拟合，V/次。

6.4.4.5 隔离工况测试结果

使用上述实验方法，分别使用四张相同的膜电极进行工况隔离测试。测试的结果如图 6-25 所示。

从图 6-25 中可以看到，四种隔离工况中启停工况下燃料电池衰减速率最高，衰减速率为 6.976×10^{-4}V/次。启停过程中氢空界面的出现使得燃料电池催化剂衰减速率大幅提升。因此需要对启停工况进行合理的优化，缩短氢空界面出现的时

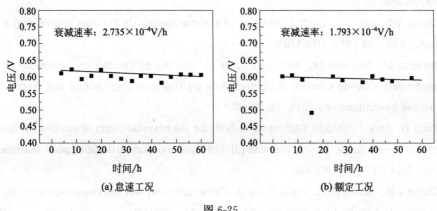

图 6-25

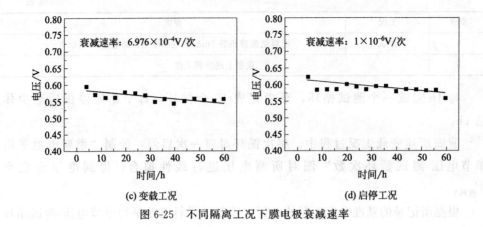

衰减速率：6.976×10^{-4}V/次

衰减速率：1×10^{-6}V/次

(c) 变载工况   (d) 启停工况

图 6-25 不同隔离工况下膜电极衰减速率

间，减小燃料电池催化层的碳腐蚀程度，增加燃料电池耐久性能。怠速工况下燃料电池性能衰减速率是额定工况下的 1.5 倍，说明高电势的出现对燃料电池的耐久性能非常不利。因此，需要对燃料电池的工况进行合理优化，或者在燃料电池需要怠速工作时使用其他电源配合工作，适当减小高电势区间出现的长度，可以有效地增加燃料电池耐久性能。

参考文献

[1] Yang C K, Wong D S H, Liu T J. The effects of polymer additives on the operating windows of slot coating [J]. Polymer Engineering & Science, 2004, 44（10）: 1970-1976.

[2] Chang Y R, Lin C F, Liu T J. Start-up of slot die coating [J]. Polymer Engineering & Science, 2009, 49（6）: 1158-1167.

[3] Schmitt M, Baunach M, Wengeler L, et al. Slot-die processing of lithium-ion battery electrodes—Coating window characterization [J]. Chemical Engineering and Processing: Process Intensification, 2013, 68: 32-37.

[4] Kang H, Park J, Shin K. Statistical analysis for the manufacturing of multi-strip patterns by roll-to-roll single slotdie systems [J]. Robotics and Computer-Integrated Manufacturing, 2014, 30（4）: 363-368.

[5] Chang Y R, Chang H M, Lin C F, et al. Three minimum wet thickness regions of slot die coating [J]. J Colloid Interface Sci, 2007, 308（1）: 222-230.

[6] Hong S, Lee J, Kang H, et al. Slot-die coating parameters of the low-viscosity bulk-heterojunction materials used for polymer solarcells [J]. Solar Energy Materials and Solar Cells, 2013, 112: 27-35.

[7] Romero O J, Carvalho M S. Response of slot coating flows to periodic disturbances [J]. Chemical Engineering Science, 2008, 63 (8): 2161-2173.

[8] Ahn W G. Effect of flow rate variation on the frequency response in slot coating process with different upstream sloped die geometries [J]. Korean Journal of Chemical Engineering, 2015, 32 (7): 1218-1221.

[9] Nam J, Carvalho M S. Flow in tensioned-web-over-slot die coating: Effect of die lip design [J]. Chemical Engineering Science, 2010, 65 (13): 3957-3971.

[10] Chang H M, Chang Y R, Lin C F, et al. Comparison of vertical and horizontal slot die coatings [J]. Polymer Engineering & Science, 2007, 47 (11): 1927-1936.

[11] Schmitt M, Scharfer P, Schabel W. Slot die coating of lithium-ion battery electrodes: investigations on edge effect issues for stripe and pattern coatings [J]. Journal of Coatings Technology and Research, 2013, 11 (1): 57-63.

[12] Schmitt M, Diehm R, Scharfer P, et al. An experimental and analytical study on intermittent slot die coating of viscoelastic battery slurries [J]. Journal of Coatings Technology and Research, 2015, 12 (5): 927-938.

[13] Park J, Shin K, Lee C. Improvement of cross-machine directional thickness deviation for uniform pressure-sensitive adhesive layer in roll-to-roll slot-die coating process[J]. International Journal of Precision Engineering and Manufacturing, 2015, 16 (5): 937-943.

[14] Staehler M, Staehler A, Scheepers F, et al. A completely slot coated membrane electrode assembly [J]. International Journal of Hydrogen Energy, 2019, 44 (14): 7053-7058.

[15] Steenberg T, Hjuler H A, Terkelsen C, et al. Roll-to-roll coated PBI membranes for high temperature PEM fuel cells [J]. Energy & Environmental Science, 2012, 5 (3): 6076-6080.

[16] Merit Bodner, Héctor R. García, Thomas Steenberg, et al. Enabling industrial production of electrodes by use of slot-die coating for HT-PEM fuel cells [J]. International Journal of Hydrogen Energy, 2019, 44 (25): 12793-12801.

[17] 李琳, 姜东, 曾蓉, 等. 超声喷涂法制备 PEMFC 膜电极研究[J]. 稀有金属, 2017 (6): 648-652.

[18] Millington B, Whipple V, Pollet B G. A novel method for preparing proton exchange membrane fuel cell electrodes by the ultrasonic-spray technique[J]. Journal of Power Sources, 2011, 196 (20): 8500-8508.

[19] Devrim, Yilser. Preparation and testing of Nafion/titanium dioxide nanocomposite membrane electrode assembly by ultrasonic coating technique[J]. Journal of Applied Polymer Science, 2014, 131（15）: 40451.

[20] Huang T H, Shen H L, Jao T C, et al. Ultra-low Pt loading for proton exchange membrane fuel cells by catalyst coating technique with ultrasonic spray coating machine[J]. International Journal of Hydrogen Energy, 2012, 37（18）: 13872-13879.

[21] Martin S, Garcia-Ybarra P L, Castillo J L. APPL ENERG 205（2017）, 1012-1020.

[22] Chen T, Liu S, Zhang J, et al. Int J Heat mass tran. 128（2019）, 1168-1174

[23] Bae JW, Cho YH, Sung YE, Shin K, Jho JY. Performance enhancement of polymer electrolyte membrane fuel cell by employing line-patterned Nafion membrane[J]. J Ind Eng Chem, 2012; 18: 876-9. https: //doi. org/10. 1016/j. jiec. 2012. 01. 019.

[24] Kannan AM, Cindrella L, Munukutla L. Functionally graded nano-porous gas diffusion layer for proton exchange membrane fuel cells under low relative humidity conditions[J]. Electrochim Acta, 2008; 53: 2416-22. https: //doi. org/10. 1016/j. electacta. 2007. 10. 013.

[25] Chen JH, Matsuura T, Hori M. Novel gas diffusion layer with water management function for PEMFC[J]. J Power Sources, 2004; 131: 155-61. https: //doi. Org/10. 1016/j. jpowsour. 2004. 01. 007.

[26] 韩啸. 胶接接头湿热环境耐久性实验与建模研究[D]. 大连: 大连理工大学, 2014.

[27] 高振东, 洪彬, 高建业, 等. 酸性环境下环氧结构胶的老化寿命预测[J]. 热固性树脂, 2018（6）.

[28] Mitsuda N, Konno Y. Electrolyte membrane for fuel cell, method of manufacturing electrode structure[P]. JP 2016143468. 2016-08-08.

[29] Shizuku F, Okada S, Kajiwara T. Fuel cell resin frame assembly[P]. US 10522851. 2019-12-31.

[30] Mitsuda N, Tanaka Y. Membrane electrode structure with resin frame[P]. JP 2015125926. 2015-07-06.

[31] Mitsuda N, Soma H. Membrane electrode structure with resin frame[P]. JP 6095564. 2017-03-15.

[32] Tanaka Y, Nunokawa K, Sohma H. Electrolyte membrane-electrode structure with resin frame for fuel cells[P]. US 9966623. 2018-05-08.

[33] Omori M, Tanaka Y, Sugishita M. Electrolyte membrane/electrode structure with resin frame for fuel cell[P]. JP 2015060621. 2015-03-30.

[34] Kimura Y, Tanaka Y, Sugiura S. Electrolyte membrane-electrode structure with resin frame for fuel cell[P]. JP 2015050138. 2015-03-16.

[35] Naoki M, Yukito T, Masashi S, et al. Membrane electrode assembly for fuel cell[P]. JP

2014029834. 2014-02-13.

[36] Takasaki F, Uchiyama T. Fuel cell[P]. JP 2014072171. 2014-04-21.

[37] Kimura K. Fuel cell, and fuel cell system[P]. JP 2012094366. 2012-05-17.

[38] Kusakari T. Fuel cell[P]. JP 6544229B2. 2019-07-17.

[39] James G, MacKinnon S, Sousa D, et al. Prevention of membrane contamination in electrochemical fuel cells[P]. US 20050089746. 2005-04-28.

20140228524, 2014-02-15.

[56] Tabussum F, Oothwani F. Fuel cell[P]. JP 2015002117, 2014-6-24.
[57] Minutel E. Fuel cell, and fuel cell system[J]. JP 2015035256, 2015.
[58] Kusgami T. Fuel cell[P]. JP 0896 5036, 2015 C. 7.

第**7**章

基于自制催化剂浆料的质子交换膜燃料电池电堆应用实例

7.1 燃料电池电堆技术简介

PEMFC 电堆包含一系列由膜电极、双极板和密封件组成的重复单元——单体电池，所有重复的单体被堆叠在一起，通过两端的端板夹住，形成一个燃料电池堆。燃料电池电堆的设计基本要包括：反应物在每个单体间和单体内的均匀分布、适当的工作温度、最小的电压损失、无反应物的泄漏和坚固的机械结构。

PEMFC 堆叠组装的理想工艺应符合以下要求：

① GDL 压缩必须达到足够的值，以产生最佳性能；

② GDL 和双极板之间的接触压力分布应该均匀，足以降低接触电阻；

③ 端板、双极板等支撑构件的变形应非常小，以产生均匀的夹紧压力；

④ 支撑部件的极限应力必须低于允许值；

⑤ 密封压力必须大于流体的工作压力，以防止泄漏。

图 7-1 是电堆 3D 模型示意。

7.1.1 电堆的组件与设计

7.1.1.1 端板

一个大型的 PEMFC 电堆可能由数百个结构件组成，这些结构组件由具有拉伸应力的螺栓施加一定的夹紧力，靠两端两个端板压缩在一起，端板是支撑电堆结构的最重要的部分，应具有以下特性：

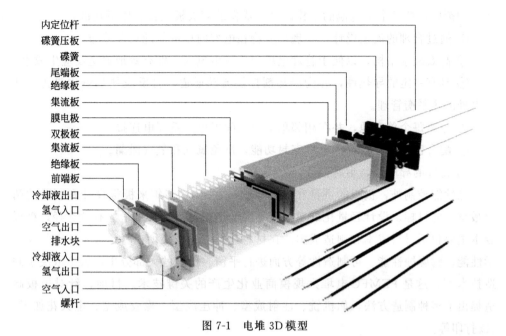

内定位杆
碟簧压板
碟簧
尾端板
绝缘板
集流板
膜电极
双极板
集流板
绝缘板
前端板
冷却液出口
氢气入口
空气出口
排水块
冷却液入口
氢气出口
空气入口
螺杆

图 7-1 电堆 3D 模型

① 拥有足够的机械强度和刚度,以承受堆叠可能承受的夹紧力、堆叠重力、振动和冲击力等随机载荷。采用高弹性模量、高屈服应力极限的弹性材料制成的端板,确保在去除外力后能恢复到初始设计的状态。因此,早期使用的端板多为金属材料[1]。

② 尽可能小的质量/体积,以增加电堆的功率密度。通过轻材料的选择、结构的优化以及两者的结合来实现。

③ 较高的抗弯刚度,以保证 PEMFC 堆内均匀的接触压力。增加端板材料的厚度或选择高刚度材料(如钢),可以提高端板材料的抗弯刚度。然而,这常常与电堆设计中的小质量/体积需求相冲突。

④ 良好的耐蚀性、易加工、低成本等。

端板的设计将影响 PEMFC 的性能,包括 GDL 效率、密封能力和结构可靠性。在一般的夹紧方法中,螺栓设计在端板边缘。由于端板的面积通常大于电池的活性面积,这样的几何设计导致端板结构容易弯曲。因此,装夹方式和端板形状对燃料电池电堆的性能有很大影响。

7.1.1.2 极板与流场

极板(BPPs)是 PEMFC 电堆中最重要的部件之一,被誉为燃料电池的"筋骨"。其重量占电堆总重量的 60% 以上,制造成本占总成本的 30% 左右。双极板具有功能性通道和凹槽。一侧的通道用于向单电池提供反应物,另一侧的通道用于泵送冷却剂以保持各个单电池的工作温度。优良的双极板应具有以下功能：

① 通过合理的流道设计，实现反应物在电堆内尽可能地均匀分布。

② 高效疏水结构，以便于管理电堆内反应生成水，即有效地输送反应生成水。

③ 具有一定的导热性，并为冷却剂提供流动通道，将反应热从堆中带走，便于电堆的热平衡管理。

④ 分离每个单电池，并在相邻单电池之间提供一系列电连接。

⑤ 配合密封胶材料提供电堆密封功能，避免氧气和氢气泄漏。

⑥ 良好的导电性，耐腐蚀性。

除性能控制外，极板的重量和成本降低一直是 20 多年来极板设计和制造的两个最重要的目标。设计轻量化的双极板是降低燃料电池堆总重量的有效途径。极板成本主要包括材料成本和制造成本。在材料选择方面，必须在材料成本、电气和力学性能、耐腐蚀性能、可制造性等方面进行平衡。极板的大部分生产成本取决于制造技术[2]，这是 PEMFC 电堆大规模商业化生产的关键技术。目前，针对极板制造提出了多种制造方法，如机铣、注射成型、冲压成型、橡胶成型、电火花加工、3D 打印等。

对于一个单体电池的流场设计原则是在电池的活性区提供每个通道均匀的气体反应物进气和合理的低而均匀的压降，并确定通道内气体速度和压力的阈值，以避免水淹或干燥。寻找流场分布均匀、压降较低的最优设计，包括通道形状和长度，以最大限度地提高功率输出和耐久性。而一个大规模电堆往往是由一系列相同的单电池堆叠而成，整个电堆的流场设计的目标是在给定的工况下，实现所有单电池的性能、耐久性和寿命都高度相似。这是基于所有单电池都将具有相同性能的假设，因为它们使用相同的材料、密封、催化剂、结构、电化学过程，并在相同的操作条件下工作。然而，在实践中，大多数的电堆都或多或少地表现出单个电池性能的不均匀及衰减的不同步，随着单体数量的增多，如何保证各个单体间的流体分配一致性，是大功率电堆设计的难点。

7.1.1.3　密封件

在一个大型的 PEMFC 电堆中，有许多密封的接口。密封稳定性是影响质子交换膜燃料电池堆性能和安全性的重要因素之一。为了保证大型电堆的高性能和安全性[3,4]，可靠的密封设计是必要的。质子交换膜燃料电池电堆的密封设计大多采用密封垫包围 MEA，以防止气体或反应物从堆的密封接口泄漏。超弹性聚合物由于成本低、弹性变形性能好，常被作为衬垫材料。然而，如果密封结构设计不当，在运行过程中甚至在组装过程中都会发生密封失效。此外，由于在燃料电池运行中密封材料暴露在如酸、湿度、温度和机械负载循环的环境中[5]，垫片材料的性能会发生退化。

PEMFC 电堆中的密封结构通常有四种类型：①PEM 直接密封；②PEM 包裹框架密封；③MEA 包裹框架密封；④刚性框架密封，既可用于石墨极板，也可用于金属极板。各种密封结构的工作原理都是一样的，即需要一个合适的密封压力来实现可靠的密封。任何工程表面在纳米和微尺度上都是粗糙的。因此，在两个固体接触面之间总是存在大量复杂且随机的纳米/微通道。为了控制接触固体表面之间的泄漏，需要最小的接触压力 $p_{\min}$，以保证表面粗糙度发生足够的弹性变形，使粗糙表面之间的纳米微间隙很小，使泄漏控制在设计标准之内。另一方面，接触压力不能过高，超过最大接触压力 $p_{\max}$，密封结构材料可能会发生塑性变形，甚至断裂损伤[6]。因此，密封接口的接触压力应设计在 $p_{\min} \sim p_{\max}$ 的范围内。然而，密封接触压力的设计需要对整个电堆结构进行协同优化，因为密封压力会影响 MEA 和极板的接触压力和载荷，这取决于所有结构材料的温度、湿度和应力-应变本构关系。因此，密封接触压力设计实际上是一种系统化设计，不能脱离电堆结构设计。

7.1.2　电堆力学分析

7.1.2.1　堆叠技术简介

当质子交换膜燃料电池堆单元达到一定多的数量时，堆叠技术对于高可靠性耐久性电堆设计起到至关重要的作用。除了选择合适的具有高性能化学和物理性能的材料外，力学性能对电堆的耐久性也非常重要。包括机械应力、温度和湿度循环变化在内的循环荷载对燃料电池膜结构的破坏以及膜的降解、失效和损伤起着重要的耦合作用。

(1) 抗振性　车用大型质子交换膜燃料电池堆通常会受到各种振动和冲击，电堆的性能、耐久性和可靠性也会因此受到影响。另外，由于整体共振可能会对质子交换膜燃料电池（PEMFC）电堆造成严重破坏，一些结构部件（如垫片）在长时间振动后，也可能由于局部振动的模态和频率而出现局部结构损伤。

设计电堆结构和控制电堆结构的固有频率以避免结构共振是燃料电池电堆设计的重要环节。固有频率是厚度、弹性模量和每个构件结构密度的函数。研究发现[7]，材料厚度每增加 25%，其固有频率会增加 17%。电堆结构尺寸和几何形状的微小变化可以引起局部振动模态的显著变化。因此，对电堆中任何小型结构进行精心设计对控制电堆的振动具有重要意义。Liu 等[8] 基于有限元方法对螺栓夹紧的小型 PEMFC 电堆进行了振动模态分析。发现 4 个螺栓和 6 个螺栓夹持的电堆的第一振型振动方向均为夹持方向，即与螺栓平行；整体振动通常发生在 1k～1.3kHz 的低频率，而局部振动发生在高频率。整体振动频率随电堆尺寸的增大而减小，大型电堆比小型电堆更容易遭受振动共振损伤。通过增加夹紧螺栓的数量可以增强堆叠结构在夹紧方向上的抗振性，但该方法不能有效改善垂直于夹紧螺栓方向上的抗振性和旋转振动。在总夹紧载荷不变的情况下，密封垫片的局部振动模式与夹紧螺栓的数量无关。夹紧螺栓的整体振动频率和局部振动频率均随夹紧载荷的增大而增大。因此，为避免低频振动引起的结构损伤，夹紧载荷应保持在适当偏高的范围内。

(2) 疲劳及可靠性 电堆结构中的循环应力对疲劳寿命有很大的影响。根据疲劳寿命曲线，螺栓螺母连接区域、垫片与 PEM 连接区域局部疲劳寿命较短。因此，在电堆工作过程中，这些区域可能首先出现低可靠性。此外，靠近端板层的单体 MEA 边框和膜的疲劳寿命比中间位置的单体的要短。由于总夹紧载荷和冲击载荷都由夹紧螺栓承担，夹紧螺栓组较多的螺栓疲劳寿命比夹紧螺栓组较少的螺栓疲劳寿命长。夹紧螺栓的布置也会影响垫片和膜上的应力分布。增加极压刚度可以降低垫片外部区域的循环应力大小，从而提高疲劳寿命。最佳夹紧载荷、夹紧螺栓/绑带数量和配置是影响结构疲劳寿命的三个重要设计参数。另外，在实际的燃料电池电堆中，受到许多制造和加工因素的影响，所有结构参数都不可避免地存在几何误差，这将给电堆堆叠技术研究增加更多不可控因素，会对电堆的疲劳和可靠性造成一定程度的影响。

改变 MEA 与垫片之间的厚度差，会导致堆叠可靠性发生 9% 以上的变化。这说明结构参数，包括机械、几何、物理和化学性质对系统可靠性的影响是巨大而复杂的。更准确的可靠性预测需要各个子结构的基本可靠性参数，如均值和变异系数，这需要大量的实验和统计工作。最后，由于大型燃料电池堆叠对不同振动方向的抗振能力不同，燃料电池电堆固定到工作场所（如车架）的方法对其抗振性和可靠性非常重要。

7.1.2.2 夹紧载荷设计优化

大型质子交换膜燃料电池电堆的装夹载荷设计是影响电堆使用寿命和性能的重要因素之一。过大的夹紧载荷可能导致组件内部的结构应力高到足以引起塑性变形、裂纹甚至断裂。同时，载荷过小，在 GDL-BPP 界面处可能引起较高的欧姆阻抗，也可能引起密封界面的泄漏[9]。此外，在正常的环境条件下，在组装过程中，即使最初对电堆施加了合理的夹紧载荷，但热变形、湿度引起的膨胀、结构构件在各种使用条件下的黏弹/塑性松弛也会导致夹紧载荷发生较大变化，最终导致欧姆阻抗或密封压力或结构应力偏离原设计达到不可接受的水平。

想要设计高性能的单电池，可以使用有限元分析或其他仿真工具来实现。然而，对于商业化应用的大功率质子交换膜燃料电池电堆，其结构优化是一个复杂的协同优化问题，涉及许多多尺度分析和多学科问题。在大型燃料电池堆的结构优化设计中，仍有一些具有挑战性的问题有待解决：

① 如何找到最优夹紧载荷，包括夹紧力的幅值和布置；

② 如何选择堆叠组件所用材料的刚度和强度，例如极板、MEA、端板和密封件等；

③ 如何设计极板，包括结构形状、尺寸和流道布置；

④ 如何设计极板、MEA 和密封结构之间的几何关系，特别是厚度；

⑤ 如何设计夹紧元件，即螺栓或皮带的刚度；

严格地说，对于一个大型 PEMFC 电堆的每个结构部件，要找到最优夹紧载荷和设计最优刚度是不可能使用任何理论解析解或简单的数值分析，即通用的有限元法或差分法。对于这种涉及多尺度、多场耦合的复杂叠加结构，需要建立一种特殊的、简化的理论模型和分析方法。例如，采用有限元方法进行 MEA 结构分析时，为了保证较高的计算精度，应按微米量级设计单元尺寸；对于 GDL-BPP 界面的接触问题分析，接触元件的尺寸应设计在 $10\mu m$ 量级；极板结构分析中，元素尺寸一般在 $10\sim100\mu m$ 之间；端板和装配螺栓的元件尺寸可在 $0.1\sim10mm$ 之间。除了多尺度问题外，大型质子交换膜燃料电池堆中存在大量的接触界面，这又包含非线性计算力学问题。

大型燃料电池堆可以简化为许多简单结构并联连接（如 MEA、密封结构和夹紧结构等）和串联连接（如 MEA、极板、集流板、绝缘板和端板等）并存。在这样一个复杂的燃料电池堆中，很难控制所有相同类型的子结构，以保证统一的力学性能和相同的几何精度[10]。只要某个子结构的力学性能或几何精度出现异常，就会影响其他子结构的力学变形，从而影响整个电堆的性能和寿命。因此，控制各层结构的力学、几何、物理和化学性质的均匀性是非常重要的。

7.1.2.3　MEA 的力学行为

MEA 由 PEM、CL 和 GDL（MPL）组成，各层间界面的结合对 MEA 的机械性能、热性能、物理性能和化学性能都有很大的影响。影响 MEA 耐久性的机械应力主要有四个来源：装配应力、热应力、湿度应力和振动应力。装配应力是由紧固螺栓或夹紧钢带施加的装配载荷引起的静态应力。夹紧螺栓不仅提供了燃料电池堆叠的制造和支撑功能，而且还控制了接触结构之间的接触电阻大小和密封性能。由于燃料电池组件之间的热膨胀系数不匹配，在燃料电池运行过程中会产生热应力。据报道[11]，由于 MEA 中的湿度梯度产生的膨胀被极板阻挡，湿应力和热应力也可能超过 MEA 的屈服强度，导致 MEA 的塑性变形。另外，机械振动引起的动态应力是影响 PEMFC 耐久性的另一个重要因素。上述应力均为压力应力，因此压力应力的压缩力学性能受到了广泛的关注。

用于 MEA 的所有结构材料在高压缩条件下不仅表现出明显的黏弹性甚至黏塑

性，而且具有较低的屈服应力。这种材料在长时间的工况循环（包括机械应力循环、热循环和湿度循环等）后发生一定的降解，从而导致 MEA 的化学和物理性能下降，最终导致 PEMFC 堆性能下降。

(1) PEM 的力学行为　PEM 材料属于黏弹性甚至黏塑性，几乎没有明显的弹性变形阶段。从理论上讲，具有这种力学性能的材料不适合堆叠结构。虽然由于 PEM 膜的厚度很小，其黏弹性变形对堆芯性能的影响有限，但这仍是 PEMFC 发展中尚未解决的问题。

Khattra 等[12] 开发了一种黏弹性和黏塑性应变-应力模型来研究 PEM 在湿度循环作用下力学性能的时间依赖性特征。利用有限元分析（FEA），他们研究了恒湿保持时间、加湿空气进给率和膜的吸水率对应变-应力关系和弛豫行为的影响。与常规黏弹性/黏塑性材料一样，在高湿度、加湿空气进料速率和吸水速率下，膜在保持时间内表现出相当的应力/应变松弛行为，与实验结果一致。他们还发现，正是水化作用下黏弹性松弛变形所引起的应力大小的重新分布和减小，最终导致了脱水后膜内的残余拉应力。结果表明，膜的力学性能退化主要是受燃料电池运行过程中湿度变化的影响。膜内应力的不均匀分布及其在湿度、温度和机械载荷变化下的循环作用可能是膜潜在的损伤起始源。

以往的研究表明[13]，膜的力学行为降解可导致膜的三种失效：蠕变、疲劳裂纹甚至断裂。膜蠕变发生在周期性应力作用下。以抗裂性和针孔作为评价膜疲劳寿命的标准。膜结构中发生的裂纹生长或界面分层是由各种循环应力的耦合作用引起的。在实际的 PEMFC 操作中，机械和化学性能降解强耦合在一起。

由于膜的黏弹性和黏塑性特性，压力、温度和湿度通常是影响膜性能的耦合因素，从而影响大型质子交换膜燃料电池堆的性能。除化学降解外，已有研究表明膜性能降解可能是由于其黏弹性和黏塑性性质所致。机械载荷、热载荷和吸湿载荷引起的高应力/应变，特别是各种循环载荷引起的应力变化是膜性能退化的主要机制。因此，具有良好弹性和高屈服应力的膜是开发高性能、长寿命质子交换膜燃料电池堆的理想材料。

(2) GDL 的力学行为　内应力对质子交换膜燃料电池堆性能的显著影响已为人所知。然而，由于 GDL 的多孔结构，其压缩应力可能诱发的问题仍然是一个关键问题。GDL 的结构和力学性能决定了催化剂的利用率和电池的整体性能。它允许气体向催化剂层输送，同时为催化剂层提供机械支撑。GDL 还帮助水蒸气到达 PEM，以增加其离子电导率。GDL 的压缩应力影响着 GDL 的孔隙度分布，最终影响到燃料电池堆的性能。因此，近年来 GDL 材料和结构的力学性能受到了广泛的关注。

Gigos 等[14] 报道了三种工业 GDL 在循环压缩下的力学行为，这三种 GDL 由

SGL CARBON 公司提供，PTFE 含量从 0%～5%（质量分数）。典型的测试结果如图 7-2 所示，这与金属材料完全不同。他们报道了在 5 个加载-卸载循环后，出现了加载和卸载之间的明显滞后和稳定行为。他们还观察到不可逆应变现象，在加卸载循环中，不可逆应变随最大载荷的增加而增加。这表明，在相当大的循环压缩载荷下，GDL 不能保持不变的力学性能，而是表现出黏弹性甚至明显的黏塑性行为，因此 PEMFC 堆性能的退化是不可避免的。与薄膜类似，目前由碳纤维制成的 GDL 不能提供足够好的力学性能，以满足 PEMFC 堆叠设计。例如，当一个燃料电池堆被拆卸时，一般可以清楚地看到由于 BPP 流场的压缩而在 MEA 表面留下的塑性变形的痕迹，因此具有线弹性压缩和高屈服应力的 GDL 材料仍然备受期待。

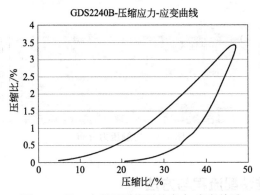

图 7-2　GDL 在循环压缩下的应力-应变关系

7.1.2.4　活性区受力均匀性案例分析

活性区域的接触压力分布对燃料电池的性能有重要影响。以 10kW 的 PEMFC 电堆为例，电堆单体数量为 30 节，为了研究 30 节电堆不同位置单体的受力情况，我们取了两端的 1 号和 30 号单电池以及中间的 15 号单电池，分别采用压力分布测试仪测试其活性区的压力分布情况。图 7-3 所示的是这三个 MEA 样品的接触压力分布图。如图 7-3（b）所示的 15 号 MEA 位于电堆的中间位置，其最小压强、最大压强和平均压强分别为 0.27MPa、0.83MPa 和 0.57MPa，它比两端的单电池均匀性好得多。如图 7-3（c）所示，30# MEA 在电堆末端位置，其最大压强已经超过 0.95MPa。

这种局部超压对燃料电池有几个负面影响。首先，过压会使扩散层过度嵌入流道，直接导致流道阻力增大，传质能力降低。这种情况又会导致单体出现局部饥饿甚至整体饥饿的情况，直接影响单电池的性能和电堆的电压一致性。其次，超压会加速扩散层和 MPL 结构的坍塌，导致传质能力受损，疏水性减弱，从而影响水管理，导致该单体长期工作后性能出现持续下降。

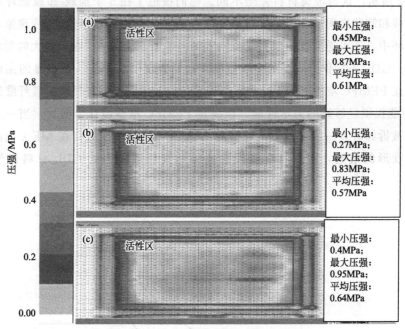

图 7-3　接触压力分布

7.1.3　电堆装配流程与方法

7.1.3.1　膜电极批量一致性筛选

大批量制备的膜电极在进行电堆组装前，一般需要进行一致性鉴别，随机抽取一定数量的 MEA，采用固定的端板以及双极板，按照 3 节、15 节、30 节、130 节、240 节、370 节的步长依次组装成电堆进行发电测试验证。一致性筛选验证测试的电堆不需要充分活化，拉载至目标电流密度后观察各节电压情况以及一致性，如有单低（单节电压低）节超过标准限值的，应替换新的 MEA 重新完成测试，直到一致性达标。通过统计合格率来判断该批次膜电极生产质量。

以下为某批次膜电极一致性筛选实测案例展示。正式测试前氮气吹扫燃料电池堆，进行参数设置，参数包括流量参数、压力参数和温度参数。热机参数达到后，连接设备负载，进行加载，在 $1000mA/cm^2$、$1400mA/cm^2$ 和 $1700mA/cm^2$ 电流密度记录各节电压及一致性数据。测试完成后，自动进行氮气吹扫，吹扫完成后关闭循环水机、去离子水泵，氮气、氢气进气管路。

(1) 3 节电堆初始电压一致性　3 节电堆进行发电测试时 3 节电压一致性情况如图 7-4 所示，$1000mA/cm^2$ 的电压均值为 0.710V，标准差为 0.003V；

$1400mA/cm^2$ 的电压均值为 $0.665V$，标准差为 $0.004V$；$1700mA/cm^2$ 的电压均值为 $0.629V$，标准差为 $0.005V$。

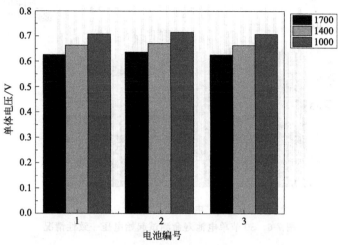

图 7-4　3 节单电池发电测试起始电压一致性情况

（2）15 节电堆初始电压一致性　15 节单电池的电压一致性情况如图 7-5 所示，$1000mA/cm^2$ 的电压均值为 $0.648V$，标准差为 $0.007V$；$1400mA/cm^2$ 的电压均值为 $0.575V$，标准差为 $0.013V$；$1700mA/cm^2$ 的电压均值为 $0.505V$，标准差为 $0.022V$。

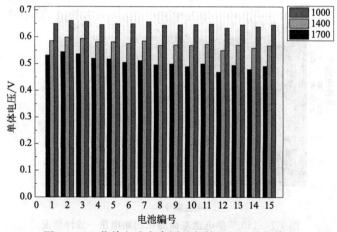

图 7-5　15 节单电池寿命测试起始电压一致性情况

（3）30 节电堆初始电压一致性　30 节电堆进行发电测试时 30 节单电池的电压一致性情况如图 7-6 所示，$1000mA/cm^2$ 的电压均值为 $0.668V$，标准差为 $0.007V$；$1400mA/cm^2$ 的电压均值为 $0.564V$，标准差为 $0.011V$；$1700mA/cm^2$ 的电压均值为

0.496V,标准差为0.020V。

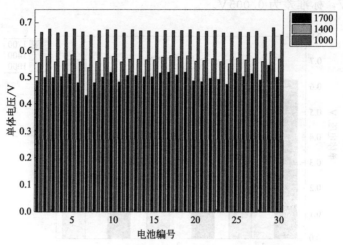

图 7-6   30 节单电池寿命测试起始电压一致性情况

(4) 130 节电堆初始电压一致性   130 节电堆进行发电测试时 130 节单电池（每两节为一组）的电压一致性情况如图 7-7 所示，1000mA/cm^2 的电压均值为 1.372V，标准差为 0.010V；1400mA/cm^2 的电压均值为 1.286V，标准差为 0.015V；1700mA/cm^2 的电压均值为 1.152V，标准差为 0.020V。

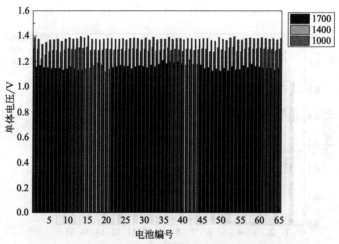

图 7-7   130 节单电池寿命测试起始电压一致性情况

(5) 240 节电堆初始电压一致性   240 节电堆进行发电测试时 240 节单电池（每两节为一组）的电压一致性情况如图 7-8 所示，1000mA/cm^2 的电压均值为 1.376V，标准差为 0.016V；1400mA/cm^2 的电压均值为 1.268V，标准差为 0.012V；1600mA/cm^2 的电压均值为 1.190V，标准差为 0.020V。

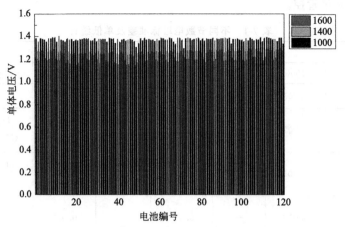

图 7-8　240 节单电池寿命测试起始电压一致性情况

(6) 370 节电堆初始电压一致性　370 节电堆进行发电测试时 370 节单电池（每两节为一组）的电压一致性情况如图 7-9 所示，800mA/cm² 的电压均值为 1.432V，标准差为 0.013V；1000mA/cm² 的电压均值为 1.376V，标准差为 0.016V；1200mA/cm² 的电压均值为 1.308V，标准差为 0.020V。

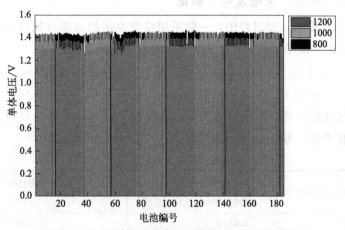

图 7-9　370 节单电池寿命测试起始电压一致性情况

(7) 结论　本次测试前分别组装了 3 节、15 节、30 节、130 节、240 节、370 节六个电堆进行发电测试，其标准差统计表如表 7-1 所示。其中，3 节、15 节、30 节、130 节四个电堆的 MEA 在 1000mA/cm² 时电压的标准差为 0.01V 左右，在 1400mA/cm² 时电压的标准差为 0.015V 左右，在 1700mA/cm² 时电压的标准差为 0.022V 左右；240 节和 370 节电堆的 MEA 在 1000mA/cm² 时电压的标准差为 0.016V 左右，整体来讲一致性较好，鉴于某几节电压明显偏低，需要加强 MEA

制作过程的质量管控。

表 7-1　不同节数电堆标准差及单低统计

节数	电流密度/(mA/cm²)						单低节电压及平均电压（于1000mA/cm²）
	800	1000	1200	1400	1600	1700	
3	—	0.003	—	0.004	—	0.005	
15	—	0.007	—	0.013	—	0.022	$U_{12}=0.638\text{V}$ ($U_{mean}=0.648\text{V}$)
30	—	0.007	—	0.011	—	0.020	$U_7=0.650\text{V}$ ($U_{mean}=0.668\text{V}$)
130	—	0.010	—	0.015	—	0.020	$U_3=1.350\text{V}$ ($U_{mean}=1.372\text{V}$)
240	—	0.016	—	0.012	0.020		$U_{48}=1.30\text{V}$ ($U_{mean}=1.376\text{V}$)
370	0.013	0.016	0.020				$U_{114}=1.274\text{V}$ ($U_{mean}=1.376\text{V}$)

7.1.3.2　堆型"倍增发电"验证

在大功率电堆的试制过程中，一般采用倍增验证的方法对堆型设计进行验证。分别组装 30 节、60 节、120 节和 240 节电堆逐级进行性能验证，每一轮测试达到预期指标后方可进入下一轮。测试现场及过程电堆实物见图 7-10。倍增试验测试结果见图 7-11，可以看出，不同节数的试制电堆平均单节电压极化曲线几乎重合，从表 7-2 极化数据中的标准差值可以看出，随着节数的增多电堆性能呈倍数增长，并且电堆流体分配、结构设计均满足需求。

表 7-2　倍增试制电堆极化性能数据

节数	U_{mean}（于1200mA/cm²）	P（于1200mA/cm²）
30	0.657V	7.8kW
60	0.662V	16.17kW
120	0.666V	32.50kW
240	0.668V	65.38kW

7.1.3.3　燃料电池电堆组装标准化流程

燃料电池电堆堆型经过验证后，对于所有完成检测的零部件，按照标准化流程进行堆叠组装，然后进行气密性检测以及其他出厂检测后方可正式完成出厂交付。

7.1.3.3.1　标准化电堆组装流程

标准化电堆组装流程见表 7-3。

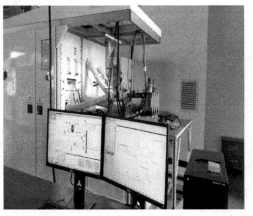

30节金属堆

60节金属堆

30节金属堆耐久性测试现场，测试平台为GreenLight600。 120节金属堆 240节金属堆

图 7-10　倍增试制过程电堆实物图及测试现场图

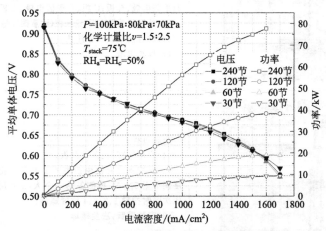

图 7-11　倍增试制电堆极化曲线和功率曲线对比

表 7-3　标准化电堆组装流程

图示	操作步骤及说明
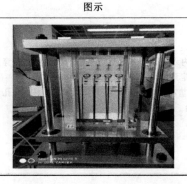	零部件准备： (1)行程铝板； (2)后端板； (3)绝缘板； (4)后端集流板； (5)丝杆，对热缩套管用热风枪进行热缩； (6)安装 6 个靠山； (7)顶部安装基准板

图示	操作步骤及说明
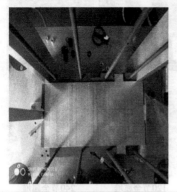	堆叠过程： （1）放置后端特殊板，从下往上顺序依次是： AI 光板、A 板、假电极、C 板； （2）逐级摆放堆叠整齐的 30 节单体组：一人从正面放入，压装台每边站一人用手传递，慢慢降下，摆放整齐后校正位置； （3）用刚角尺将极板从不同面推整齐
	（1）放置顶部特殊板，从上往下顺序依次是：CI 板、C 板、石墨假电极、A 板、C 板、石墨假电极、A 板； （2）放置前端集流板、绝缘板（注意铜片是要嵌入绝缘板）； （3）放置前端板和保压块； （4）检查电堆
	压装过程： （1）启动气缸，提升顶升板； （2）压缩到位后使用扭力扳手准备 2 把扭力扳手，将刻度调节至 5N/M，两侧各站一个人，2 人用扭力扳手，对角依次同时拧紧 1、2、3、4 位置螺母； （3）安装碟簧，法兰螺母
	安装绝缘条： 　将 M8x50 内六角螺栓＋弹垫＋平垫，穿过绝缘条，穿过尼龙垫片，固定到电堆前端板，后端板 M8 螺纹孔内 注意：橡胶垫本身带的垫片要去除，因为它中间的孔穿不过六角螺栓

图示	操作步骤及说明
	安装铜片支撑块： 前端板处为较薄的铜片支撑块，使用 M5x30，内六角＋M5 弹垫＋M5 平垫固定。较厚的铜片支撑块使用 M5x30，内六角＋M5 弹垫＋M5 平垫固定
	安装长条铜排： 长条铜排提前套上热缩套管，电堆上方、下方各有一根，圆孔端安装于电堆前端铜片支撑块上，使用 M8x20，内六角＋M8 弹垫＋M8 平垫固定
	安装电堆后端 Z 字形铜排： 使用 M8x20，内六角＋M8 弹垫＋M8 平垫按图固定，Z 字形铜排提前套上热缩套管；测试时固定好电缆线，避免铜排拉扯变形

7.1.3.3.2 燃料电池电堆气密性测试

燃料电池电堆的气密性与电堆的输出性能及安全性直接相关，良好的气密性是对电堆运行条件控制精准的基础。一般情况下，认为膜电极两侧能够承受的最大压差为 50kPa，阴阳极压力差超过 50kPa 时容易造成膜电极的破裂。电堆气密性测试过程中一般使用氮气进行，电堆气密性的测试根据其参与测试的腔数的不同可以分为以下两种。

(1) 三场保压　同时在燃料电池电堆氢场、空场以及水场中施加最大工作压力1.5 倍的气压，之后将全部三个流场进出口全部关闭，维持 5～20min。观察三个流场中气体压力的变化。由于此时三个流场中压力平衡，因此如果其中某一场的压力降低则说明其对应的流场发生气体外漏。需要注意的是，测试完毕时由于此时气压过高，因此泄压时需要将三场的压力同时排出，以防膜电极两侧压力超过 50kPa 而对膜电极造成损坏。

(2) 单场保压　按照顺序分别在燃料电池电堆氢场、空场以及水场中施加50kPa 压力，之后将进出口关闭，维持 5～20min。观察三个场中气体压力的变化。气压的变化情况分为以下几种：

① 某一场压力降低，但其他两个腔体压力不变，则对应流场发生外漏。

② 某一场压力降低，同时压力为零的流场中气压上升，则压力降低与压力升高的流场两场之间发生窜漏。但是此时并不能完全排除是否存在气体外漏，因此需要进行三场保压进行辅助判断。

7.2　千瓦级电堆基于乘用车 NEDC 工况的耐久性验证及衰减分析

7.2.1　电堆准备、测试条件及工况介绍

(1) 电堆准备　采用 Pt/C 催化剂作为燃料电池阴极和阳极催化剂配制浆料并制备标准 MEA，活性面积为 340cm^2，如图 7-12(a) 所示。在 MEA 中，阴极和阳极的 Pt 负载量分别为 0.4mg/cm^2 和 0.2mg/cm^2。1kW 石墨板电堆由 3 节单电池组成，部件包括端板、集流板、密封件和双极板，均由豫氢动力有限公司生产。PEMFC 电堆结构的示意如图 7-12(b) 所示。

(2) 电堆耐久性工况设计及测试　电堆耐久性试验采用 HTS-2000 燃料电池试验台（台湾群羿能源），如图 7-12(c) 所示。为了考察燃料电池在真实驾驶条件下的耐久性，通常采用循环动态工况进行模拟实验。通过分析燃料电池在较长时间工况循环后的衰减情况，来评估其耐久性。NEDC（new european driving cycle，也称为"新欧洲行驶循环"）工况模拟了轻型车辆的加速、减速和恒速过程，它由 4 个重复的市内低速周期（每一个周期 195s）和一个 400s 高速公路行驶周期组成，理论上相当于在 20min 内行驶 11km，如图 7-12(d) 所示。NEDC 工况中有较长时间的 OCV，会造成膜电极的过度衰退。新工况 FC-DLC（fuel cell dynamic load cycle)，为了减少 OCV 的时间，除了周期开始的 15s 和最后一段的 21s 外，都用峰值电流的 5%代替（此处峰值电流，是指升载和降载时 0.65V 对应电流的平均值）。在图 7-12（d）中，输出电流可以直接观察，每个周期加载时间是 1400s，耐久性试验总共持续了 1600h。

此外，质子交换膜燃料电池电堆测试在一定条件下进行，包括电堆温度 75℃，氢气和空气的化学计量比为 1.5 和 2.5，阴阳入口气体压力分别为 100kPa 和 80kPa，电堆入口湿度阴阳极均为 60%。

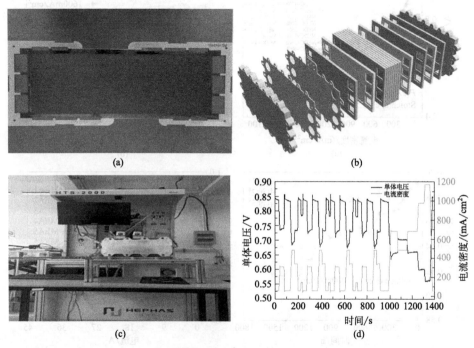

图 7-12 （a）活性面积 340cm^2 的膜电极；（b）电堆组装示意；
（c）HTS-2000 燃料电池测试平台；（d）NEDC 工况循环示意

7.2.2 电堆性能衰减行为分析

经过 1600h 的耐久性测试，PEMFC 电堆的性能发生了一定的衰减，为了评估电堆各单节性能衰减情况，每隔 100h 对电堆进行极化曲线测试。PEMFC 电堆的极化曲线总图如图 7-13（a）所示。显然，PEMFC 电堆的输出电压随时间增加缓慢下降，并且不同电流密度呈现不同的衰减比例。图 7-13（b）展现了 1600h 耐久试验中不同电流密度下电池平均电压随时间的变化趋势，高电密衰减速率明显高于中低电密。在前面的 0～700h 的耐久性试验中，电堆性能相对平稳，只观察到轻微下降，电流密度为 0mA/cm^2，200mA/cm^2，1000mA/cm^2 和 1600mA/cm^2 所对应的电压衰减率分别为 $10\mu V/h$，$15.71\mu V/h$，$30\mu V/h$，$42.86\mu V/h$。但是，随着耐久性测试时间的增加（$700\sim1600h$），质子交换膜燃料电池电堆的电压衰减速率快，最终在 $1600h$，电流密度为 $0mA/cm^2$，$200mA/cm^2$，$1000mA/cm^2$，$1600mA/cm^2$ 所对应的电压衰减率分别为 $34.74\mu V/h$，$21.11\mu V/h$，$70\mu V/h$ 和 $57.78\mu V/h$。

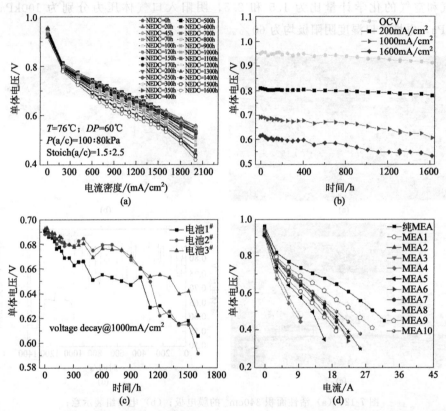

图 7-13　（a）测试过程中 PEMFC 的极化曲线；（b）不同电流密度下（OCV，$200mA/cm^2$，
$1000mA/cm^2$，$1600mA/cm^2$）的电压衰减；（c）$1000mA/cm^2$ 不同膜
电极的衰减；（d）耐久性测试后完整 MEA 及 MEA1-10 极化曲线

为了研究 PEMFC 电堆中每个单电池的性能衰退差异性，记录了在 $1000mA/cm^2$ 时 3 节单体电压随时间的变化，如图 7-13（c）所示。结果表明，在 $1600h$ 的耐久性试验后，PEMFC 单体电池的电压降解率不同，其中单电池 $1^\#$、$2^\#$ 和 $3^\#$ 的衰减率分别为 12.32%、10.17% 和 14.07%。为了进一步了解耐久试验后各单体电池的性能衰退情况，表 7-4 总结了各单体电池在不同电流密度下的电压衰减率。结果表明，与单电池 $1^\#$ 和 $3^\#$ 相比，单电池 $2^\#$ 的耐久性能下降幅度最大。在低电流密度（$0\sim600mA/cm^2$）下，单电池具有相对较低的电压降解率。然而，随着电流密度

的增加（600～2000mA/cm^2），电压衰减率显著增加。

表 7-4   1600h 不同电流密度下三节膜电极的电压衰减率

电流密度/(mA/cm^2)	Cell 1$^\#$	Cell 2$^\#$	Cell 3$^\#$
OCV	3.68%	5.10%	3.17%
200	3.33%	4.81%	2.96%
600	8.26%	10.80%	7.32%
800	10.36%	12.86%	9.85%
1000	12.32%	14.07%	10.17%
1200	13.93%	14.60%	8.29%

为了进一步分析耐久性试验后 MEA 不同区域电压衰退的一致性，将单电池 2$^\#$ 的 MEA 拆解为 1～10 号小 MEA。新鲜 MEA 和 MEA1～MEA10 的对比极化曲线如图 7-13(d) 所示。从这条曲线可以看出，与新鲜 MEA 相比，MEA1～MEA10 的极化性能有不同程度的衰减。值得注意的是，靠近氢气入口的 MEA 比靠近空气入口的 MEA 有更高的电压衰减率，其中 MEA3 和 MEA4 的电压衰减率最高。根据这些研究结果发现，在 MEA 的不同区域，电压衰减不一致。不同区域的 MEA 表现出不同的性能衰减率，氢气入口附近区域的电压衰减率高于空气入口附近区域。造成这一现象的主要原因可能是结构破坏导致差的水管理能力和反应物分布不均匀。当 PEMFC 电堆处于高电流密度时，生成水较多可能发生水淹阻碍反应物向活性位点的传输，这将极大地影响 PEMFC 电堆的输出性能。同时，催化剂层的结构损伤会导致传质阻力增大，从而进一步降低 PEMFC 电堆的性能。为了探究电堆性能衰减不一致的原因和机理，后续采用电化学和物理方法对膜电极进行表征。

7.2.3   电堆性能衰减机理分析

7.2.3.1   基于电化学阻抗谱的衰减分析

在耐久性测试后，膜电极结构会被破坏。PEMFC 电堆中催化剂层的损伤会导致扩散层的水管理能力下降，进而影响传质效率和气体反应效率。为此，采用 EIS 试验研究了质子交换膜燃料电池组件的阻抗变化情况。如图 7-14(a) 所示，EIS 等效电路模型由电阻高频阻抗（HFR）、由电阻和恒相元件组成的两个并联单元三部分组成。使用 R1 模拟 HFR，使用 R2-CPE1 单元和 R3-CPE2 单元分别模拟电荷转移损失和传质损失。

从图 7-14(b) 和表 7-5 可以看出，在 1600h 耐久性试验后，HFR 总体呈上升趋势。值得注意的是，在 200mA/cm^2、1000mA/cm^2 和 1600mA/cm^2 的电流密度下，HFR 分别增加了 7.5%、8.2% 和 9.2%。同时，图 7-14(c) 显示了 PEMFC

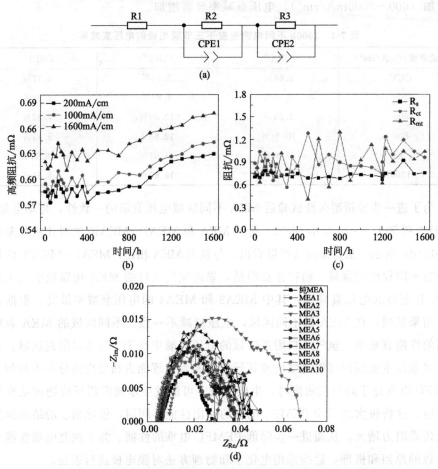

图 7-14　(a) EIS 等效电路图；(b) PEMFC 的高频阻抗变化情况；

(c) PEMFC 的内阻变化情况；(d) 完整 MEA 和 MEA1-MEA10 的 Nyquist 曲线

电堆各部分阻抗随时间的变化。耐久性试验前，PEMFC 电堆的 R_{ct} 为 0.886mΩ，R_{mt} 为 0.703mΩ。经过 1600h 的耐久性试验，PEMFC 电堆的 R_{ct} 和 R_{mt} 分别增加了 8.8％和 7.5％，分别为 0.964mΩ 和 0.756mΩ（见表 7-5）。结果表明，电荷转移阻抗和传质阻力随着测试时间的延长逐渐增大，电荷转移和传质过程受到抑制。这种现象与 MEA 的结构损伤密切相关。特别是催化剂层的结构损伤会导致阻力增加，从而导致燃料电池堆性能下降。此外，催化剂的损失和团聚对燃料电池堆性能的下降起着重要作用。后面将会继续采用一系列表征方法来证明。为了进一步研究 MEA 的耐久性衰退机理和电压衰退一致性，对新鲜 MEA 和 MEA1～MEA10 的电荷转移能力和电压变化进行了测试和分析。图 7-14(d) 清楚地显示了新鲜 MEA 和 MEA1～MEA10 的 EIS 表征。可以清楚地观察到，MEA 的不同区域具有不同的欧姆电阻。与新鲜 MEA 相比，MEA1～MEA10 具有更大的 Nyquist 弧直径，这意味着 MEA1～MEA10 具有更高整体阻抗。其中电池的电荷转移电阻明显增加，这可能与催化剂层的降解有关。此外，值得注意的是，从氢气入口和空气入口的不同区域显示出不同的阻力损失。与靠近空气入口的 MEA6～MEA10 相比，靠近氢气入口的 MEA1～MEA5 具有更高的欧姆电阻，特别是 MEA3 的欧姆电阻最高，说明靠近氢气入口的 MEA 区域具有较高的电荷转移电阻。

表 7-5 实验前后 EIS 的拟合结果

参数	HFR/mΩ			R_{ct}/mΩ	R_{mt}/mΩ
	200/(mA/cm²)	1000/(mA/cm²)	1600(mA/cm²)		
电堆初始性能	0.585	0.594	0.62	0.886	0.703
电堆耐久后性能	0.629	0.643	0.677	0.964	0.756

7.2.3.2 氢渗分析

氢渗流量是评价燃料电池堆结构完整性的主要参数之一。为了研究 PEMFC 电堆结构耐久性试验后的损伤，对其氢渗透流速进行了研究。图 7-15(a) 为燃料电池堆氢渗透流量随时间的变化。从图 7-15(a) 中可以看出，前期（耐久性试验 0～700h）氢渗透流量变化不大，但随着耐久性试验时间的增加（耐久性试验 700～1600h），氢渗透流量迅速增加。耐久性试验 1600h 后，氢渗透流量达到 0.131mL/(min·cm²)，说明经过 700h 耐久性试验后，氢渗透流量显著增加。结果表明，电堆结构在前期没有发生变化，后期电堆结构开始出现明显的破坏。为了进一步研究 PEMFC 电堆三节单体的氢渗透性差异，测试了氢气进入单电池前后的电压变化。如图 7-15(b) 所示，中间位置的单电池 2# 比单电池 1# 和单电池 3# 显示出更快的电压下降速率。结构损伤会导致氢渗透增加，而膜电极架密封性的改变进一步促进了氢渗透的加速。同时，在化学反应过程中，膜可能发生结构损伤，导致氢渗透性增加。此外，微孔的形成可能是氢渗透现象更加严重的关键原因。

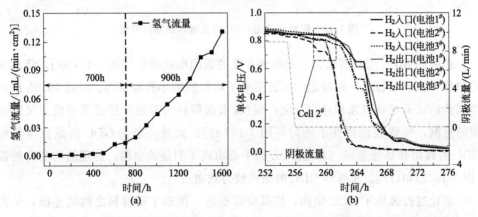

图 7-15 (a) 实验过程中渗氢流量的变化；(b) 渗氢流量变化前后电压的变化情况

7.2.3.3 扩散层分析

为了探究动态工况过程中 GDL 的衰退现象及机理，在完成 1000h 测试后对 GDL 进行取样与新鲜样品一同进行系列表征并比对。

(1) 形貌分析 新鲜和老化 GDL 的表面形貌和横断面形貌如图 7-16 所示。GDL 的 MPS 基体由碳纤维的无序堆积形成，通过碳填料注入碳纤维之间的空隙中，来控制 MPS 的孔隙率并加强 MPS 的稳固结构。在新鲜 GDL 样品中，MPS 表面的碳纤维表面覆盖光滑的碳材料 [图 7-16(a)]，碳化树脂与碳纤维和碳填料紧密结合，碳填料相对扁平、致密。然而，经过 1000h 耐久性试验后，大部分碳化树脂消失 [图 7-16(d)]，只有碳纤维和部分碳填料存留。填料表面也变得粗糙，说明在耐久性测试中，一些表面碳被冲走了。

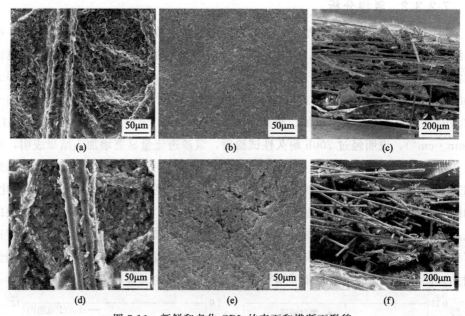

图 7-16 新鲜和老化 GDL 的表面和横断面形貌

新鲜的 MPL 层具有致密、光滑和多孔的表面形貌特征 [图 7-16(b)]，疏水剂均匀分布在碳颗粒上，在特定的位置形成了均匀的细小孔隙结构。经过 1000h 耐久性试验后，由于碳腐蚀和应力变化，碳/疏水剂颗粒大范围分层脱落形成了又宽又深的空洞，导致表面特性不均匀 [图 7-16(e)]。此外，老化 GDL 的截面与新鲜 GDL 的截面有显著差异。老化 GDL 的中心出现了明显的空隙，物理结构变得松散 [图 7-16(c)和(f)]，而新鲜 GDL 的结构较为致密。

老化过程破坏了 GDL 结构，使其变得松散，削弱了碳材料之间的连接，从而增大了欧姆电阻。更多的亲水表面暴露出来，改变 GDL 内部亲水和疏水表面的比例，显著增加 GDL 的持水能力。因此，部分 GDL 会被高电流密度的水充满，引起水淹。分离的碳纤维也降低了机械强度（图 7-17）。

(2) 结构稳定性分析　GDL 结构的稳定性对质子交换膜燃料电池的支撑和质量传输至关重要。明显的结构倒塌已被证实。可以通过拉伸模量和压缩模量测试来评估结构变化对 GDL 机械强度的影响（图 7-17）。新鲜 GDL 的失效应力约为 1680.2MPa［图 7-17（a）］。然而，在耐久性过程后，失效应力迅速下降（710.3MPa），可能是由于在较低电流密度下，GDL 部件之间的连接在 NEDC 过程中损坏。碳纤维强度的衰减也会降低拉伸模量。此外，压缩模量从约 1.52MPa 降低到 0.48MPa［图 7-17(b)］。此外，碳腐蚀显著降低了结构强度。GDL 压缩模量的降低使电池内 GDL 的支撑能力和有效孔隙率降低，这是 GDL 质量输运阻力增大的原因之一。此外，结构的恶化改变了亲疏水表面的比例，改变了 GDL 器件表面对水的黏度，从而降低了传质能力。

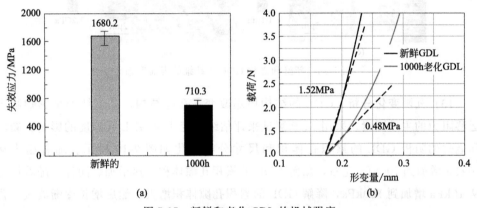

图 7-17　新鲜和老化 GDL 的机械强度

器件的强度与其结构稳定性和复合材料的强度密切相关。因此，GDL 中碳材料的腐蚀导致结构坍塌。AFM 分析进一步评估在碳纤维表面形态和模块的变化（图 7-18）。新鲜和老化 GDL 碳纤维的表面形态如图 7-18(a) 和（c）所示。碳纤维表面的粗糙度耐久性试验后没有明显改变。新鲜 GDL 的表面高度为 $1 \sim -1\mu m$，降解 GDL 的表面高度为 $0.8 \sim -1.1\mu m$。碳纤维表面的弹性模量分布如图 7-18(b) 和 (d) 所示，新鲜 GDL 的弹性模量在 $-911.2MPa$ 和 4.7GPa 之间［图 7-18(b)］。然而，退化 GDL 的模量在 $-1.2 \sim 1.1GPa$ 之间，最大模量降低为新鲜 GDL 的 1/4。一般情况下，石墨化碳比无定形碳具有更强的耐腐蚀性。SEM 显示 GDL 中大部分非石墨化碳被腐蚀［图 7-18(d)］。非石墨化碳也存在于碳纤维中。因此，碳纤维非石墨化部分的腐蚀可能降低了碳纤维的强度，说明碳纤维的退化降低了破坏应力。

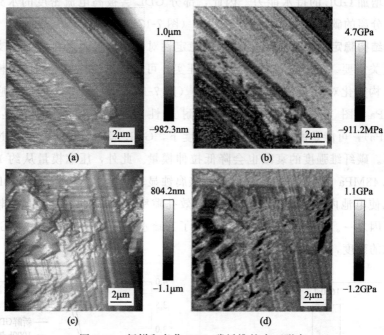

图 7-18　新鲜和老化 GDL 碳纤维的表面形态

(3) 孔隙变化分析　GDL 的结构坍塌改变了孔隙结构，孔隙结构是影响物质运移阻力的主导因素。采用 MIP 测试来评估结构变化对 GDL 孔隙度的影响。新鲜和老化的阴极 GDL 的累积孔体积和尺寸分布变化如图 7-19 所示。随着压力从 20kPa 增加到 100kPa 左右，新鲜 GDL 的累积孔隙体积迅速增加。同样，随着压力从 10kPa 增加到 100kPa，降解 GDL 的累积孔隙体积增大。然后增长逐渐放缓。孔隙体积直到压力达到 1×10^4 kPa 时才发生变化。新鲜和老化 GDL 的孔隙率分别为 77.29% 和 77.21%。然而，降低的 GDL 压缩模量显著降低了组装后 GDL 的有效

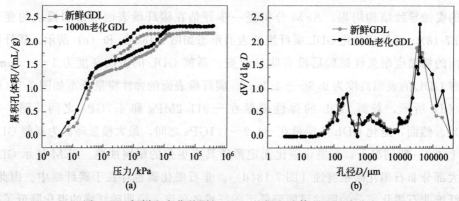

图 7-19　新鲜和老化的阴极 GDL 的累积孔体积和尺寸分布

V—孔容，mL/g

孔隙体积，导致了质量输运损失。

新鲜和老化 GDL 的孔径分布如图 7-19（b）所示。在孔隙直径为 200nm、2000nm 和 40μm 的新鲜 GDL 中，观测到对数差异侵入峰，分别属于 MPL、MPL-MPS 过渡区和 MPS。降解 GDL 的孔径分布曲线在新鲜 GDL 曲线附近波动，表明 GDL 的孔隙结构被破坏。值得注意的是，老化 GDL 中直径大于 10μm 的大孔隙在耐久性试验后由于碳纤维的分离而增大，对应于图 7-16（f）的横截面形貌。此外，直径小于 2μm 的孔隙比例下降，表明 MPL 与 MPS 的界面被破坏。

（4）组分变化分析 上述表征表明，耐久性试验后老化 GDL 发生了碳腐蚀和结构坍塌。用 TGA 测试来表征 GDL 的疏水损失。新鲜和老化 GDLs 的 TGA 结果如图 7-20 所示。新鲜 GDL 的热解特性表明，聚四氟乙烯的热解温度约为 500℃，整个热解过程中只有一个失重步骤。聚四氟乙烯的热解温度为 500～620℃，因此在 GDL 中，聚四氟乙烯的含量可以用 500～620℃失重比来表示。在 500～620℃范围内，新鲜 GDL 和老化 GDL 的质量损失率分别为 10.37％和 11.39％，表明老化 GDL 具有较高的 PTFE 含量。因此，在 NEDC 运行过程中，PTFE 没有损失大量的碳材料。

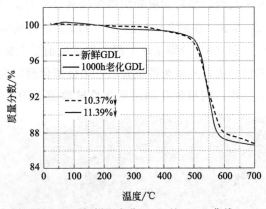

图 7-20　新鲜和老化 GDL 的 TGA 曲线

为了研究表面化学性质的演化，新鲜和老化的 MPS 表面和本体的元素含量统计如图 7-21（a）所示。统计图显示 MPS 表面 C 含量明显低于本体相。而 F 含量则表现出相反的结果。聚四氟乙烯在碳纤维表面的积累可以解释这种现象。但 NEDC 试验后 MPS 表面 C 含量显著增加，而 F 含量显著降低。体相上的元素含量略有变化，可能是由于碳腐蚀后 PTFE 与碳纤维之间的连接减弱，使 PTFE 在气体和水流的作用下脱落。值得注意的是，MPS 表面和体积上的氧含量明显增加。

新鲜和老化 MPL 元素统计如图 7-21（b）所示。值得注意的是，随着蚀刻深度的增加，新鲜 MPL 中 C 元素的含量增加，而 F 元素的含量减少。这可能是由于聚

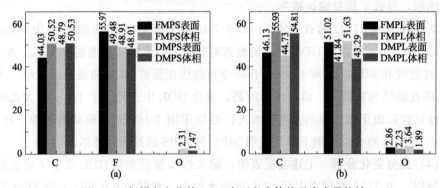

图 7-21　新鲜和老化的 MPS 表面和本体的元素含量统计

四氟乙烯在烧结过程中熔化，造成 MPL 体内的聚四氟乙烯压力高于表面，从而造成聚四氟乙烯的溢出。NEDC 试验后，MPL 表面和体相 C、F 含量略有变化。这可能是由于聚四氟乙烯和碳颗粒分布更均匀，导致碳和 PTFE 的损失。疏水剂的丢失和亲水基团的增加会显著降低 GDL 的传质能力。

7.2.3.4　催化层分析

为了研究 1600h 耐久性试验后阳极和阴极催化剂层的表面形貌变化，对其进行 SEM 表征，如图 7-22 所示。在耐久试验前后，可以清楚地观察到阳极催化剂层的形貌变化。图 7-22(a) 和（b）分别呈现了耐久性试验前后阳极催化剂层的形貌变化。与纯阳极催化剂层相比，经耐久性试验后，阳极催化剂层表面形貌被破坏，催化剂层表面颗粒松散脱落。阴极催化剂层耐久性试验前后的 SEM 图如图 7-22（c）

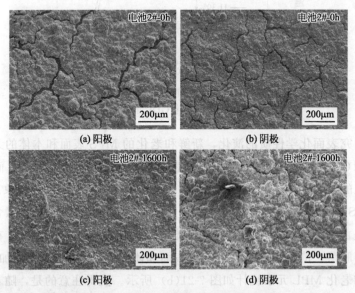

图 7-22　实验前后催化层的 SEM 图像

和（d）所示。对于阴极催化剂层，经耐久性试验后催化剂层表面颗粒开始聚集长大。一般情况下，阳极和阴极催化剂层耐久性试验后表面粗糙度明显增加，这可能导致孔结构的破坏，影响催化剂活性。

为了进一步研究 MEA 在耐久性试验后不同区域的结构变化，采用 SEM 表征方法对单电池 2# 拆解得到的 MEA1～MEA10 与新鲜 MEA 的截面结构进行分析，如图 7-23 所示。图 7-23(a)～(k) 分别清晰地展示了新鲜 MEA 和 MEA1～MEA10 的截面结构。可以明显观察到，与新鲜 MEA 相比，MEA1～MEA10 膜的横截面形态发生了一些变化。经过 1600h 的耐久试验后，MEA1～MEA10 的膜厚度发生了变化。与新鲜 MEA 相比，MEA1～MEA10 的膜厚度略有下降，表明膜经历了降解，这可能与膜的化学降解和机械降解有关。耐久性试验中，膜的化学降解和机械降解同时发生，膜在早期经历了缓慢的降解，并且随着时间的推移，膜的降解率显著增加，这是导致氢渗和最终 MEA 失效的主要原因。另外，发现部分位置催化剂层与膜之间有一定的分离，氢气进气区膜层与催化剂层之间的分离更为严重。与新鲜 MEA 相比，在阴极和阳极催化剂层中发现了许多缺陷，这些催化剂层有开裂和从膜中分离的倾向，这意味着催化层和膜在耐久性测试后遭受了严重的结构损伤，导致界面阻力增加和燃料电池电堆性能下降。

污染物的存在是影响燃料电池堆性能的一个重要因素，燃料电池的结构损伤会

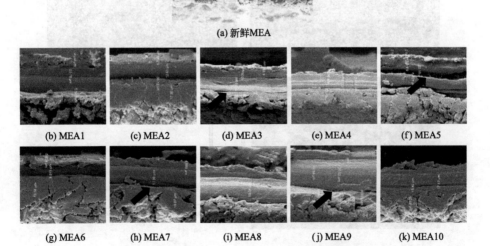

(a) 新鲜MEA

(b) MEA1　　(c) MEA2　　(d) MEA3　　(e) MEA4　　(f) MEA5

(g) MEA6　　(h) MEA7　　(i) MEA8　　(j) MEA9　　(k) MEA10

图 7-23　1600h 后完整 MEA 和 MEA1～MEA10 的截面结构 SEM

导致污染物流入 MEA，阻碍催化剂层传质通道。为了进一步证明燃料电池堆在 1600h 耐久性试验后结构损坏造成的污染物的存在，进行了 SEM-EDS 图表征。新鲜 MEA 的阳极和阴极催化剂层中没有 Si 元素。同时，在耐久试验后的阳极催化剂层 SEM-EDS 图中未发现 Si 元素。耐久性试验后阴极催化剂层的 SEM-EDS 图和 SEM-EDX 图分别如图 7-24(a)～(e) 和图 7-24(f) 所示。值得注意的是，与阳极催化剂层相比，经过 1600h 的耐久性测试后，阴极催化剂层的 SEM-EDS 图中可以观察到大量的 Si 元素，表明催化剂层受到了污染。为了进一步了解 Si 的来源，获得了密封胶的 SEM-EDS 图，结果表明，Si 元素均匀地分布在整个密封胶上，表明 Si 的存在主要是由于密封胶的使用。这一结果表明，燃料电池堆结构和膜电极架

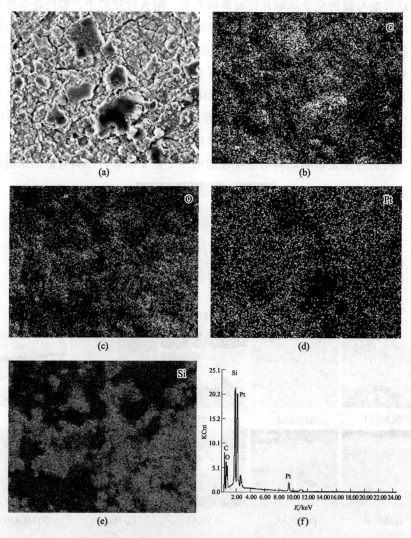

图 7-24　1600h 后阴极催化层的 SEM-EDS 图像 [(a)～(e)] 和 SEM-EDX 图像 (f)

在耐久性试验后遭到破坏，在燃料电池运行过程中密封性逐渐变差，密封胶老化是导致燃料电池堆性能下降的潜在原因。

为了进一步证明 Si 的存在对燃料电池性能的影响，采用压汞孔隙度法（MIP）研究耐久性试验后催化剂层孔隙结构的变化，如图 7-25(a) 所示。可见，催化剂层的孔径分布图有 3 个峰，孔径主要分布在 10～50nm 范围内。但经耐久性试验后，催化剂层的孔径和孔隙率发生了很大变化。孔径明显减小，分布在 5～40nm 之间。与新鲜 MEA（66.65％）相比，耐久测试后催化剂层对应的孔隙率降至 57.64％，表明 Si 的存在改变了催化剂层的孔隙结构。氧扩散系数与燃料电池的性能密切相关。建立了模拟方法，研究了孔结构变化后催化剂层中氧扩散率的变化。图 7-25 (b) 为耐久试验后在电流密度为 $1000mA/cm^2$ 时催化剂层的氧扩散率。与新鲜 MEA（$8.98 \times 10^{-6} m^2/s$）相比，催化剂层的氧扩散率（$6.2 \times 10^{-6} m^2/s$）较低，可能降低传质效率，导致燃料电池电堆性能下降。

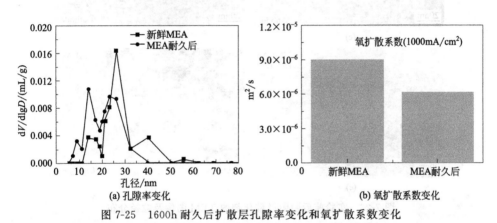

图 7-25　1600h 耐久后扩散层孔隙率变化和氧扩散系数变化

7.2.3.5　催化剂分析

为了进一步了解质子交换膜燃料电池电堆的耐久性衰退机制，采用透射电镜和粒度分布研究耐久性试验前后催化剂的结构和形态变化。图 7-26(a) 和 (d) 分别为新鲜 MEA 中阳极和阴极催化剂的 TEM 图和粒径分布。在耐久性试验前可以明显观察到催化剂均匀地分布在石墨化碳载体上，且颗粒大小均匀。MEA3 和 MEA9 中阴阳极催化剂颗粒分布如图 7-26(b)、(e) 和图 7-26(c)、(f) 所示。从图中可以看出，耐久性测试后，MEA3 和 MEA9 的催化剂颗粒开始团聚和长大，阳极和阴极催化剂粒度显著增加，说明了 Pt 纳米粒子和碳之间存在较差的锚定作用，耐久性试验可能导致催化剂的损失和聚集，进一步导致 PEMFC 电堆的性能下降。此外，催化剂颗粒在 MEA 不同区域的损伤程度不同，可能导致 MEA 降解不一致。

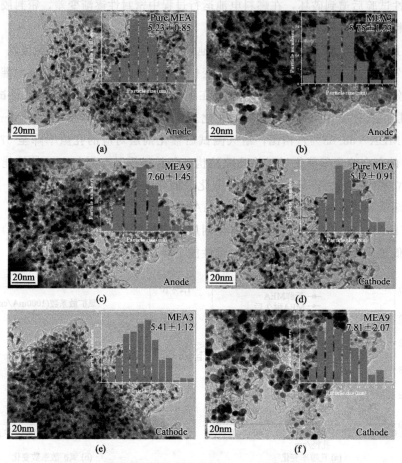

图 7-26　实验前后阴阳极催化剂的 TEM 图像及粒径分布

完整 MEA（a, d），MEA3（b, e）and MEA9（c, f）

XRD 表征被用来理解阳极和阴极耐久性试验前后 1600h 催化剂的物相组成和晶体结构变化，如图 7-27(a) 和 (b) 所示。显然，所有衍射峰可归结于 Pt 立方晶系。耐久性试验后，观察到在峰位置没有变化。然而，可以清楚地观察到，与新鲜 MEA 相比，在耐久性测试后，可以观察到阳极和阴极催化剂的峰强度发生了很大变化，包括（111）、（200）、（220）和（311）峰，这意味着 Pt/C 催化剂在耐久性测试中并不稳定。

利用 D 峰和 G 峰的强度比（I_D/I_G）评价了碳材料的无序程度和石墨化程度。新鲜 MEA、MEA3 和 MEA9 的拉曼光谱及其对应的 I_D/I_G 见图 7-27。拉曼光谱中位于 1348cm^{-1} 和 1580cm^{-1} 的两个主要峰分别归属于石墨化碳的 D 和 G 峰。与新鲜 MEA 相比，1600h 的耐久性试验后，MEA3 和 MEA9 的 D 和 G 峰强度比增加。图 7-27(c) 为新鲜 MEA、MEA3 和 MEA9 在阳极中的拉曼光谱，新鲜 MEA

的 I_D/I_G 值为 1.06。耐久性试验后，MEA3 和 MEA9 的 I_D/I_G 值分别为 1.11 和 1.12。新鲜 MEA、MEA3 和 MEA9 在阴极中的拉曼光谱如图 7-27(d) 所示。与新鲜 MEA（I_D/I_G＝1.14）相比，MEA3 和 MEA9 在耐久试验后的 I_D/I_G 较高，分别达到 1.34 和 1.37，表明碳载体在耐久试验后发生了损伤，石墨化程度变差。这可能会导致燃料电池堆的耐久性下降。

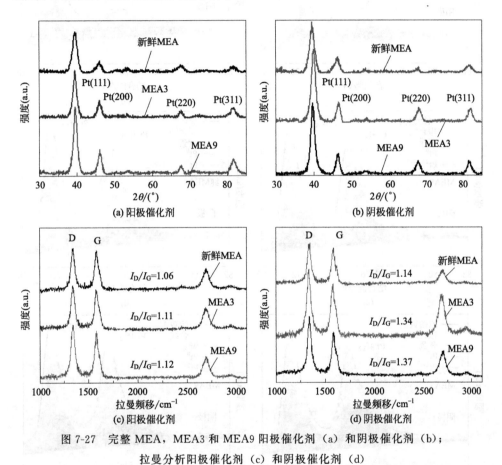

图 7-27　完整 MEA，MEA3 和 MEA9 阳极催化剂（a）和阴极催化剂（b）；拉曼分析阳极催化剂（c）和阴极催化剂（d）

为了进一步研究催化剂在 1600h 耐久性测试前后的元素组成和表面化学状态变化情况，纯 MEA、MEA3 和 MEA9 中阳极和阴极催化剂的 XPS 图谱分别如图 7-28(a)（d）、（b）（e）和（c）（f）所示。可以清楚地观察到结合能为 74.9eV 和 71.6eV 的两个峰分别属于 $Pt^{4f5/2}$ 和 $Pt^{4f7/2}$。很明显，纯 MEA，MEA3 和 MEA9 经过 1600h 的耐久性试验后 $Pt^{4f5/2}$ 和 $Pt^{4f7/2}$ 位置没有发生变化。Pt^0 与电化学性能密切相关，和更高的 Pt^0/Pt^{2+} 面积比可以有效改善催化剂的电化学性质。在纯 MEA 中，MEA3 和 MEA9 的 Pt^{4f} 峰可以拟合为相应的 Pt^0 和 Pt^{2+} 峰，Pt^0 和 Pt^{2+} 的面积比略有差异。如图 7-28(a) 和（d）所示，在纯 MEA 中，阳极和阴极

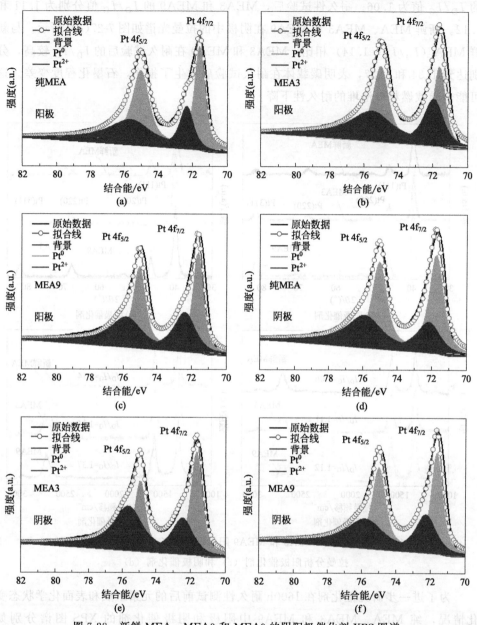

图 7-28　新鲜 MEA、MEA3 和 MEA9 的阴阳极催化剂 XPS 图谱

的 Pt^0/Pt^{2+} 面积比分别为 1.73 和 1.61。然而，经过 1600h 耐久性测试之后，MEA3 MEA9 展现出更低的 Pt^0/Pt^{2+} 面积比。MEA3 阳极和阴极 Pt^0/Pt^{2+} 面积比如图 7-28（b）和（e）所示，分别为 1.01 和 1.01。MEA9 阳极和阴极 Pt^0/Pt^{2+} 面积比如图 7-28（c）和（f）所示，分别为 1.27 和 1.31。值得注意的是，与纯 MEA 相比，MEA3 显示出最低的 Pt^0/Pt^{2+} 面积比，这可能是导致 MEA3 性能变差的主

要原因之一，与前面的性能表现一致。这些现象说明了 Pt^0/Pt^{2+} 面积比可能是导致 MEA 性能衰退不一致的主要原因之一。

7.3 百千瓦级电堆耐久性验证与应用

7.3.1 百千瓦级电堆基本性能测试

基本性能指模块在合适的操作条件下输出的发电性能，表现为不同电流密度输出的功率、电压。根据模块出厂报告及操作说明书规定的流程和操作方法对电堆进行了气密性、绝缘性检测，采用变载活化方法对模块进行了充分活化，然后进行电堆发电性能测试，极化测试条件如表 7-6 所示。G900 测试台和测试电堆如图 7-29 所示。测试结果如图 7-30、图 7-31 所示。

表 7-6　极化测试条件

电流密度 /(mA/cm²)	电流 /A	氢气计量比	空气计量比	氢入压力 /kPag	空入压力 /kPag	水入温度 /℃	冷却水流量 /(L/min)	氢气湿度 /%	空气湿度 /%	运行时间 /min
100	33	5.3	8.8			75				5
200	66	2.7	4.4			75				5
300	99	1.8	2.9			75				5
400	132	1.7	2.9			75				5
500	165	1.6	2.7			74	160			5
600	198					74				5
700	231			100	80	74		45～50	45～50	5
800	264									5
900	297	1.5	2.5			73				5
1000	330					72				5
1100	363					72	180			5
1200	396					71				5

检测结果显示：

① 电堆最高功率超过 123kW，体积功率密度≥3.1kW/L；

在额定功率 115kW 下，电流密度约为 1500mA/cm²，平均单片电压约为

(a) G900测试台和电堆

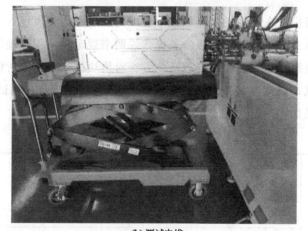

(b) 测试电堆

图 7-29　G900 测试台和测试电堆

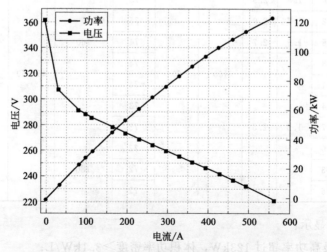

图 7-30　电堆极化曲线图

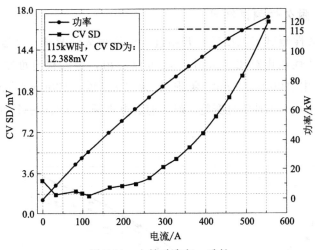

图 7-31　电堆功率与一致性

0.625V；

② 单片电压标准差＜13mV。

7.3.2　氢燃料电池重型载货车工况耐久性验证

7.3.2.1　工况设计

为了验证100kW燃料电池电堆模块在实际工况下的耐久性，基于C-WTVC循环工况，设计动态负载循环工况。将高速巡航增加巡航里程后（设计分配特征里程为10%公路，90%高速），根据整车功率需求提取燃料电池堆功率输出，如图7-32所示。图中最小功率点根据极化曲线计算获得（单片电压≤0.80V计算）。循环工况一个周期时间为6000s，其中高速97kW巡航时间为5400s，变载时间为600s。

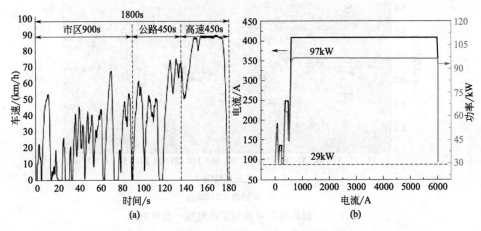

图 7-32　(a) C-WTVC循环工况；(b) 燃料电池循环工况

7.3.2.2 耐久性测试结果

在确定耐久性测试工况以后,开始进行电堆耐久性测试。每运行一段时间记录一次极化曲线性能作对比。从图7-33可以看出,金属板电堆重载工况运行总计2120h,其中1000mA/cm² 衰退率为10.7%,1200mA/cm² 衰退率为14.9%,整堆电压一致性明显变差。耐久前后电堆额定点电压一致性对比如图7-34所示。

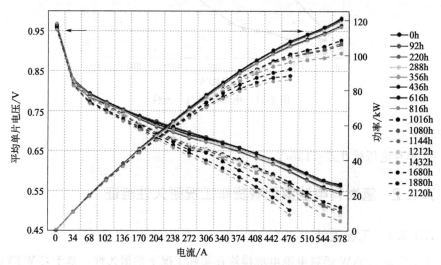

图7-33 极化曲线与功率曲线衰减情况

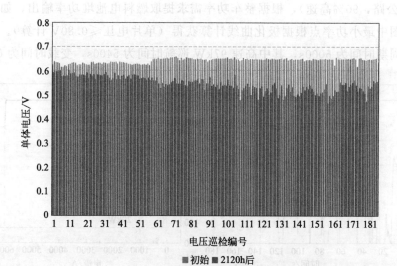

图7-34 耐久前后电堆额定点电压一致性对比

7.3.3 氢燃料电池机车工况耐久性测试

7.3.3.1 工况设计

为了验证 100kW 燃料电池电堆模块在实际工况下的耐久性，基于 JCDC 循环工况，设计动态负载循环工况。JCDC 工况为应用于机车的动态工况，为了将其应用到 PEMFC 堆的台架测试中，需要按照 PEMFC 的负载需求对 JCDC 工况参数进行调整。利用 "循环矩形法"，在保证 PEMFC 在一个工况循环过程中总输出电能不变的前提下，最终适于 PEMFC 堆耐久性测试的 JCDC 工况信息如图 7-35 所示，时间-电流的对应关系如表 7-7 所示

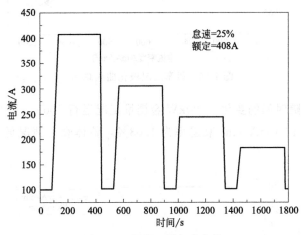

图 7-35　机车工况电流曲线

表 7-7　机车工况时间-电流对应关系

时间/s	电流/A	时间/s	电流/A
0	102	982	102
84	102	1012	244.8
134	408	1332	244.8
434	408	1342	102
444	102	1426	102
528	102	1451	183.6
568	306	1771	183.6
888	306	1776	102
898	306	1800	102

7.3.3.2 耐久性测试结果

(1) 极化性能　机车工况极化曲线总图如图 7-36 所示。

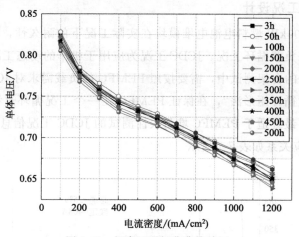

图 7-36　机车工况极化曲线总图

(2) 衰退率随时间的变化　100kW 金属堆工况运行 500h，其 1000mA/cm² 衰退率为 1.33%，1200mA/cm² 衰退率为 1.08%，整体衰退情况低于 2%，符合预期（图 7-37）。

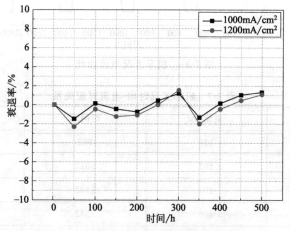

图 7-37　机车工况下衰退率随时间的变化

7.3.4　氢燃料混合动力机车应用案例

2021 年 6 月 16 日，中车戚墅堰公司首台氢燃料混合动力机车下线，此次下线的氢能源燃料电池机车是目前国内功率最大的具有完全自主知识产权的氢燃料混合动力机车（图 7-38）。

图 7-38 氢燃料混合动力机车及 350kW 燃料电池系统

这款机车功率 1400kW，为国内最大功率的氢燃料混合动力机车。其中装载的氢燃料电池为国内完全自主研发的产品，系统功率同样为国内最大，可达 400kW，预期寿命近 20000h。

机车设计时速 100km/h，启动牵引力 520kN，装用 12 瓶组 35MPa 大容量高压储氢罐，满载氢气可连续运行 24h，平直道最大牵引载重超过 8000t，全过程零排放、低噪声（相比传统机车降低 20dB 左右），完全能够取代 80％ 既有内燃调车机车，适用于冶金、石化、港口、地方铁路的调车和小运转作业。

该机车采用氢燃料电池，与传统燃油和电力机车相比，不仅更加安全环保，而且运行噪声小、成本低，维护也更加便捷。该机车应用不需要对基础设施进行电气化改造，可在既有轨道线路上运行。该机车的氢燃料电池系统集成技术，可用于在役内燃机车的升级再制造。此外，该机车基于大功率交流调车机车平台开发，完全采用模块化设计。该平台可根据不同用户的多种需求灵活配置动力形式，如燃料电池＋锂电，柴油机＋锂电，弓网＋锂电等。

参考文献

[1] Kim J S, Park J B, Kim Y M, et al. Fuel cell endplates: a review [J]. Int J Precis Eng Manuf, 9（2008）：39-46.

[2] San F G B, Tekin G. A review of thermoplastic composites for bipolar plate applications

[J]. Int J Energy Res, 37（2013）: 283-309.

[3] Baik K D, Kong I M, Hong B K, et al. Local measurements of hydrogen crossover rate in polymer electrolyte membrane fuel cells[J]. Appl Energy, 101（2013）: 560-566.

[4] Chakraborty U. Fuel crossover and internal current in proton exchange membrane fuel cell modeling[J]. Appl Energy, 163（2016）: 60-62.

[5] Cui T, Chao Y J, Chen X M, et al. Effect of water on life prediction of liquid silicone rubber seals in polymer electrolyte membrane fuel cell[J]. J Power Sources, 196（2011）: 9536-9543.

[6] Lin C W, Chien C H, Tan J H, et al. Chemical degradation of five elastomeric seal materials in a simulated and an accelerated PEM fuel cell environment[J]. J Power Sources, 196（2011）: 1955-1966.

[7] Ahmeda H E U, Banan R, Zua J W, et al., Free vibration analysis of a polymer electrolyte membrane fuel cell [J]. J Power Sources, 196（2011）: 5520-5525.

[8] Liu B, Liu L F, Wei M Y, et al. Vibration mode analysis of the proton exchange membrane fuel cell stack [J]. J Power Sources, 331（2016）: 299-307.

[9] Zhou P, Lin P, Wu C W. Effect of nonuniformity of the contact pressure distribution on the electrical contact resistance in proton exchange membrane fuel cells[J]. Int J Hydrogen Energy, 36（2011）: 6039-6044.

[10] Lin P, Zhou P, Wu C W. A high efficient assembly technique for large PEMFC stacks: Part Ⅱ [J]. Applications, J Power Sources, 195（2010）: 1383-1392.

[11] Tang Y, Karlsson A M, Santare M H, et al. An experimental investigation of humidity and temperature effects on the mechanical properties of perfluorosulfonic acid membrane [J]. Mater Sci Eng A, 425（2006）: 297-304.

[12] Khattra N S, Karlsson A S, Santare M H, et al. Effect of time-dependent material properties on the mechanical behavior of PFSA membranes subjected to humidity cycling [J]. J Power Sources, 214（2012）: 365-376.

[13] Moukheiber E, Bas C, Flandin L, Understanding the formation of pinholes in PFSA membranes with the essential work of fracture（EWF）[J]. Int J Hydrogen Energy, 39（2014）: 2717-2723.

[14] Gigos P A, Faydi Y, Meyer Y. Mechanical characterization and analytical modeling of gas diffusion layers under cyclic compression[J]. Int J Hydrogen Energy, 40（2015）: 5958-5965.